U0072021

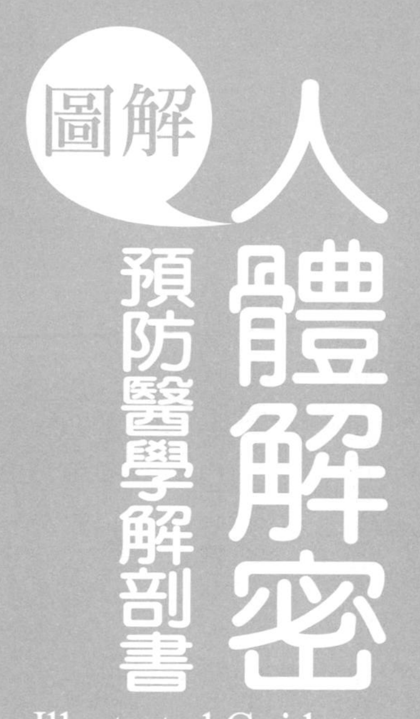

圖解人體解密

預防醫學解剖書

An Illustrated Guide to Body Decryption

Dr.Nara Nobuo

東京醫科齒科大學教授 奈良信雄——著

吳秋瑩——譯

前言

近年來，在機器人工學、電腦技術革新中，具有特別顯著的變化。

過去動作不太靈活的機器人，現在能在災害現場中快速檢視並活躍其中。以前的電腦體積龐大，現在輕薄靈巧的電腦也能計算複雜的程式且迅速得出結果。

即使如此，這樣靈活的機器人跟輕薄的電腦也有無法做到的事情——那就是人類的身體機制。

人類可以做到比機器人更精細的小動作。例如，人的手指可以做到非常精密的作業，可以感覺到棉絮的輕巧觸感，即使無法像電腦一樣計算或記憶，人類的大腦卻擁有感情跟情緒。

科技再怎麼發達進步，目前也沒有辦法發明出像人類這般精巧的產品。而且不論機器人或電腦，也都是由人類發明才得以製造出來的東西。

如此優越巧妙的人體，究竟是怎樣的構造以及如何運作其機能，大多數人竟也不甚清楚到底是怎麼回事。

因此，本書就人類的「身體構造及其機能」簡明扼要地解說，並使用插畫，協助沒有相關知識的讀者也能一目了然。

有了本書的知識為基礎，一旦生病或是受傷，相信必定能從中得到一些知識及幫助！

東京醫科齒科大學教授　奈良信雄

圖解 人體解密 預防醫學解剖書 目錄

Chapter 1 身體的構造及運動系統【骨骼、肌肉】

Chapter 2 「五感」跟「呼吸」機制【感覺及呼吸器官】

Contents

Chapter 3 吸收營養與排泄廢物【消化及泌尿器官】

Chapter 4 血液在心臟內如何流動？【循環器官】

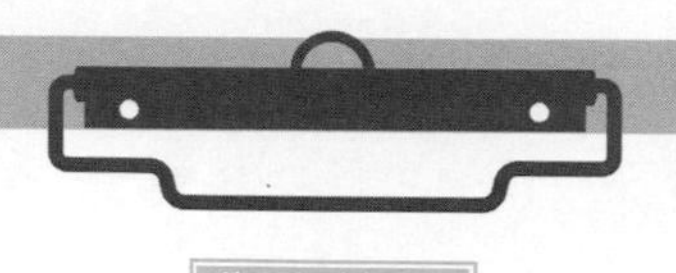

作者簡介

奈良 信雄

1950年出生於日本香川縣，東京醫科齒科大學醫學部、放射線醫學綜合研究所、加拿大多倫多大學Ontario癌症研究所畢業。

現爲東京醫科齒科大學齒學教育系統研究中心總長及教授，專攻臨床血液學（白血病的診斷與病狀分析）、基因診斷學、醫學教育等。

著有：
《不可思議的血液》(Softbank Creative)、《名醫揭開〈疾病探索〉事典》、《瞭解醫院的檢查項目》、《基因診斷可測出什麼呢？》（講談社）、《醫師能使鬼推磨》（集英社）、《自我早期診斷病因手冊》（主婦與生活社）等書。

Chapter

1

身體的構造及運動系統

【骨骼、肌肉】

人體骨頭約有206塊！

身體是由200多塊骨頭架構而成，用以保護臟器不受衝擊，還兼具活動功能。

骨骼可以由文意推知，是組成人體形狀的骨頭。骨頭、軟骨與韌帶，堅固且保持彈性地組成了外殼，支撐人體，並保護重要的腦部以及內臟器官等。

成人全身的骨頭數量大約有206塊。為什麼是「大約」？這是因為每個人尾骨的數量不同而會有些許的差異。人體骨骼的組成從上而下分別是：

頭蓋骨等頭部的骨頭有29塊。
脊椎骨26－28塊。
肋骨與胸骨則是25塊。
肩膀、手腕、手部骨頭有64塊。
骨盤、腳跟腿部則有62塊骨頭。

骨骼的中心軸為軀幹，由軀幹延伸出四肢，可再分為兩個部分。軀幹的作用主要是保護大腦及內臟，還有運動時做為四肢的中心軸。

全身的骨骼由左圖中可看出，頭蓋骨用來保護大腦，肺和心臟則在肋骨與胸骨組成的一個如同盒子狀的胸廓內。膀胱跟女性的子宮則是由骨盤保護著。

不過人體中只有腹部沒有骨頭保護內臟，這

▶全身骨骼

保護內臟與腦部，支撐人體的骨骼。骨頭的數量約有206塊，約占人體20%以上的體重。

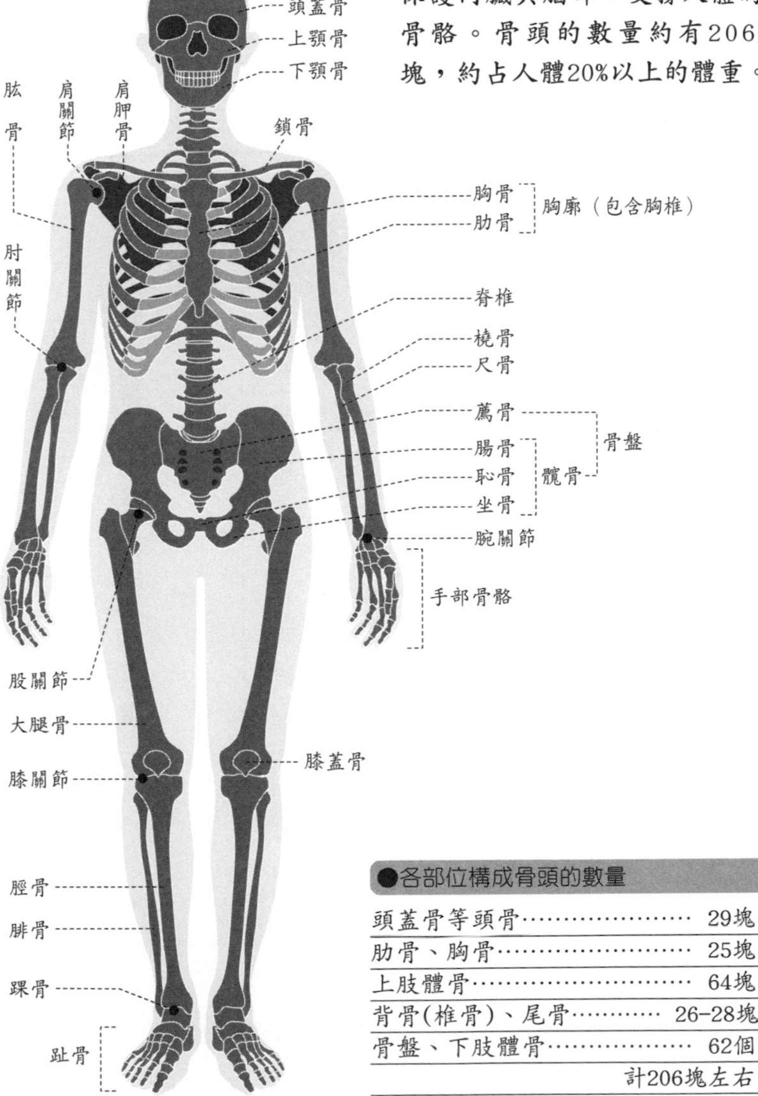

●各部位構成骨頭的數量

部位	數量
頭蓋骨等頭骨	29塊
肋骨、胸骨	25塊
上肢體骨	64塊
背骨(椎骨)、尾骨	26–28塊
骨盤、下肢體骨	62個
	計206塊左右

新生兒與成人，哪一個骨頭數量較多呢？

新生兒有350塊以上的骨頭，隨著成長慢慢合併成為一塊骨頭，整體的數量就因而減少了。

是為什麼呢？如果腹部有骨頭包覆的話，身體就不能自由地向前後彎曲及轉動；如果女性懷孕，也會妨礙腹部中的胎兒成長。因此腹部並沒有任何骨頭包覆，只有腹部肌肉保護著。

此外，猜猜看「新生兒與成人的骨頭數量何者較多呢？」

答案是新生兒。

實際上新生兒有350塊以上的骨頭，隨著年齡增長慢慢合併成為一塊骨頭，整體的數量就會減少了。

骨頭的構造基本上男女相同，但還是有些微差異。例如頭蓋骨眉毛的部分，男性就較為凸出，而女性則較為平坦。顴骨弓的部分也是男性比較寬大。男女最明顯的差異應該還是在骨盆了。女性的骨盤較男性的寬且淺。

▶最大和最小的骨頭在哪裡呢？

這206塊的骨頭當中，最大的骨頭是大腿骨，而最小的骨頭則是中耳內的聽小骨。

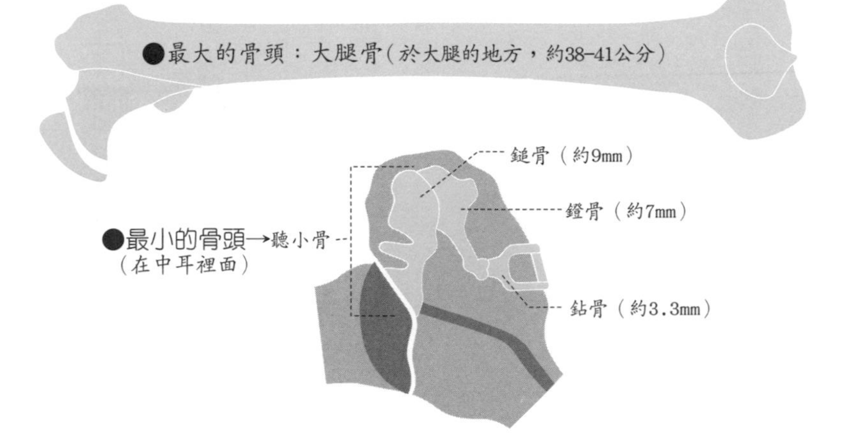

▶男女骨盤比一比

男女骨頭最明顯的差異點就是骨盤。女性的骨盤比較寬，這是爲了生產時胎兒能夠容易通過的緣故。

●男性骨盤　　●女性骨盤

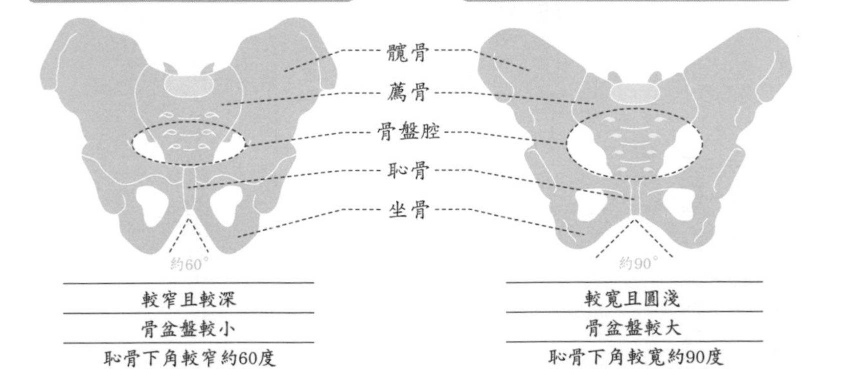

為什麼脊椎呈現曲線狀？

脊椎是人體的中心，主掌了人體的運動以及保護脊髓不受外部衝擊，是人體的中心支柱。

支撐人體的骨骼裡最重要的就是背骨，也就是脊椎。脊椎不是一個單獨的骨頭，而是由：

7個頸椎
12個胸椎
5個腰椎
1個薦椎
1個尾椎

這5種共26個脊椎骨堆疊而成的。

脖子的部分是頸椎。基本上哺乳類的頸椎都是一樣的數量，不管是脖子很長的長頸鹿或是脖子很粗的大象都一樣是7個頸椎。

人在剛出生時，脊椎最下方的薦椎和尾椎是由3～5個的骨頭組成，隨著成長逐漸合併，至成人時則成為各一塊骨頭。

尾椎因其形狀而得其名。人類在進化的過程中喪失了尾巴，最後只留下了名字而已。

脊椎從側面看來，並非一條直線而是呈現S曲線型，這對直立生活的人類非常重要。多虧了這個S曲線，脊椎才得以支撐頭部、分散全身重量、維持身體平衡，能夠一直保持直立狀態。

如果S曲線歪了就無法分散重量，會造成部

▶脊椎的構成

背骨也稱做脊椎，是由頸椎、胸椎、腰椎、薦椎、尾椎五種共26塊骨頭堆疊而成的構造。

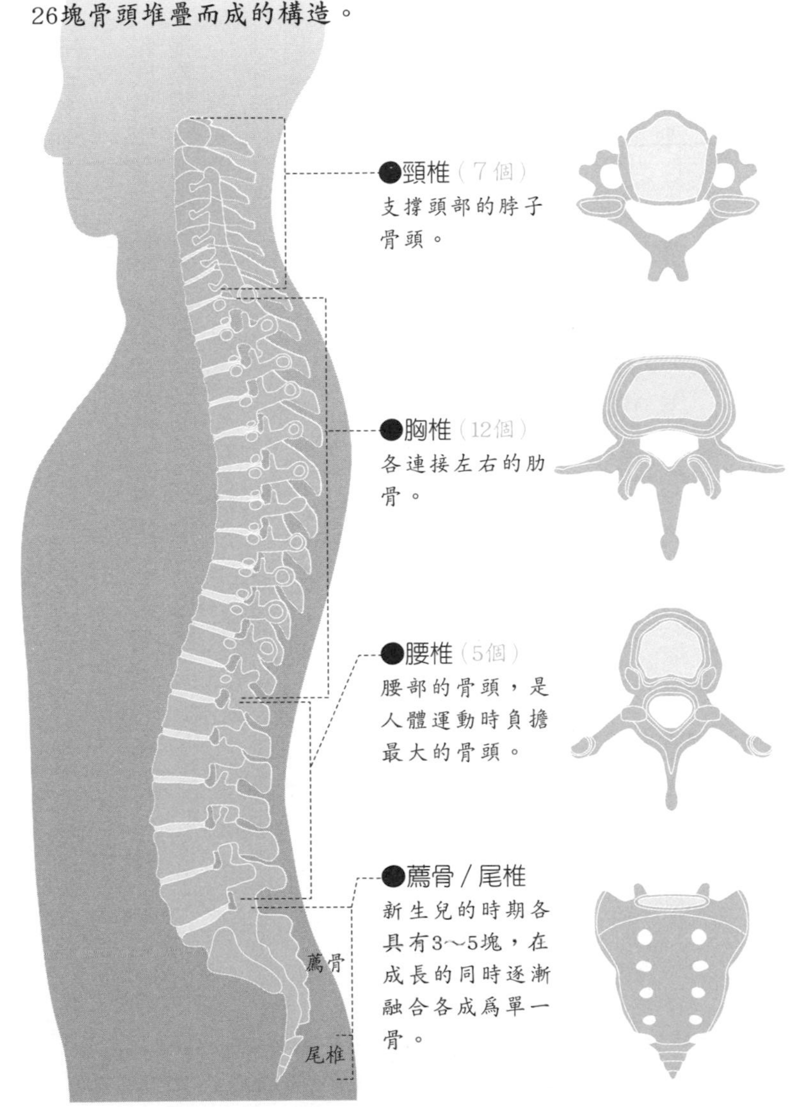

●頸椎（7個）
支撐頭部的脖子骨頭。
●胸椎（12個）
各連接左右的肋骨。
●腰椎（5個）
腰部的骨頭，是人體運動時負擔最大的骨頭。
●薦骨／尾椎
新生兒的時期各具有3～5塊，在成長的同時逐漸融合各成爲單一骨。
薦骨
尾椎

什麼是椎間盤突出？

椎間盤用來連結脊椎，其中含有髓核半液狀的物質。提重物時，動作姿勢不良造成錯位而使之突出，也就是所謂的椎間盤突出症。

分肌肉負擔過度，因而產生肩頸或腰部痠痛，姿勢也會不正。

脊椎因所處的部位不同，每一節都會有不同的形狀，前方是圓形的椎體，後方則是有幾個突起的椎弓組成，基本上是一樣的構造。椎弓是連接上下的脊椎骨，還具有關節的功能。

椎弓與椎體之間有一管狀的空隙稱作椎孔，是儲放脊髓與多數神經管線通過的地方。因此脊椎也是用來傳達腦指令的骨頭。

椎體與椎體間則夾有一個椎間盤，使脊椎骨受到衝擊時能吸收力道，達到緩衝作用。椎間盤是由一個柔軟的圓形纖維軟骨板，類似吉利丁狀的髓核和含有膠原蛋白的纖維環構成的。椎間盤跟椎體則是以韌帶連結，穩穩固定住，使椎體與椎間盤不至移動突出。

隨著年齡增長以及外力的影響等，椎間盤的纖維環跟髓核突出會導致椎間盤突出，刺激脊髓與脊髓神經。

▶緩和衝擊的S曲線

脊椎由側面看來是呈現S曲線。多虧此構造才能支撐全身體重以及吸收外力衝擊。

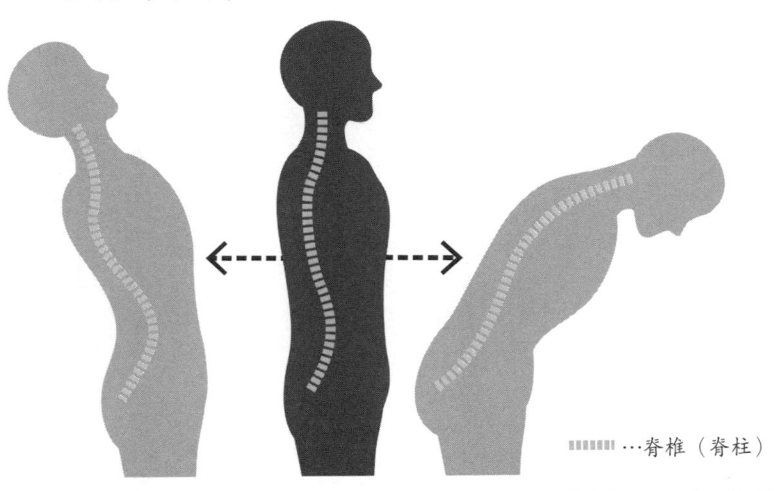

▶什麼是椎間盤突出？

椎間盤是用來連結脊椎，其中含有髓核半液狀的物質。如果長期姿勢不良造成錯位而使之突出，也就是所謂的椎間盤突出症。

●縱斷面

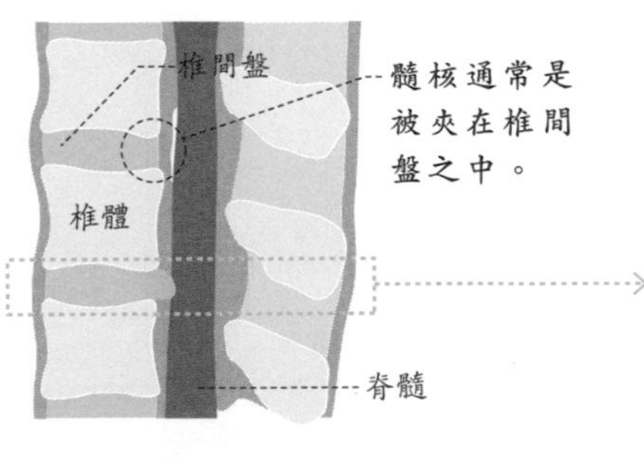

●橫斷面

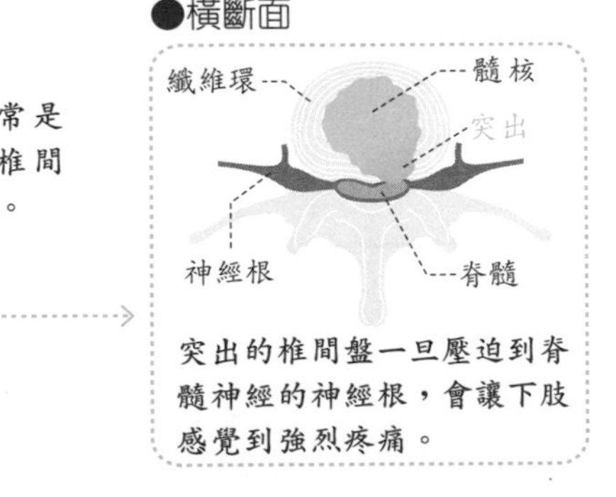

為何嬰兒的頭部這麼柔軟？

人類的頭蓋骨並非由1塊骨頭，而是將近30塊骨頭組合而成，是用來保護腦部這個司令塔。

呈現巨蛋狀的頭蓋骨，是為了保護稱為生命中樞的大腦，也是眼睛、鼻子、嘴巴等面部輪廓的基台，得以連接臉部與脖子的肌肉。

人在剛出生時，頭蓋骨是由45塊尚在發育的骨頭所構成。隨著年齡增長而慢慢地合併，最後由十五種共29塊堅硬的骨頭組成。

去除掉下顎骨、舌骨，發育完成的頭蓋骨就像是由波浪型曲線的智力拼圖組合而成。這些連結線稱之為顱線，藉由錯綜複雜的顱線，可以分散及吸收從外部而來的衝擊，以達到保護內部柔軟大腦的作用。

新生兒的頭蓋骨則是由分成左右各兩組的前顱骨與後顱骨組成，且顱骨交接處並非緊密結合。這是由於得在通過狹窄的產道時，以及在幼兒快速成長期中能保有彈性成長的空間所致。

此外，新生兒頭部還有一處只有一層薄膜纖維覆蓋，只能允許輕微運動的部分，稱為囟門。而新生兒的頭部為何如此柔軟，就是因為頭骨尚未完全癒合的緣故。

▶頭蓋骨的構造

頭蓋骨是由十五種骨頭構成。頭骨包覆著腦部，而形成臉部輪廓的骨頭爲面骨。

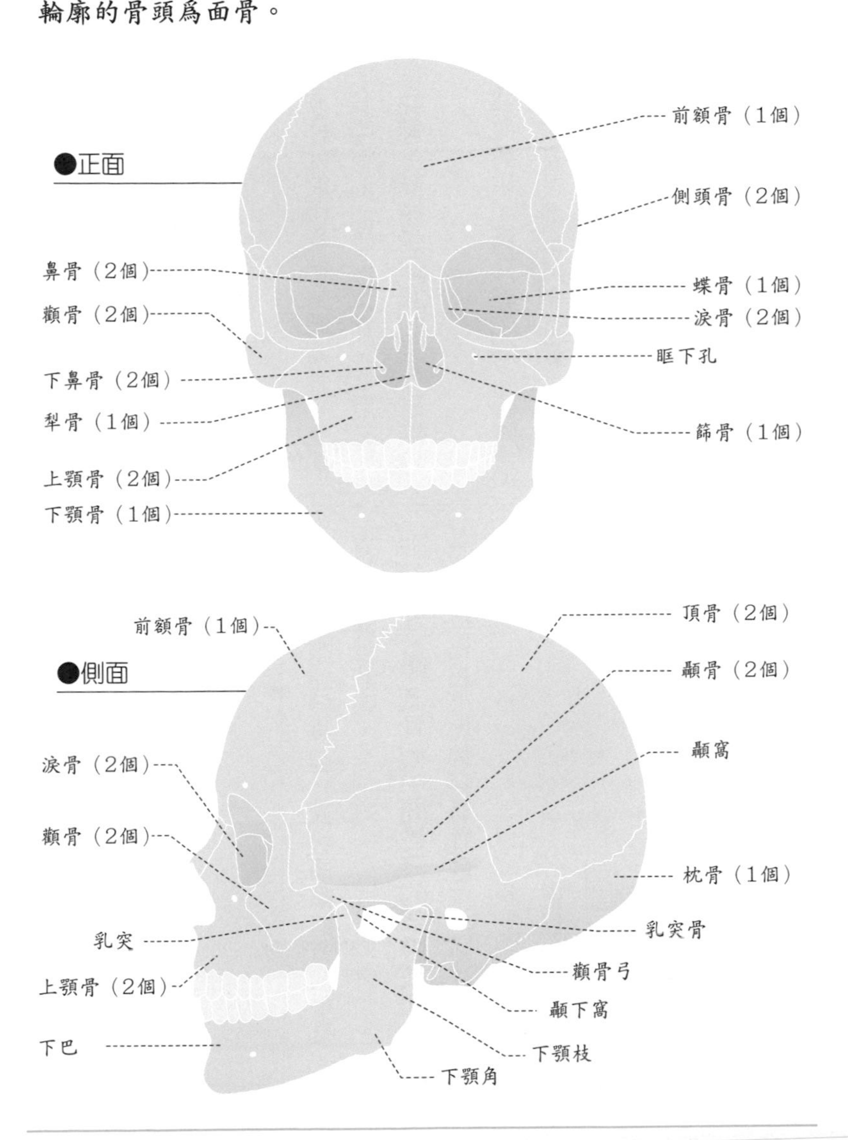

頭蓋骨前方的小孔是甚麼？

眼睛上下及下巴的部分各有一對小孔，三叉神經透過這些小孔分布到顏面，用來感覺及控制顏面皮膚。

包覆腦部周圍部分的頭骨統稱頭蓋骨。全部有六種共8塊，其中有前額骨、頂骨（2塊）、顳骨（2塊）、枕骨，最後是頭底的部分是蝶骨及篩骨。

眼睛的凹陷處及鼻梁，鼻孔的中間和臉頰、下巴、上顎等構成臉部的骨頭統稱面顱。淚骨、鼻骨、上顎骨、顴骨、下鼻甲、口骨（以上都各2塊）、犁骨、下顎骨、舌骨合起來有九種合計15塊骨頭。

頭蓋骨的前額骨、蝶骨、篩骨、與面顱中的上顎骨的中間都有空洞，稱為副鼻腔（鼻竇）的空洞是用來連接鼻腔，減輕頭顱前方的重量，或者加強聲音共鳴。

此外，頭蓋骨的中間最薄的部分是顳骨，跟其他部位比起來比較容易骨折。

▶頭蓋骨前方的小孔是什麼？

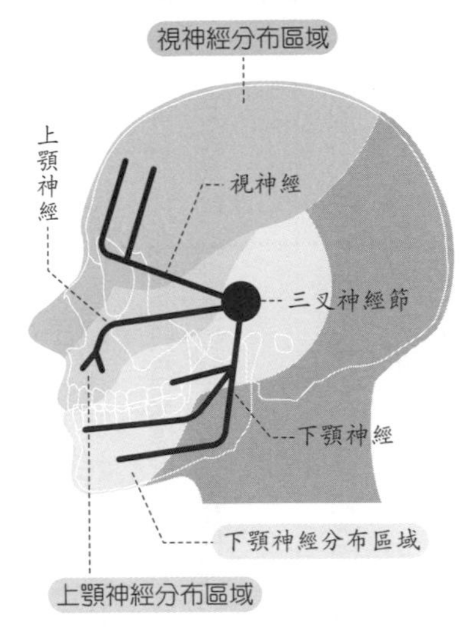

在頭蓋骨的眼睛上下和下巴的部分，各有一對小孔。在頭部有三叉神經、顏面神經等腦神經分布其中。此爲三叉神經和皮膚感覺的分布圖。

三叉神經是由三叉神經節開始分成3條支線分別爲視神經、上顎神經以及下顎神經。由頭蓋骨的小孔浮出表面，控制顏面皮膚以及黏膜的感覺神經。

▶顱縫是什麼？

下顎骨、舌骨以外的頭蓋骨中，各個骨頭邊緣是以密合的縫線連結在一起。嬰兒的頭爲何如此柔軟，即是因爲顱縫尚未連結在一起所致。

●頭蓋骨的縫合

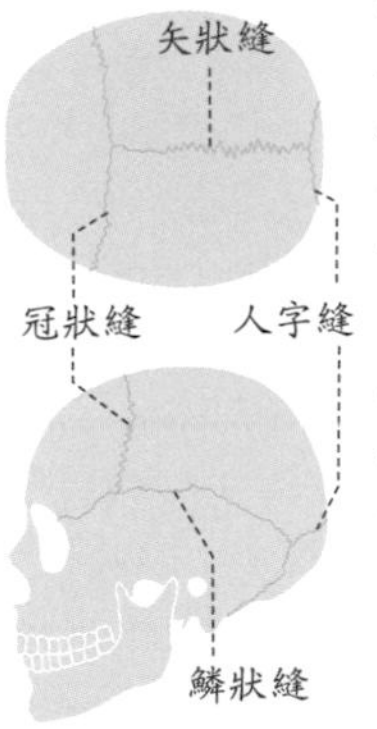

頭蓋骨是以顱縫來結合，代表的顱縫有頂骨跟顳骨間的鱗狀縫，前額骨與頂骨之間的冠狀縫，左右頂骨中間的矢狀縫，以及頂骨與枕骨間的人字縫。

●嬰兒期的頭蓋骨

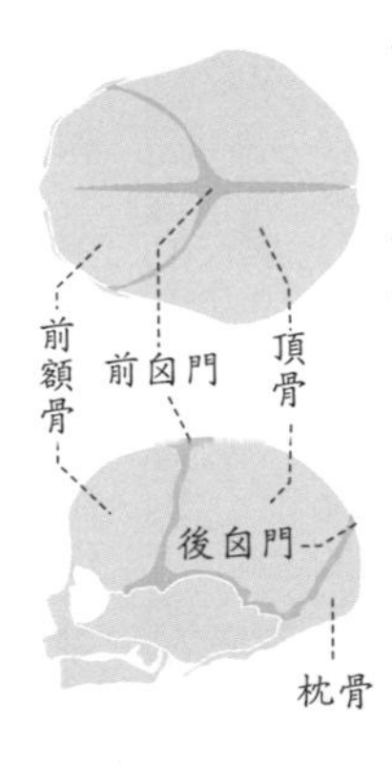

嬰兒尚未閉合之前頭蓋骨的間隙，僅由結合組織性的內膜覆蓋而已。

冠狀縫與矢狀縫的交界點爲前囟門，矢狀縫與人字縫的交界點爲後囟門，都是爲了順利通過產道預留的空間。

在骨頭中製造血液的是？

骨頭的功能並非只有支撐以及保護身體而已，
骨頭的中心部為骨髓，也是製造血液的重要地方。

骨頭是用來支撐身體重量，以及保護體內重要的柔軟組織，因此必須非常的堅固才行。但是它也並非完全堅硬、乾燥的固體狀態。事實上因為血管、神經與細胞也都包含在骨頭裡，所以是一個具有生命力的器官。

骨頭依照形狀被區分為：

長骨

短骨

不規則骨

扁平骨

我們先來看看手腳的長骨內部構造。

骨質為骨頭的主要成分，又分為緻密骨與海綿骨。前者是由骨板構成的堅固組織；後者則是像海綿狀的骨小梁組成。

長骨的兩端為骨骺，中央細長的部分則稱為骨幹，但實際上骨端周邊的部分才是細薄的緻密骨，內部則幾乎都是海綿骨。

另一方面，骨幹周邊的緻密骨，內部有少許的海綿骨。骨髓腔是位於骨頭中心的空洞，這其中則為製造血液的骨髓。

緻密骨的基本構造是以哈氏管為中心的細小血管，周圍則是被圓輪狀的骨板所圍繞，這就是

▶骨的內部構造

骨有三層構造。表面覆蓋著骨膜，其內側是堅硬的緻密骨，中間的骨髓則是柔軟的海綿骨。緻密骨中間的骨髓腔爲一空洞，這之中裝滿了骨髓。

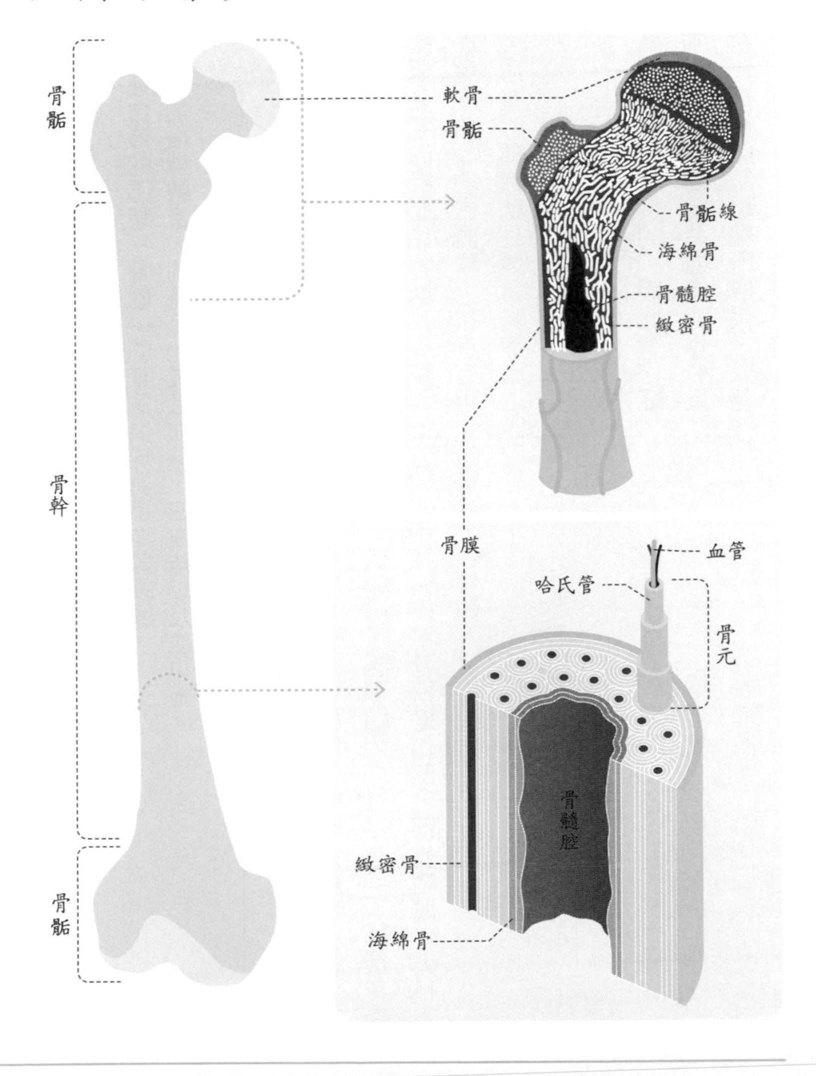

骨髓製造血液的過程

骨髓是製造血液的工廠。骨髓中的某個血球為造血幹細胞，分裂後會增加血球數量，同時分化成紅血球、白血球以及血小板。

所謂的骨元（骨的構成單位），哈氏管的中間是細小的血管，提供骨板內的骨細胞生長養分。

骨髓腔內的骨髓是製造與血液生長息息相關的造血幹細胞。搬運氧氣的紅血球，以及排除入侵體內病毒、主掌免疫功能的白血球，和具有止血功能的血小板，造血幹細胞就是擁有製造出上述這些細胞的能力。

但是也並非所有骨頭裡都具有這些造血組織。擁有造血組織的骨髓為紅色的，因此稱作紅骨髓，隨著年齡的增長，骨髓的造血機能也會逐漸下降，紅骨髓會逐漸被脂肪組織所取代，成為黃色的骨髓。

長骨的骨髓在變成成人的時候就會轉化成黃骨髓。例如成人的大腿骨有三分之二都是黃骨髓。短骨與扁平骨則是相反，即使是成年人也還是會有紅骨髓。

▶ 骨髓製造血液的過程

骨髓是製造血液的工廠。骨髓中的某個血球爲造血幹細胞，進行分裂後會增加血球數量，同時分化成紅血球、白血球以及血小板。

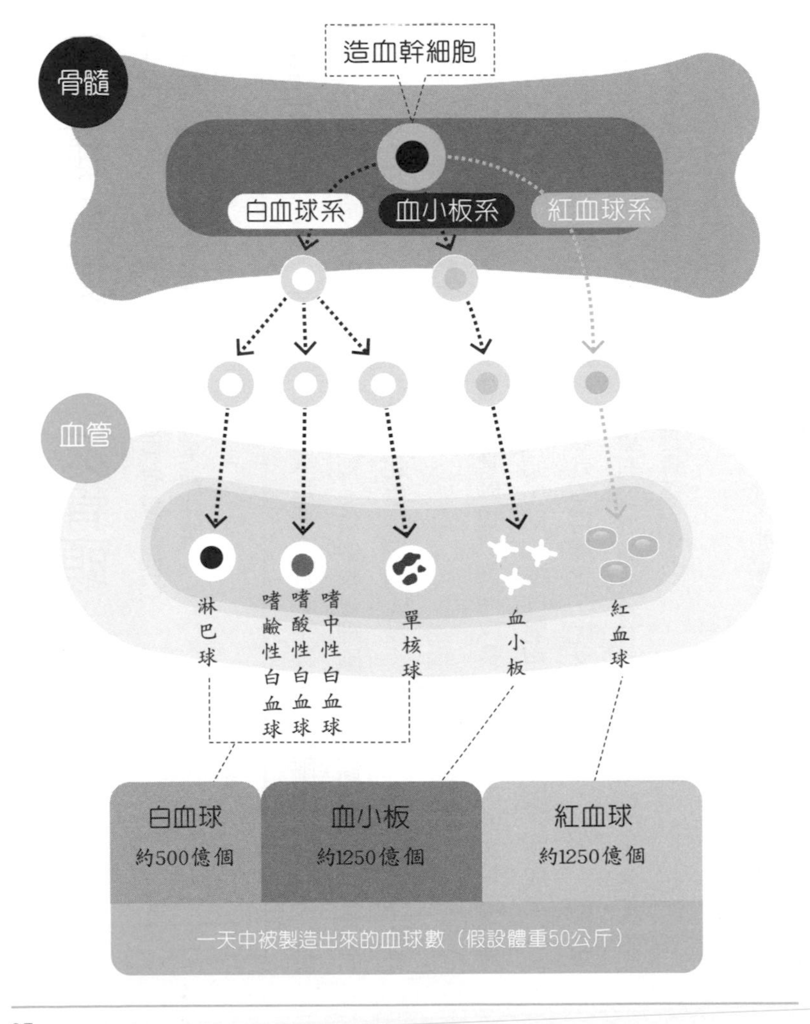

成人每五年會更新一次骨頭

骨頭會隨著年齡成長而漸漸變大，但是並不是只有變大而已。即使過了發育期，骨頭內部還是會不斷地進行更新作業。

在發育過程中，骨頭也會跟著成長。在胎兒時期就已經產生了骨頭，隨著成長發育的過程中進而變粗、變長。

在骨頭的外側與內側、血管通過孔內面等骨頭表面，都有著稱為造骨細胞及破骨細胞的存在。

造骨細胞，顧名思義也就是製造新的細胞；破骨細胞則是將老舊與廢棄的骨頭加以破壞掉。身體藉由此循環而不斷汰換舊骨頭更新骨頭，才能維持骨質以及骨頭的密度，這個過程稱為骨頭的再生。

成長期的青少年其骨頭的兩端，具有生長板（骨板＝集中軟骨細胞），骨頭變化是以縱向成長。此生長板的成長一旦停止，身體也會停止長高。

骨頭也會橫向成長。從骨膜內的造骨細胞製造骨頭，即會橫向變粗生長。那麼是否成人之後骨頭就不再變化了呢？其實不然，成人大約一年內會有20％新生骨替換，也就是約五年會更新完全身骨頭一次。

此外，如果受到外力強烈衝擊，造成骨頭斷

▶骨頭的再生與破壞

骨頭是經由造骨細胞及破骨細胞的活動而成長。不過即使生長結束已有固定形狀的骨頭也還是會繼續新陳代謝，大約五年全身會替換一副新的骨頭。

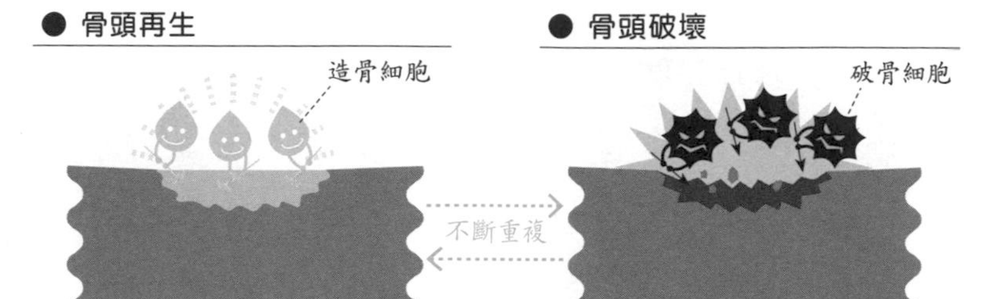

造骨細胞是由鈣等物質依附在骨頭上，接著轉變爲骨，成爲新生的骨頭。

破骨細胞會破壞老舊的骨頭（骨吸收）。假使破骨細胞的活動力太強則會造成骨質疏鬆症。

▶骨頭成長機制

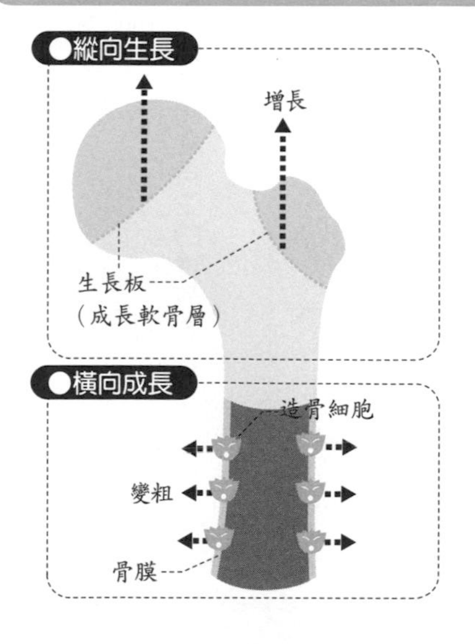

發育中的骨頭與骨幹的交接處周圍軟骨增長，軟骨不斷增生後替換骨頭就會縱向變長。

如果是在骨膜的造骨細胞從內側開始製造骨頭，則會橫向生長變粗。

骨折也能治癒的奧妙之處

受到外力猛烈地撞擊，造成骨頭斷裂，稱為骨折。
骨折大約幾個月後就會恢復原本的狀態，這是因為骨頭會再生的緣故。

裂，則稱為骨折。就算骨折也大約幾個月就會恢復原本的狀態，也是因為骨頭還會再生的緣故。

骨折後，骨內的血管也會因斷裂而出血，不過這種出血在凝固後會暫時填充於骨頭的空隙中，接著造骨細胞就會集中於骨折的地方，開始進行修復工作。

此時並非只有造骨細胞活躍地製造新骨，破骨細胞也在破壞、清除不要的骨頭。

如上述所見，造骨細胞與破骨細胞是互相合作的關係。如果造骨細胞比破骨細胞製造出更多的新生骨，則骨頭當然傾向生長的狀態。

相對的，如果破骨細胞的工作能力太強，骨頭就會變成像輕石一般的千瘡百孔，也就是所謂的骨質疏鬆症。

▶骨折的治癒機制

外力的猛烈撞擊會使骨頭斷裂而造成骨折。骨折到底是如何修復的呢？來看看它們的修復機制。

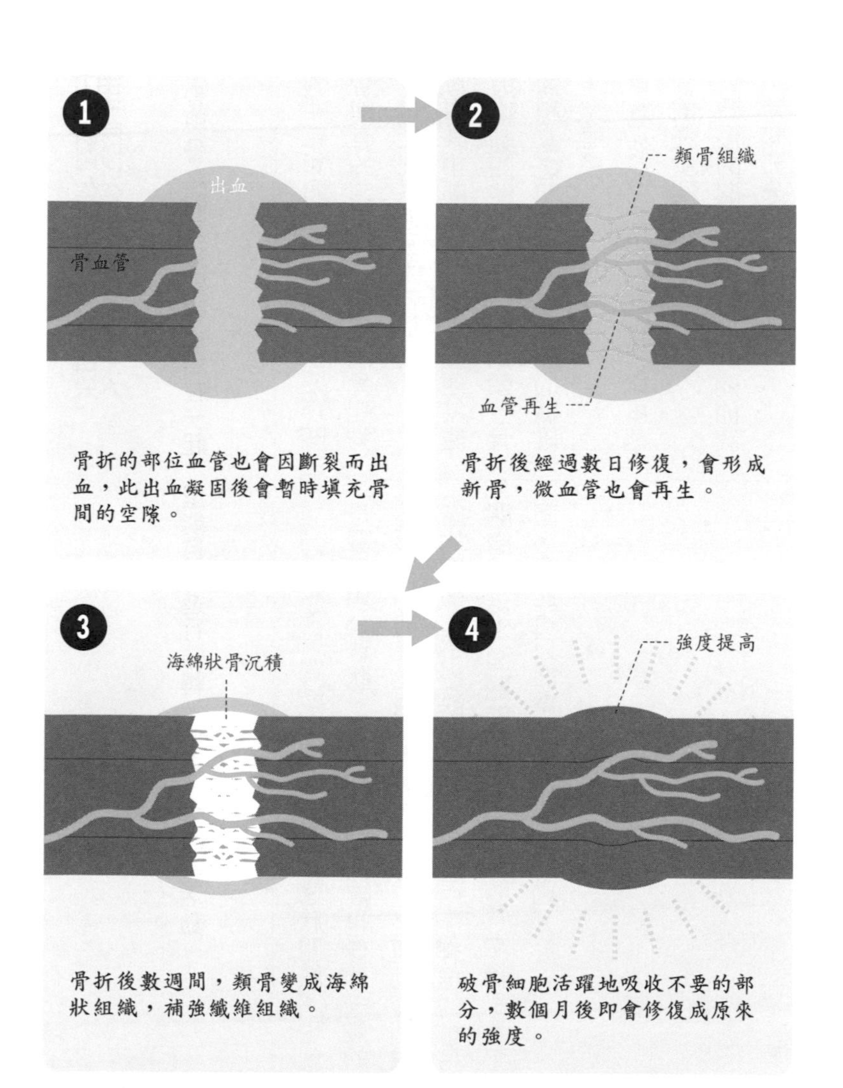

1
出血
骨血管
骨折的部位血管也會因斷裂而出血，此出血凝固後會暫時填充骨間的空隙。
2
類骨組織
血管再生
骨折後經過數日修復，會形成新骨，微血管也會再生。
3
海綿狀骨沉積
骨折後數週間，類骨變成海綿狀組織，補強纖維組織。
4
強度提高
破骨細胞活躍地吸收不要的部分，數個月後即會修復成原來的強度。

活動關節的分類

關節讓骨與骨之間可以緊密連結在一起，還能自由進行迴轉、伸直、彎曲等活動。

骨可以和肌肉連結和順暢地運動，都要拜關節所賜。關節是骨與骨的連接點，使得兩骨能夠穩固連結的同時，也能提供運動柔軟性。

一塊骨頭定是與其相鄰骨連接，骨頭連結處可分為不動關節與可動關節。不動關節如頭蓋骨及髖骨，此處骨頭相互之間是以不可移動的纖維組織和軟骨組織作為連接。

另一方面，可動性的連結則是歸功於可延伸、迴轉等多樣性的運動關節。

關節是由有著凸形的關節頭與凹形的關節窩組成，依照形狀可將關節分類（如左圖所示）。

例如，肩關節與髖關節屬於球狀關節，也就是關節頭為球狀，另一頭的關節窩也像球一般的缽形，能前後左右，彎曲迴轉等，是運動範圍很廣的關節，不過缺點是很容易脫臼。脊椎的椎弓關節則是平面關節，上下兩方的骨端幾乎是平面，因此也只能做非常微小的活動。

▶活動關節的分類

關節突起的部分爲關節頭，凹陷的地方則爲關節窩。下列將會介紹一些代表性的關節。

ⓐ 車軸關節（如手腕）

關節頭呈圓柱狀、關節窩呈環狀。以軸爲中心左右迴轉。

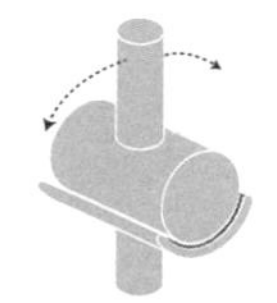

ⓑ 鉸鏈關節（如膝蓋）

如門鉸一般的形狀，可做屈伸運動的關節。

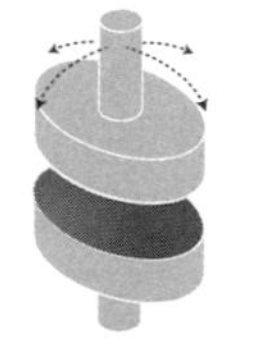

ⓒ 橢圓關節（如手指）

關節頭與關節窩分別是凹凸形狀的關節面組成，可做前後左右的移動，但無法迴轉。

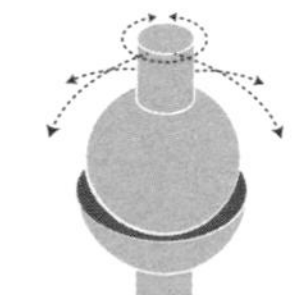

ⓓ 球窩關節（如肩膀、髖部）

關節頭呈球狀，關節窩呈缽狀。可前後左右迴轉等，活動範圍很大。

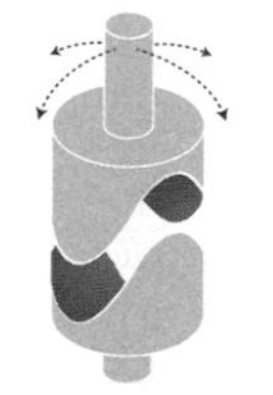

ⓔ 鞍狀關節（如大拇指）

形狀如馬鞍，可縱橫移動但無法斜向活動。

ⓕ 平面關節（如背部）

特色爲骨與骨間的接觸面爲平面，只可做幅度微小的運動。

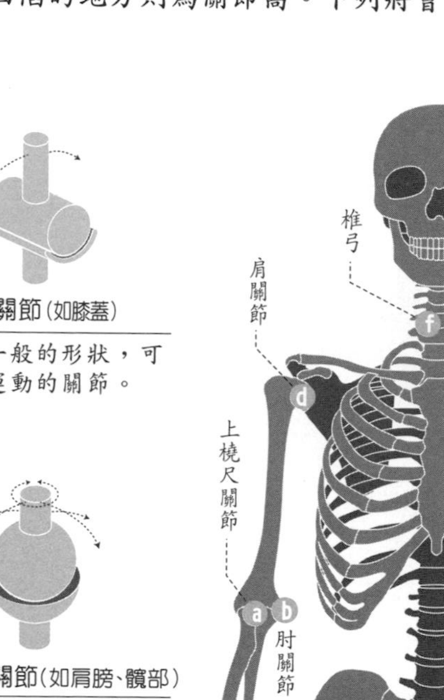

關節的基本構造

關節的周圍是由關節囊所包覆，其內側為滑液膜，用來分泌潤滑液使關節活動順利。外側則有強韌的韌帶，連接骨頭與骨頭。

來看看關節的基本構造吧！

關節由關節囊所包覆，其內側為一滑液膜，用來分泌潤滑液使關節活動滑順。

關節囊的外側則有一強韌的附屬韌帶。成為肌腱的一端是由韌帶來支撐關節，向骨頭傳達肌肉活動的訊息。

關節頭的先端與關節窩都被有緩衝功能的關節軟骨所包覆，藉此可以緩衝骨與骨之間的摩擦與外部衝擊力，保護關節不受損傷。

五十肩即是在關節周圍發炎的狀態，正式學名為粘連性關節囊炎，因常發病於50歲左右而得名，但實際上是個各種年齡層都可能會發生的症狀。

發病原因尚不明，但一般認為是構成關節的骨頭、軟骨、韌帶等組織老化所產生的發炎現象。

▶關節基本構造

關節的周圍是由關節囊所包覆，其內側爲滑液膜，用來分泌潤滑液使關節活動順利；而外側則是有強韌的韌帶，連接骨頭與骨頭。

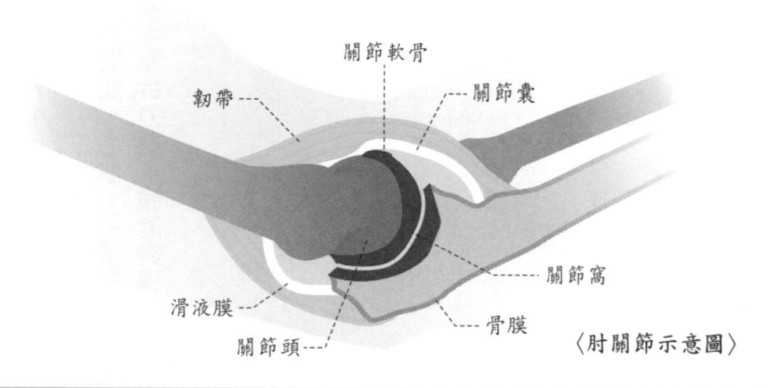

〈肘關節示意圖〉

▶五十肩與肩膀僵硬

好發於50歲左右，但實際上從30–70歲都有五十肩症狀出現的可能。雖然肩膀僵硬在症狀上也很相似，但有什麼區別呢？

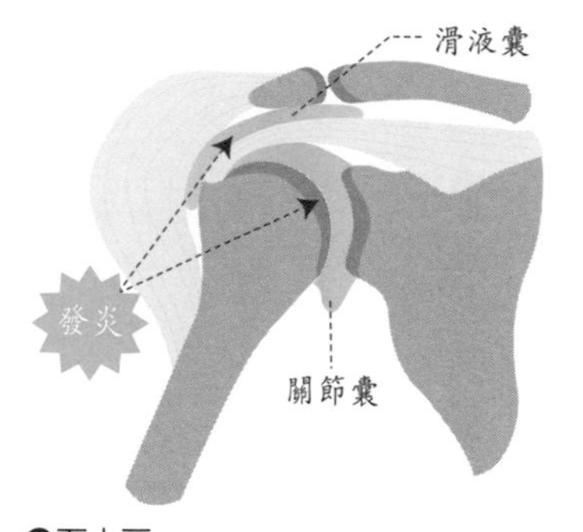

●五十肩

也有人稱作四十肩，其正式名稱爲：「粘連性關節囊炎」。通常爲關節囊與滑液囊的部位發炎而產生疼痛。

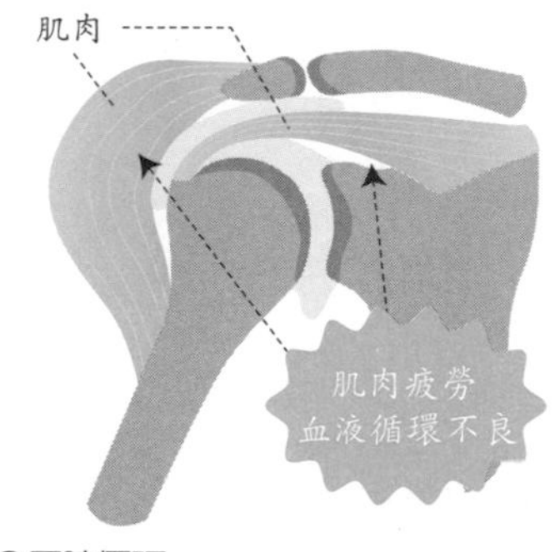

●肩膀僵硬

由於姿勢不正確或緊張等造成肩膀與脖子肌肉疲勞，血液循環不良導致肩膀疼痛僵硬。

肌肉是人體運動的關鍵

人體是由骨骼肌、心肌、平滑肌三種肌肉組成。
其中，與骨頭合力使身體能夠運動的肌肉稱為骨骼肌。

人體肌肉因其作用不同有三種，分別為：
骨骼肌
心肌
平滑肌
雖然構造不一樣的，但基本上都是由肌細胞，又稱肌纖維所構成。

人體大部分的肌肉皆為包覆骨頭建立體格的骨骼肌，肌肉的兩端為肌腱，將肌肉與骨頭連結在一起。

由於骨骼肌的存在，人類能夠做出如走、跳、書寫等動作，也得以支撐人體重量及維持各式各樣的姿勢。

骨骼肌的肌肉纖維一條條組合在一起，成為一個肌束。肌肉纖維的直徑只有0.1公釐，但長度卻可長至10公分。骨骼肌可受意志自由支配，因此也稱為隨意肌。

心肌，顧名思義就是組成心臟的肌肉，也是肌肉中最為強壯的肌肉組織，從不間斷、規律地收縮、張弛，以維持心臟的跳動。

心肌是由肌肉纖維結合而成的構造。特別是

▶構成人體的三種肌肉

人體運動主要依賴三種肌肉，分別爲運動身體的骨骼肌、心臟跳動的心肌，以及構成內臟器官等管壁的平滑肌。

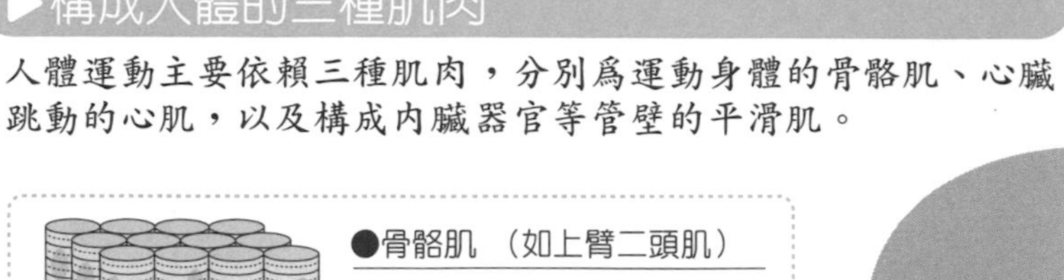

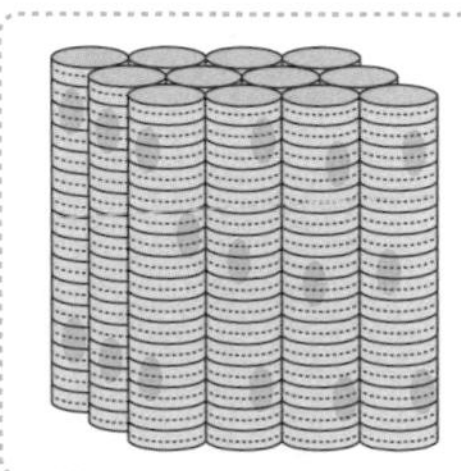

●骨骼肌（如上臂二頭肌）

手腳與手臂、背骨等骨頭上的肌肉，約占體重的三分之一。肌肉纖維構成肌束，是可依自由意志支配活動的隨意肌。

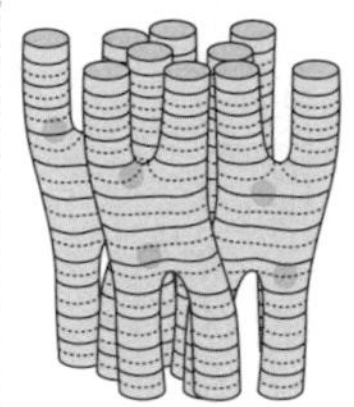
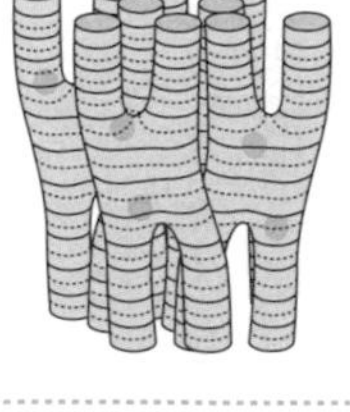

●心肌（心臟）

構成心臟的形狀及維持心臟跳動的肌肉，也是由肌肉纖維所組合而成，爲無法由自由意志活動的不隨意肌。

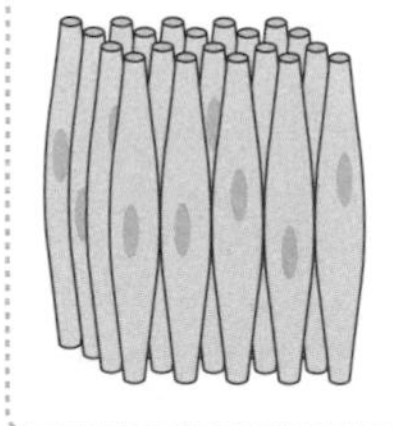

●平滑肌（胃等內臟器官）

組成心臟以外，如胃、腸等內臟器官的外壁，爲細長的紡錘狀的肌肉纖維構成，也是無法由自由意志支配的不隨意肌。

心肌是最強壯的肌肉組織

心肌由出生到死亡從不間斷的固定間隔收縮、張弛，維持心臟的跳動。特別是左心室送出供應全身的血液，因此肌肉比僅輸送血液至肺部的右心室厚了三倍。

左心室的心肌必須將供給全身的血液送出，因此肌肉比只送血到肺部的右心室厚了三倍。

心肌並非可隨自由意志活動的肌肉，因此也稱為不隨意肌，是由自律神經以及荷爾蒙所支配。

平滑肌是支配除了心臟以外的泌尿器官、生殖器官、呼吸器官、消化器官等臟器和血管的外壁活動的肌肉。

內臟中多為環狀肌與縱向肌兩層肌肉的構造，其外側為黏膜層。平滑肌跟心肌一樣是無法隨意志控制的不隨意肌，由自律神經及荷爾蒙所支配。

想像一下肌肉收縮與放鬆的機制。

之前有提過，肌肉是肌肉纖維集結組成的；肌肉纖維是由更細小的肌原纖維構成；肌原纖維是由蛋白質構成，又可再分為兩種肌絲，分別為由肌凝蛋白纖維而成的粗肌絲，以及由肌動蛋白纖維而成的細肌絲。

粗、細肌絲長度都是固定的，且在中央處是固定無法移動，細肌絲部分與粗肌絲之間重疊並排，腦部下達結合命令後，肌絲間的電氣傳導使

▶骨骼肌收縮與鬆弛機制

骨骼肌多數都成雙成對，由兩塊肌肉分別進行收縮以及鬆弛動作，以達到活動目的。
下圖爲上臂二頭肌收縮然後三頭肌放鬆之示意圖。
肌肉纖維由肌原纖維組合而成，肌原纖維又可分爲肌凝蛋白肌絲以及肌動蛋白肌絲兩種。

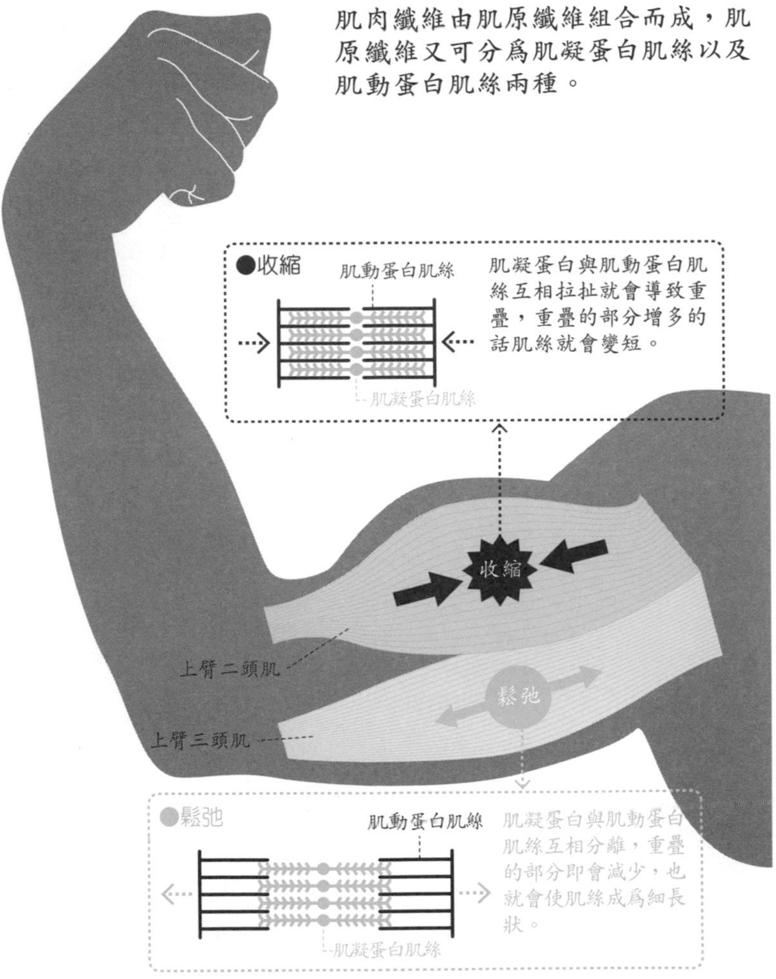

為何運動和重量訓練會使肌肉發達呢？

輕微的活動就有可能使肌肉纖維斷裂，但斷掉的肌肉纖維會由蛋白質等迅速修復，藉由這不斷重複斷裂修復的過程，使肌肉纖維變得比較強壯不容易斷裂。

得細肌絲拉動牽引粗肌絲，肌原纖維就會變粗或變短，因此肌肉纖維也隨著變粗變短了。

肌肉纖維的數量是出生就固定的，那麼到底是如何透過運動和重量訓練等使肌肉發達呢？

由於肌肉纖維非常細小，輕微的活動都有可能會受傷斷裂。不過斷掉的肌肉纖維會由蛋白質迅速修復，藉由這不斷重複斷裂修復的過程，使肌肉纖維變得強壯而不容易斷裂。也就是說訓練肌肉的意思就是讓一條一條的肌肉纖維變成更強壯的狀態。

肌肉除了促使身體活動外，也會幫助血液循環、增強骨力。肌肉在人體內是相當重要的角色喔。

增加肌肉是什麼意思？

1 運動會使肌肉纖維受傷斷裂

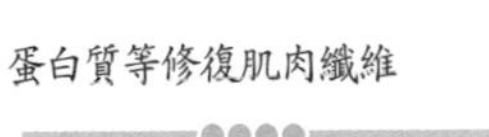

2 蛋白質等修復肌肉纖維

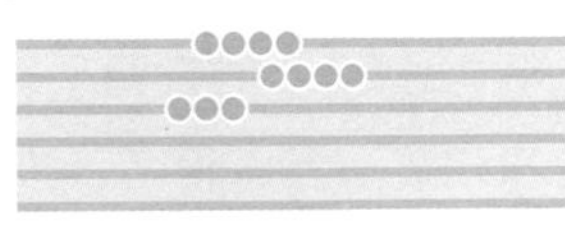

3 恢復後肌肉纖維比斷裂前更強壯

肌肉訓練是指讓一條條的肌肉纖維變得更粗的意思。
由於運動會造成肌肉纖維短暫受損，接著蛋白質會進行修復斷裂肌肉動作，藉由不斷重複此過程，肌肉纖維會強化變粗且不易斷裂。

抖腳其實是有用的？

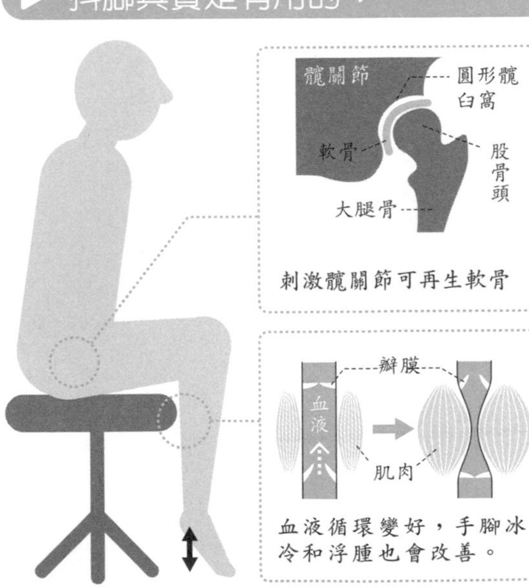

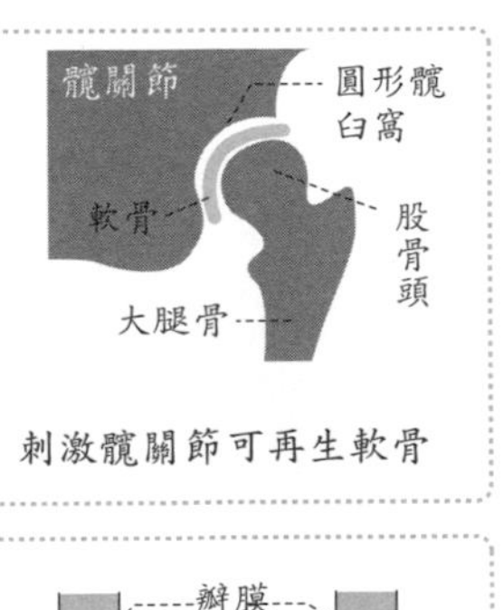

以前被視爲壞習慣的「抖腳」行爲，近年來有人提出可以改善血液循環不良的問題，其認爲這是因爲肌肉壓迫血管促使血液流動促進循環的緣故。

六塊腹肌怎麼訓練？

腹肌指的是腹直肌，是細長型的肌肉和數個腱劃切割而成，運動後能形成幾塊腹肌取決於腹直筋以及腱劃的數量。

雖然通稱為肌肉，但實際上不論是大小或形狀都有不同的態樣，在此先來詳細探討一下肌肉的特徵。

骨骼肌肉因處於身體不同的部位和其不同的作用，產生各種不同的形狀。而大部分的肌肉呈現紡錘狀，稱為紡錘肌。

起始處連結兩個部位的肌肉稱為二頭肌，連結三個部位則稱為三頭肌，例如上臂的肱二頭肌，其連結肩胛骨和前臂的橈骨，以及肱三頭肌頭，附著於肩胛骨上，另兩頭於肱骨上。

肌肉的中央有肌腱的稱為二腹肌，肌腱中央有環狀韌帶得以固定骨頭，就像起重滑車般的作用，如頸部的咀嚼肌。

一般來說腹肌指的就是腹直肌，屬於中層肌肉，在中間有叫做「白線」與「腱劃」的結締組織，將腹直肌切割為好幾塊。

所以，運動後能形成幾塊腹肌取決於腹直肌以及腱劃的數量。

此外，肌肉並非全部都呈現紅色。肌肉分為兩種，一種是紅色的慢肌，另一種則為偏白的快肌，這兩種顏色顯示了肌肉的性質。

▶以形狀區分肌肉的種類

肌肉因位於身體不同部位以及作用不同而有各種形狀。依照肌肉不同的形狀分成下圖各類型。大部分的肌肉爲中央突起而末端細長的紡錘狀。肌肉起頭點有複數的場合稱爲多頭肌。

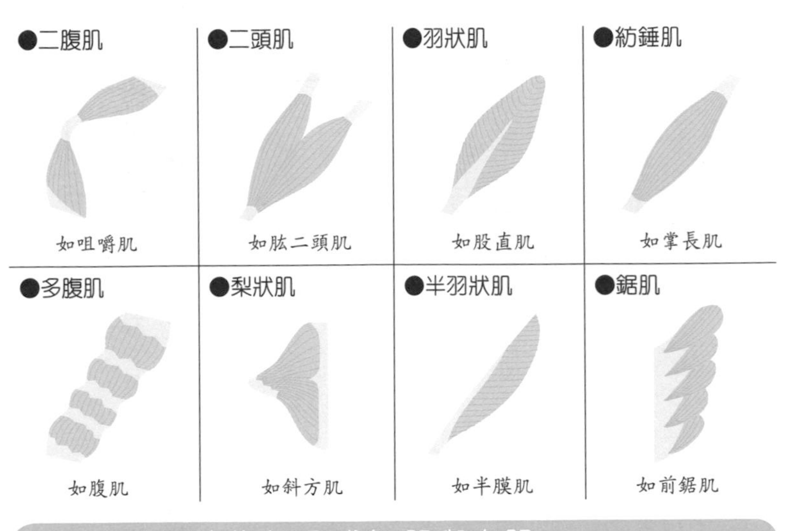

▶人類的肌肉為何分成紅肌與白肌？

骨骼肌依照收縮速度的快慢分爲快肌與慢肌。慢肌由於氧氣運送的紅色蛋白質含量較高，因此呈現紅色；快肌由於此含量較少因此呈現白色。

●慢肌（紅肌）

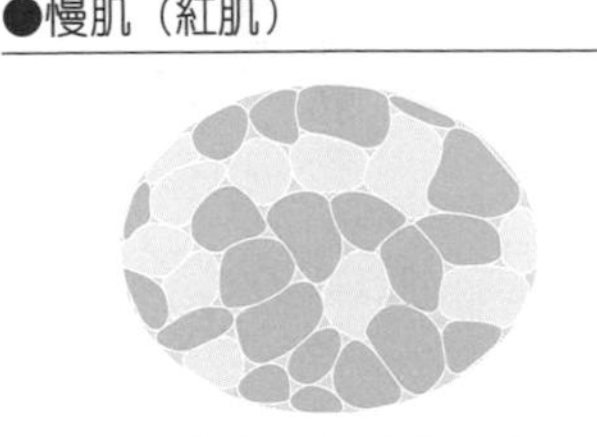

由於運送氧氣的紅色蛋白質較多的緣故，在身體的深層持續耐力的低強度運動。

●快肌（白肌）

因運送氧氣的紅色蛋白質較少，較接近身體表面能做瞬間性的高強度運動。

為什麼會抽筋？

肌肉纖維因肌束收縮而產生肌力，但肌力大於肌肉纖維承受的力量時，會與肌肉暫時脫離（肌肉斷裂），肌肉則會呈現無法回復的狀態而抽筋。

肌肉是由肌肉纖維的肌束構成，而肌肉纖維則有紅白之分。紅色肌肉纖維因為含有較多肌紅蛋白可攝取較多的氧氣，所以能夠持續長時間的有氧運動。另外一方面，白色肌肉纖維由於較少肌紅蛋白，偏向於瞬間爆發力較沒有持久性。

由這兩種肌肉纖維的比例多寡呈現不同肌肉顏色，作用也不同。也就是說紅色肌肉纖維較多的慢肌就會傾向於耐力較高、持久性較長的運動；快肌則是瞬間爆發力以及需要較大力氣的運動。

最後來看肌肉損傷的部分。肌肉受損有各種類型，肌肉纖維的肌束收縮而產生肌力，一邊延伸一邊收縮的時候會產生最大肌力。

但如果收縮力度太強的話，肌肉就會因無法回復而抽筋。這時肌力大於肌肉纖維承受的力量，就會導致肌肉暫時脫離（肌肉斷裂）。

通常只要休息一陣子就會自動恢復，但如果肌肉完全分離這種較為嚴重的狀況時，就需要利用手術才能復原了。

▶腹肌為何分成好幾塊？

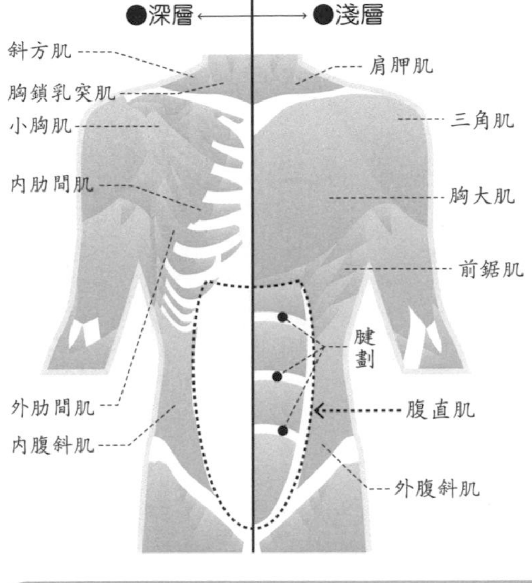

腹肌是由胸部到骨盆的細長肌肉纖維所組成。由劃分身體左右的白線，和腱劃切割成塊形成。

鍛鍊腹肌時白線和腱劃並不會變化，但腹肌則是會往上突起，因此腹肌看起來會像是一格一格被分割的狀態。

▶為何會有肌肉分離的狀態？

●輕度損傷／輕微的肌肉損傷

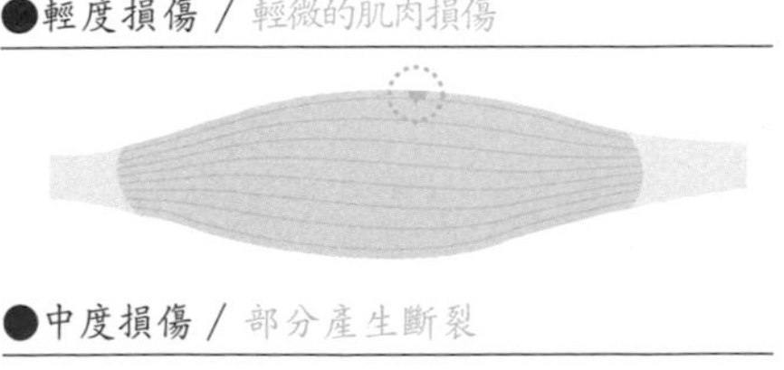

●中度損傷／部分產生斷裂

●重度損傷／肌肉完全分離

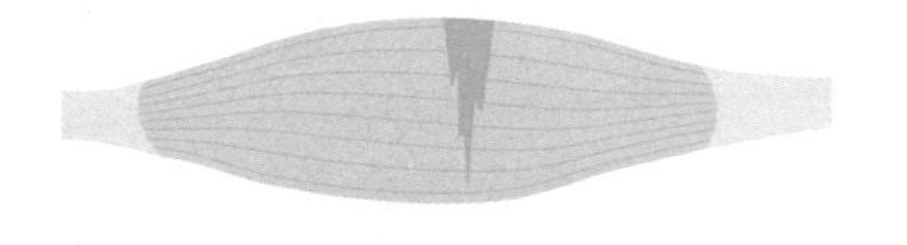

肌肉分離爲肌肉或肌腱等肌肉組織的損傷或斷裂造成的。大腿和小腿肚常發生這種現象，是因爲肌肉用力過度而導致。

肌肉組織的損傷如果只是輕微的，那麼只要用繃帶等壓迫療法就可治癒，但如產生肌肉組織完全分離的狀況則需要動手術才能恢復了。

表情多變的原因

人類的臉部有超過30條肌肉，由這些肌肉相互合作才能產生我們臉上各種豐富的表情。

人類的手腳能靈活動作，歸功於肌肉和關節帶動骨頭收縮和伸展肌肉的緣故。

那麼臉上的表情又是怎麼出現的呢？臉上能夠動的關節只有下巴，眼睛和臉頰等部位並沒有關節。

即便如此人還是擁有非常豐富的表情，這是因為表情肌的關係。表情肌是能夠依自由意志控制的隨意肌，由顏面神經掌控。

有幾個代表的表情肌以及其動作。

前額肌是可帶動兩側的眉毛，使之向上則會有額頭紋。

皺眉肌是在眉毛的下方，往內縮則會產生眉間的縱皺紋。

鼻眉肌則可產生鼻梁的斜向皺紋。

鼻肌則可讓鼻孔變大或縮小。

眼輪匝肌則是讓眼睛開合；口輪匝肌讓嘴唇開閉；顴大小肌則是讓口角向上；降唇肌則是使下嘴唇往前突出。

笑肌將口角横向移動；頰肌使臉頰壓迫產生吸吮動作，降嘴角肌和闊頸肌則是讓口角向後拉的肌肉。

▶表情肌和動作

人體嘴巴和眼睛周圍的肌肉爲環狀肌，透過這些肌肉讓嘴角和眉毛能夠上下隨意活動，才能擁有複雜且多樣的豐富表情。

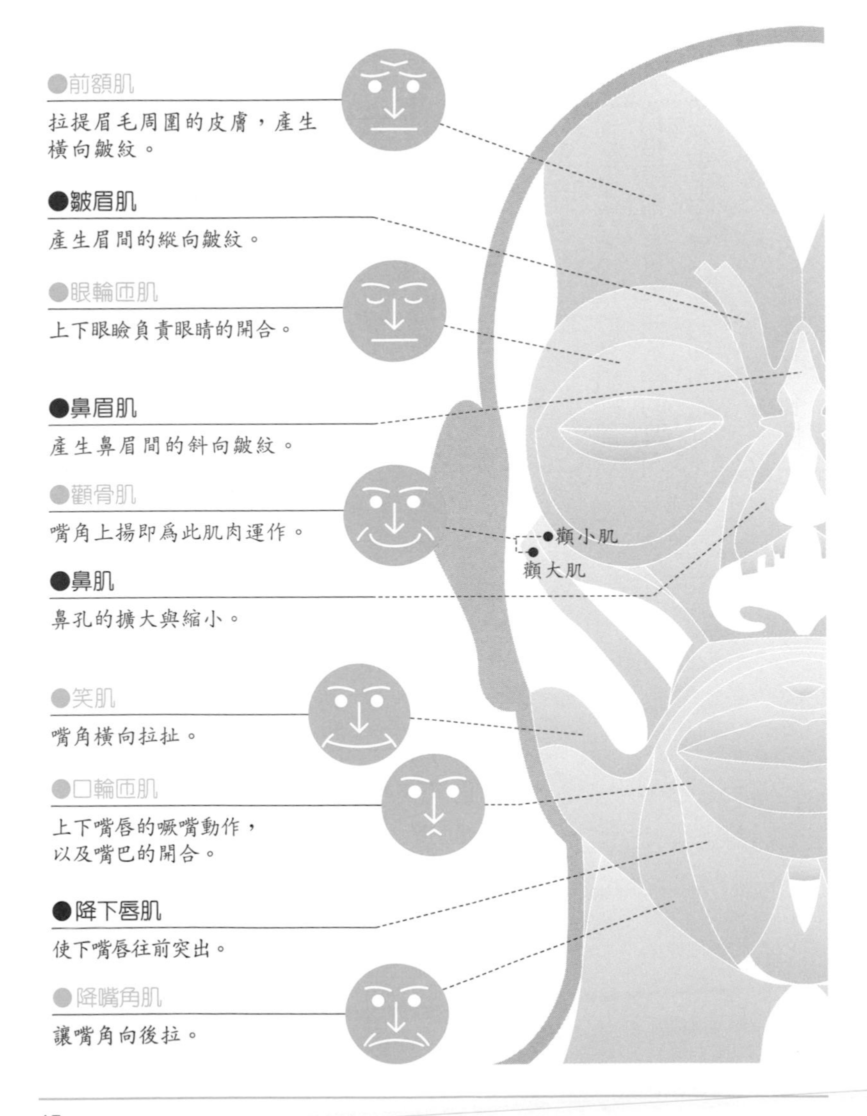

手指的肌肉

手指能做出細部活動，是因為每一根指頭都有可彎曲延伸的肌肉。

這樣一來，由30條以上錯綜複雜的表情肌協調配合，才能產生出不同且豐富的表情。

表情肌也是肌肉，因此越使用就會越發達，由於做表情的時候會牽扯到皮膚，因此常用的表情就會產生皺紋。

最後，來看看手指的肌肉。手指能做出細部活動，是因為每一根指頭都有可彎曲延伸的肌肉。五隻手指的肌肉都與前手臂延伸的伸指肌腱和屈指深肌腱連結固定。

這些肌腱都被如鞘一般的腱鞘包覆著，其作用為保護肌腱。韌帶腱鞘包覆著肌腱，使得肌肉與骨頭緊密不分離。手腕還有伸肌支撐帶和手腕內側的屈肌支撐帶，用以支撐肌腱活動。

腱鞘的內部有潤滑液，可使肌肉與肌腱平順地滑動。

▶肌腱與肌鞘的構造

●大拇指

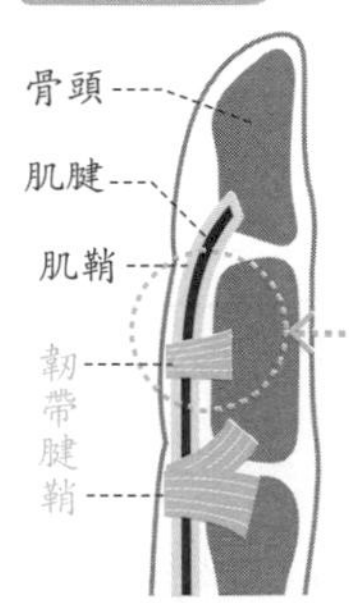

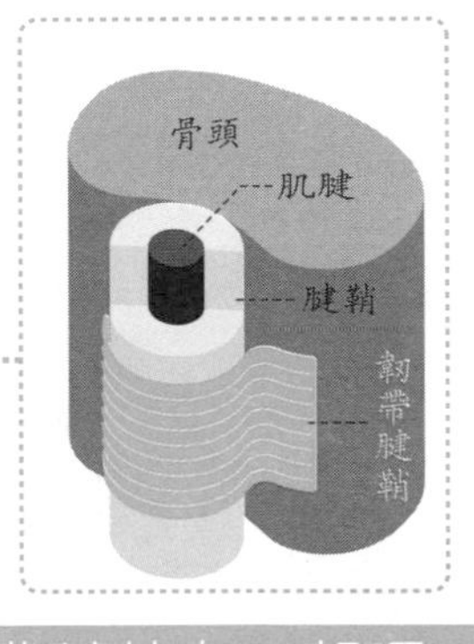

控制手部活動的肌腱，由腱鞘包覆，而腱鞘亦由韌帶腱鞘與骨頭固定。如果過度使用手指，則會使肌腱與腱鞘過度摩擦而引起發炎。

▶食指與小指連接在一起嗎？

從食指到小指的四根手指，彎曲及伸長的肌腱相互連結，稱爲腱間結合。

試著從食指一根一根慢慢地彎曲再伸展開來，是否感覺旁邊的指頭也有些微的連動，這即是因爲腱間結合的緣故，也就是說肌腱是連在一起的。

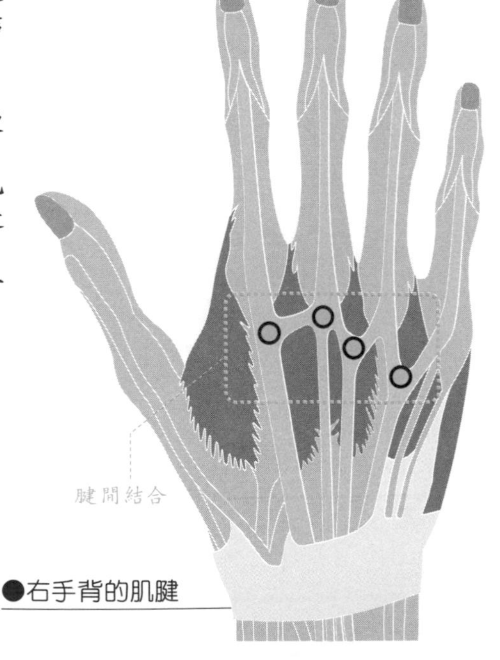

●右手背的肌腱

Column 1

為什麼拴緊螺絲得向右轉？

從手腕到手肘的部分為前臂。前臂有兩根骨頭，手腕轉動時也會連動這兩根骨頭轉動，向外側轉動時稱為外旋，往內側轉動稱為內旋。

試著將手肘彎曲，做出上臂二頭肌用力的動作。手掌向前的時候上臂二頭肌則會變硬，即為外旋的狀態；如將手指甲往前，則二頭肌會變得柔軟，即為內旋。

我們的生活中有許多需要外旋與內旋的動作，轉動螺絲以及開關瓶蓋的時候即為一例。基本上都是以順時針的方向轉動就會拴緊，順時針就是外旋動作。拴緊螺絲或蓋緊瓶蓋的時候，比起鬆軟無力，當然需要用強力拴緊。因此前臂迴轉時的內外旋，使用到二頭肌的外旋才能使出最大力量。

世界上當然也是有左撇子，與右撇子相比大約是一比九。由於絕大多數人都是右撇子，因此螺絲或是瓶蓋等，還是採用右撇子便於使用的設計。

Chapter

2

「五感」跟「呼吸」機制

【感覺及呼吸器官】

眼睛的構造

眼睛的構造可比擬高性能相機，由數個有機體分工合作，將反映至眼睛內的影像正確無誤地傳達到大腦。

視覺是人最重要的感覺器官之一。腦部處理的情報有三分之二都是藉由視覺產生的，而負責掌管看到的情報、將光線傳至腦部的器官就是眼睛了。

首先來看看眼睛的構造。

眼球的直徑約24公釐，是個比乒乓球更小的球狀體，位於頭蓋骨的眼窩凹陷處。

黑眼球的部分是角膜，白色的部分則是由名為鞏膜的薄膜覆蓋著。角膜的後側分別為讓光進入眼球內的瞳孔，以及調整控制光線的虹膜，還有折射光線的水晶體。

眼球內部是凝膠狀的透明物質，填充眼球的後腔，稱作玻璃體，其99％是水分，但有些許的纖維成分以維持眼球的形狀。由瞳孔進入的光線則透過此玻璃體到達內部的視網膜。

眼球可以依照自由意志看到自己想看的方向，這是由於眼球外部有六條外眼肌運作的緣故。

那麼眼睛又是如何「看到」？

眼睛的效能就好像照相機一樣。「看見東西」

▶眼睛看見物體的機制構造

光線進入眼球後，經由角膜、水晶體屈光後，到達眼球後端類似牆壁的視網膜上形成影像。觀看遠近是由水晶體調整厚薄以控制聚焦點。

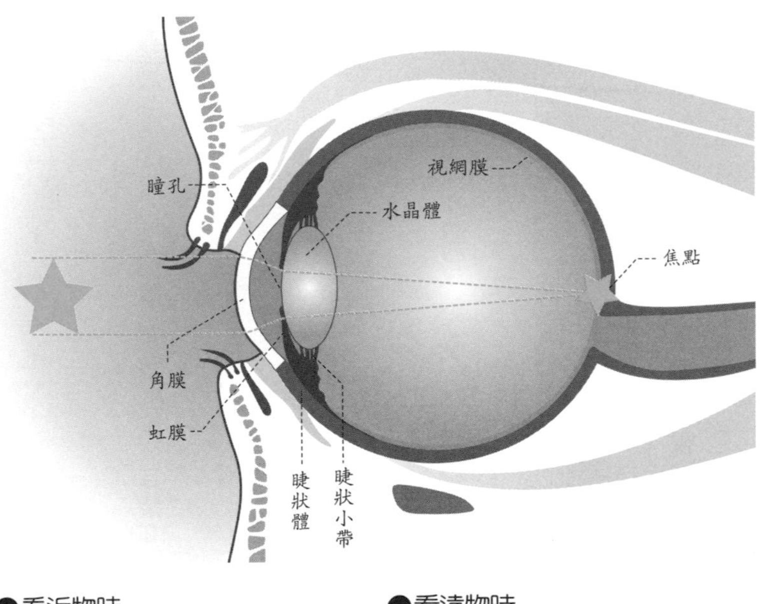

●看近物時

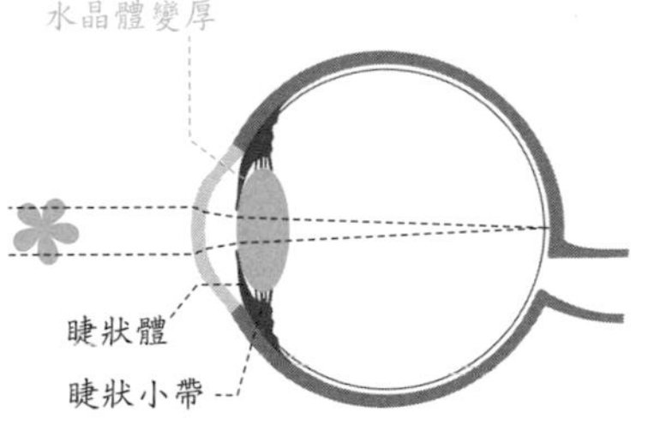

睫狀體肌肉緊繃及睫狀小帶的鬆弛，使得水晶體變厚能取得近物的適當焦距成像。

●看遠物時

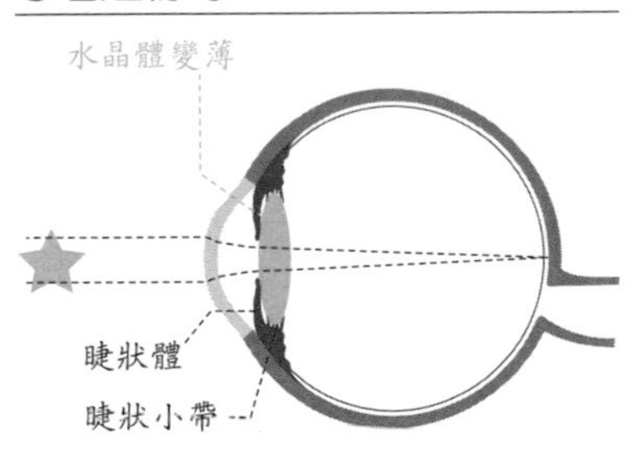

睫狀體肌肉鬆弛及睫狀小帶的緊繃，使得水晶體變薄能取得遠物的適當焦距成像。

人類的視野範圍？

通常單眼能看到上60度，下75度，鼻梁60度，耳朵100度左右的範圍。

其實就是從物體反射的光進入眼球開始。光線從眼球表面的角膜進入通過瞳孔。瞳孔就像是照相機的光圈一般，依照光圈的大小控制調整進入的光線多寡。

光線透過「鏡頭」之後由水晶體屈折光線，同時靠著睫狀體肌肉的伸縮調整水晶體厚薄，變薄時能看見遠處，變厚則能看見近處。水晶體就像是自動對焦鏡頭的功能。

屈折的光線通過玻璃體後集中於視網膜處形成影像。視網膜就像相機的底片，換成數位相機的話，就像將光轉換成電氣信號的成像傳感器。

有了相機之後就能轉換成影像了。視覺也是一樣，在視網膜形成的影像資料，從眼球的視神經傳導至大腦枕葉的視覺區（本書第333頁）。

接著大腦將此資料和記憶與其他的資料對照分析後，得出「看到了ＸＸ」的認知。

光的屈折率（也就是折射的角度）如果正常的話，光線在視網膜上就會正確呈現出影像。

但如果折射角度過大或過小，則光線會落在視網膜的前方或後方，則無法正確顯示影像。這就是所謂的「近視」、「遠視」、「亂視」的由來，

▶光線進入眼睛後如何「看見東西」？

進入眼睛的光線會在視網膜呈現上下左右顛倒的影像。將左右的視覺區得到的情報整合，成像後就會有「看見東西」的認知了。

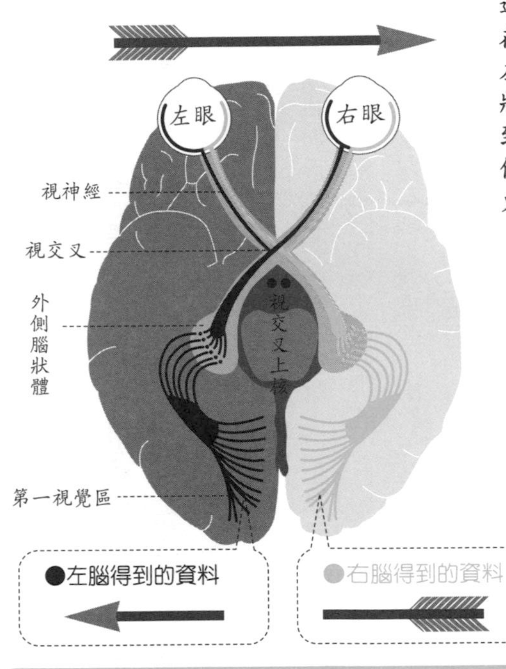

▶人的視野範圍？

人的單眼通常能看到上60度，下75度，鼻梁60度，耳朵100度左右的範圍。由兩隻眼睛重疊整合看見的影像，才能判斷物體的遠近立體感。

●上下的視線範圍

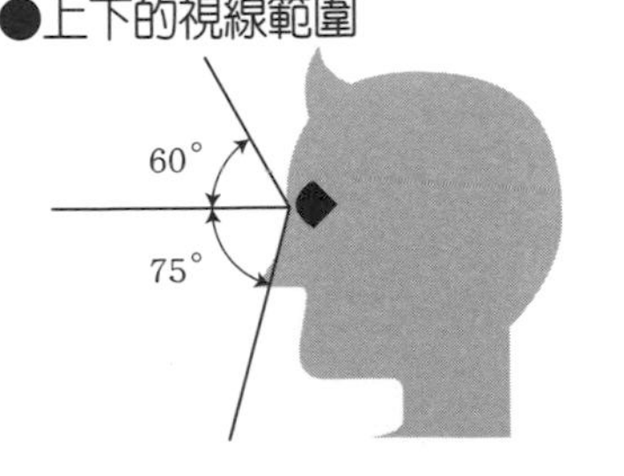

●左右的視線範圍

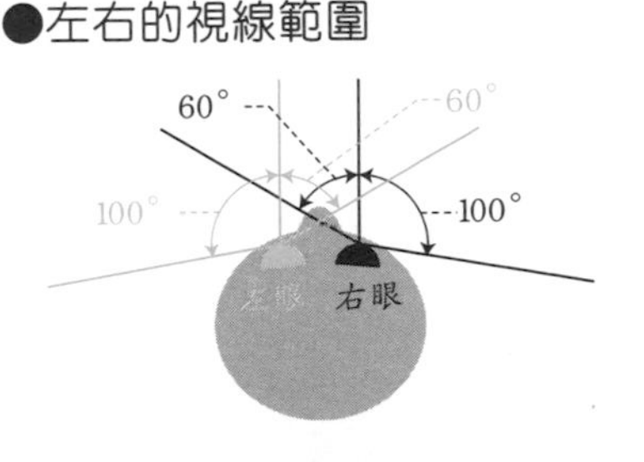

近視、遠視、亂視的原因

光的屈折率如果過大或過小，則光線會落在視網膜的前方或後方，影像無法正確顯示，這就是所謂的「近視」、「遠視」、「亂視」的由來。

也稱為屈光不正。

物體的顏色與形狀單眼就可以判斷，但距離與立體感則需要兩隻眼睛才能正確判別。

試著輪流閉上左右眼來看東西。由於左右眼睛的位置不一樣，所接受到的視野也會不同，不過也只有些微的差距而已。

左右眼分別看同物體時，位置會有些微差異。這是因為在視網膜上成影的物體是與實體呈上下左右相反的影像。

左右眼外側神經所覺知的資訊會送往同一半邊的大腦，而左右眼內側覺知的資訊會在視交叉交錯後，再送到另一半邊大腦。

左右腦視覺區整合經上述過程所得到的資料才能呈現立體影像，並正確掌握與物體的距離。

▶近視、遠視、亂視有何不同？

角膜與水晶體的屈光率以及眼球的形狀決定視網膜是否能準確成像。來看看近視、遠視、亂視的原因。

●正視

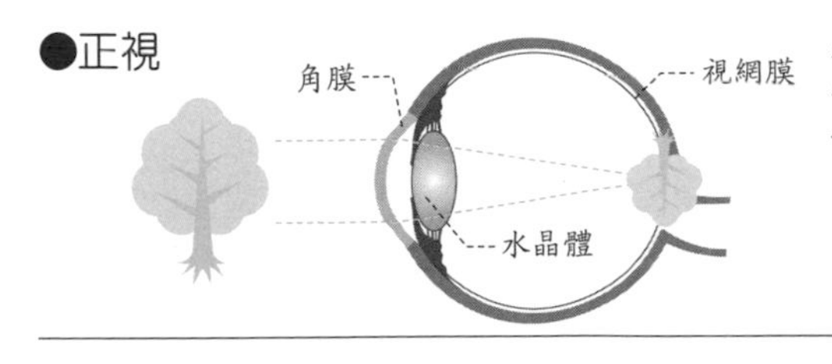

光線進入眼睛經由角膜、水晶體折射後，在視網膜上形成影像。

●近視

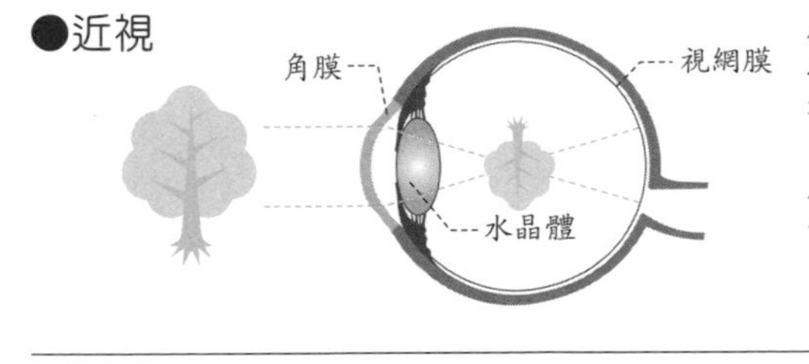

屈光率較高的關係，眼球前後拉寬導致光線在視網膜前方成像，能清楚看見近處的物體，遠處的物體則是模糊的影像。

●遠視

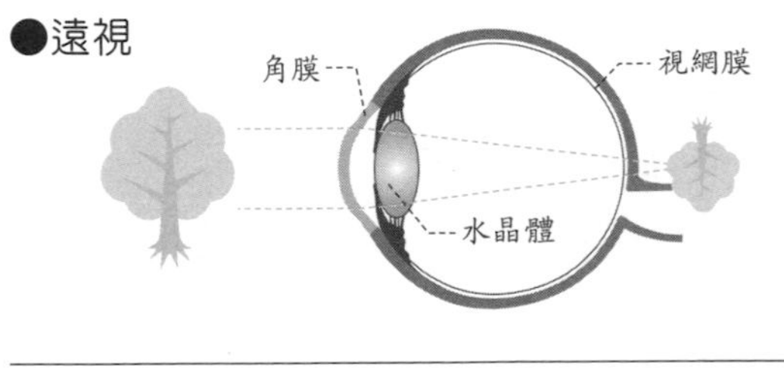

屈光率低的關係，眼球前後縮短，光線會在視網膜後方成像，只能看清楚遠處的影像，近物則很難看得清楚。

●亂視

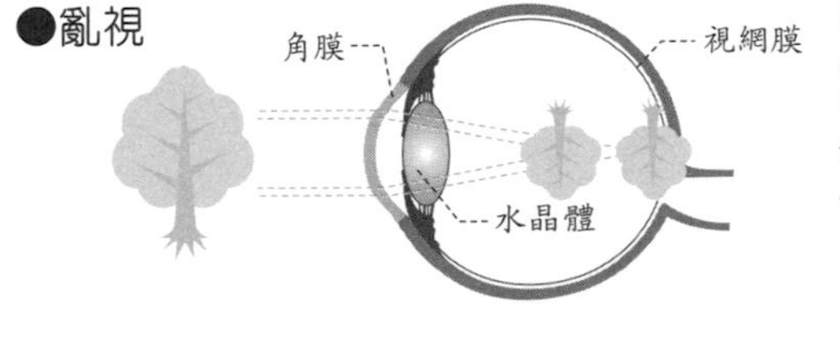

因眼球表面是歪的，光線無法聚焦在同一點上，所以視網膜無法確切呈現影像。不論遠近都有兩個或三個影像產生。

濕潤眼球的淚腺構造

淚水是由眼球表面的脂質層、淚水層以及黏液層所構成，用以防止眼球乾澀。

脂質是由上下眼瞼內側名為眼瞼板腺的構造分泌而成。

眼瞼與眼淚的功能是保護精密的眼球，解決灰塵或異物及乾燥問題。

眼睛及其周圍組織擁有保護眼球的機能。眼瞼數秒間會眨眼一次，淚液能清洗、濕潤眼球表面，沖洗掉灰塵異物。另外，如果突然有物體接近眼睛，或是強光照射，眼瞼會反射性地眨眼，達到保護眼球的作用。

上下眼瞼都有眼睫毛，也是阻擋異物進入、保護眼睛的功能。

健康的眼睛表面是由約7微毫米的淚膜覆蓋著。從外到內分別是脂質層、淚水層以及黏液層。只要其中一層有分泌量減少的現象，就會導致眼睛表面乾澀，眼睛就容易受傷。

淚膜大部分是淚水層，這會使眼瞼內側的淚腺分泌水分，含有治療眼睛的傷口以及防止感染的成分。

從眼球表面到淚水層都含有黏液，是由眼球表面分泌具有黏性的物質，用來潤滑眼睛表面。

脂質層的油分是由上下睫毛內側有一稱為瞼板腺的小出口分泌，用來延緩淚水層的水分蒸發

▶濕潤眼球的淚腺構造

淚水是由脂質層、淚水層以及黏液層三層構造所製成的，作用在於防止眼球乾澀。脂質是由上下眼瞼內側的眼瞼板腺分泌製造出來。

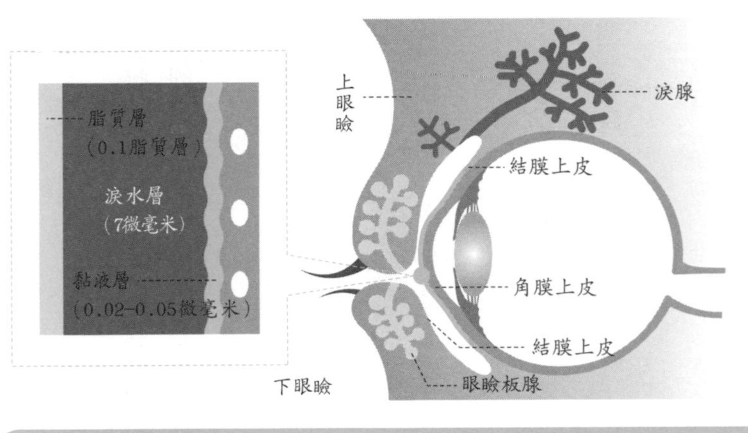

▶眼睛和鼻子互相連結

靠近上眼皮外側有一叫做淚腺的地方，會製造眼淚清洗眼睛表面，接著集中流至眼頭的淚點，經過淚小管通過鼻淚管到達鼻腔。

哭的時候也會流鼻水就是因爲眼睛鼻子連結在一起的緣故。

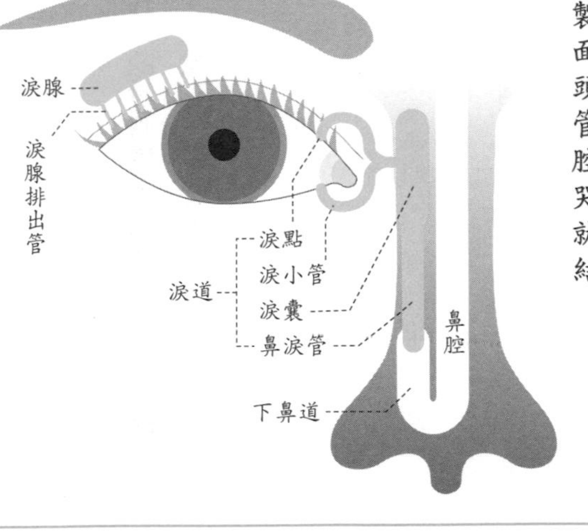

單眼皮與雙眼皮？

上眼皮的眼瞼板有一稱為提眼舉肌的肌肉附著。眼睛睜開的時候會帶動眼瞼板向上拉提，此為單眼皮的情況。若提眼舉肌的一部分延伸為兩塊，就會形成雙眼皮。

以及增加淚液膜的表面張力。

淚水的分泌量一天約2至3毫升（約20滴眼藥水），其中90％的量會聚集到上下眼皮眼頭處的淚點，經過淚囊、鼻淚管，最後進入鼻孔，用以濕潤鼻腔。

另外，眼睛張開的時候，可分為單眼皮和雙眼皮。

上眼皮內部有一名為眼瞼板的細長硬板軟骨，在瞼板上有一稱為提眼舉肌的肌肉附著。眼

睛睜開的時候，由此肌肉帶動眼瞼板向上拉提，此為單眼皮的情況。

雙眼皮則是提眼舉肌的一部分延伸為兩塊，並非只有上眼瞼板有提眼舉肌，上有另外一部分延伸至上眼皮，因此只要睜開眼睛，上眼瞼的皮膚會有一部分向上拉提，形成皺摺，這就是雙眼皮的由來了。

▶單眼皮與雙眼皮

眼皮又分爲單眼皮及雙眼皮。上眼皮內有一眼瞼板，附著著提眼舉肌，由此兩者分別出眼皮的特徵。

●單眼皮的構造

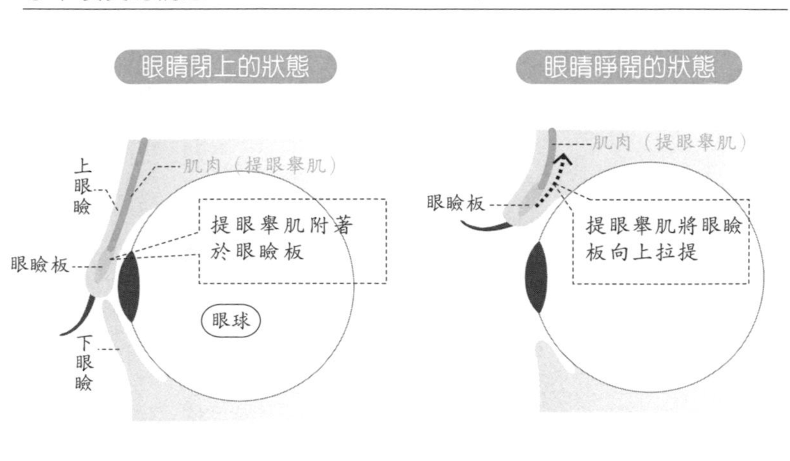

●雙眼皮的構造

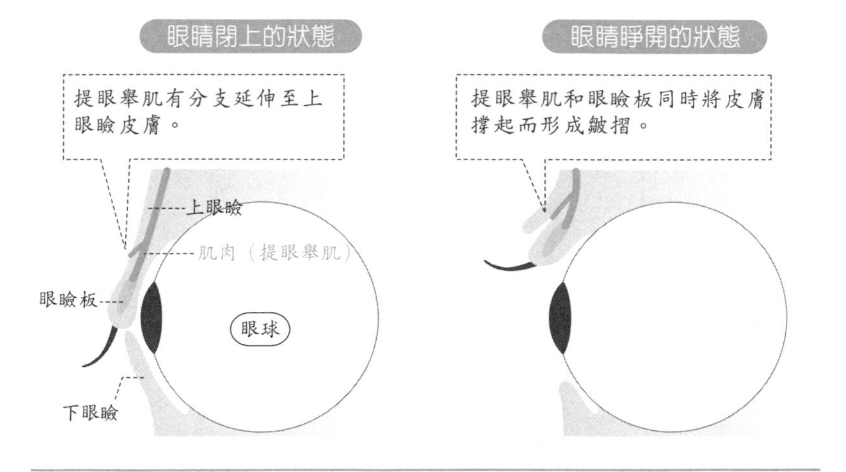

如何聽見聲音？

耳朵是捕捉聲音的感覺器官。

耳朵內部擁有複雜的凹凸形狀，到底是怎樣的構造使耳朵能辨識聲音呢？

捕捉聲音的情報，接著傳送到大腦的就是耳朵的功能。耳朵又再分為：

外耳、

中耳、

內耳三個區域。

外耳是指頭部側面延伸出來的耳廓，以及從耳廓開始到耳膜稱為外耳道的這兩個部分。

耳廓及外耳道其中一部分是由軟骨組織構成，耳廓的下方為耳垂，非軟骨而是由脂肪組織而成。

耳廓是用來蒐集大範圍聲音的集音裝置。

聲音太小而聽不見的時候，會將手放在耳朵後方仔細聆聽，就是一種擴大耳廓加強集音的原理。因此，耳廓越大就能聽得越清楚。

外耳道是一個長約2至3公分的通道，入口有防止灰塵或異物進入的耳毛。外耳道之中還有耳垢腺，從此處分泌出來的分泌物，與掉落的表皮、灰塵和雜菌等混合之後就會變成耳垢（耳屎）了。

▶耳朵的構造與傳導聲音的途徑

耳朵可依位置分成三個部分，分別為「外耳」，包含耳廓露出的部分至耳膜的外耳道。
「中耳」是從耳膜到耳小骨，「內耳」為半規管到聽神經的部分。來看看聲音傳導至大腦的過程。

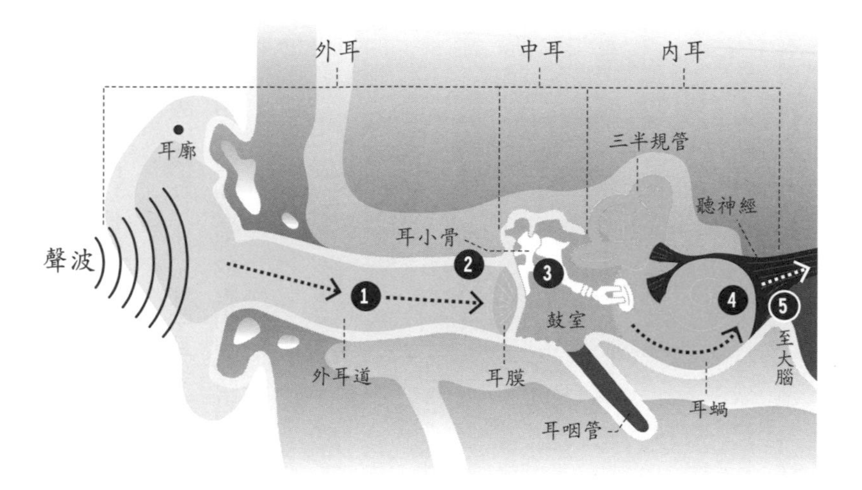

1 外耳的耳廓會集中聲波（聲音），並經由外耳道傳送至耳膜。

2 聲音越大耳膜震動幅度越大，反之則震動幅度越小。

3 中耳裡有鎚骨、鉆骨、鐙骨構成的耳小骨，用來調整震動幅度。

4 震動傳達至耳蝸，轉換成電器信號。

5 電氣信號會由聽神經傳達到大腦，由此認知聲音。

為什麼坐飛機的時候耳朵會痛？

這是氣壓變動的緣故，稱為「航空性中耳炎」，藉由打哈欠或吞口水就能舒緩。因為耳管張開後，中耳腔和外部的壓力會趨近相等的關係。

外耳道的深處有一個直徑約1公分傾斜的耳膜。中耳即為耳膜內部的耳小骨及卵圓窗（中耳腔）。

耳小骨由鎚骨、鉆骨、鐙骨構成，本書15頁提過，這是人類身體內最小的骨頭。中耳更深處為耳咽管，與咽喉頭連接。

中耳炎這種疾病，是由於細菌或病毒感染耳膜，中耳化膿後積液壓迫耳膜，會使耳朵感到疼痛，或有耳朵閉塞的感覺。

耳朵最內側就是內耳了，由像蝸牛殼狀的耳蝸、半規管，以及前庭所構成。

想一想，聲音到底是用何種方法傳達至大腦呢？首先我們要有基本概念，就是聲音實際上為「震動＝音波」

聲音經由震動，也就是音波到達耳廓後，通過外耳道傳至耳膜，耳膜配合聲音的大小高低產生震動，聲音越大震動幅度越大，反之則越小。

這些震動到了中耳的耳小骨後會增加30倍以上的頻率，接著再傳至內耳。

從中耳傳來的震動到達內耳耳蝸後，會轉換成電氣信號，接著由聽神經傳送至大腦的聽覺區，這樣大腦就感知到聲音了。

▶為什麼搭飛機的時候耳朵會痛？

飛機上升及降落的時候，耳朵因爲氣壓的變動而疼痛，此現象稱爲「航空性中耳炎」，通常打哈欠或吞口水就能改善這個狀況。因爲耳咽管張開後，中耳腔和外氣的壓力就趨近相等的緣故。

●上升《外壓小於內壓》

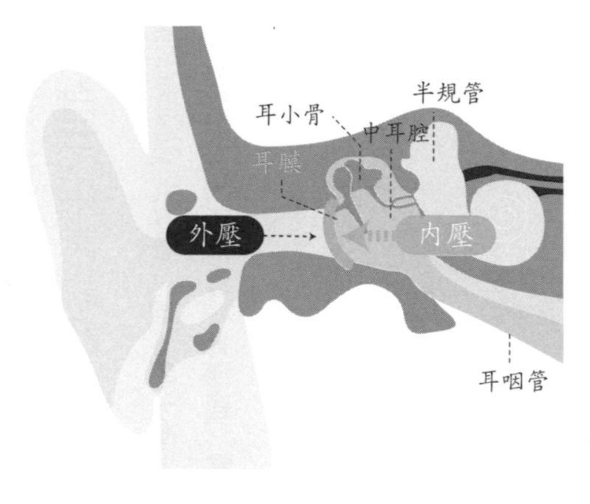

飛機起飛的時候，耳朵內的壓力（內壓）比外壓更高，因此中耳腔的空氣會膨脹，耳膜呈現外推的狀態。

●下降《外壓大於內壓》

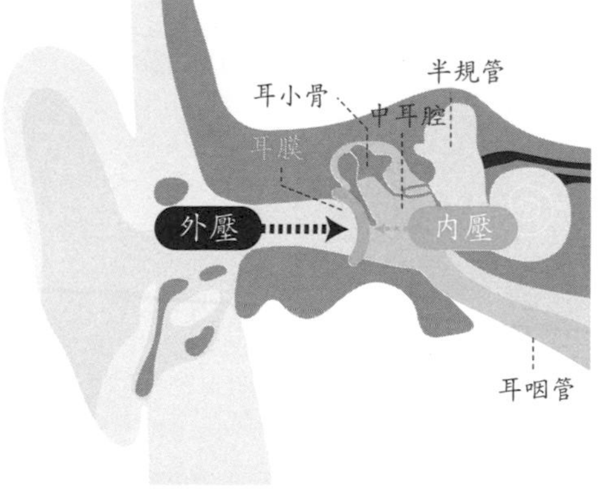

飛機降落的時候，耳朵的內壓比外壓低，耳膜呈現內縮的狀態。內壓低的時候耳咽管就不容易打開，所以飛機降落的時候比較容易造成耳朵痛。

錄音的聲音和自己平常說話的不一樣？

別人與錄音的聲音是透過空氣傳導（氣導音）進入耳廓震動耳膜，
而自己說話的聲音卻是由骨頭所傳導（骨導音）震動耳膜，所以不同。

由上述可知，從耳廓蒐集到的聲音最後被大腦所認知，經過了好多不同的過程。

此外，從錄音機裡聽到自己的聲音時，往往會驚呼「我的聲音怎麼是這樣的？」跟自己所想的聲音完全不同。

這是為什麼呢？

通常，別人的聲音是經由空氣傳導接著進入耳廓然後震動耳膜（氣導音）。

但是，自己的聲音卻是由骨頭所傳導（骨導音）進而震動耳膜。

試試用手摀住耳朵然後說話，聲音並沒有從耳廓進入但一樣還是可以聽得見，聽見的即是骨導音。

因此，周圍的人聽見的「你的聲音」基本上和你「聽到」的自己的聲音不同，會比較接近錄音的聲音。

▶為什麼自己平常說話時的聲音和錄音的不一樣？

是否覺得錄音機裡自己的聲音和「自己平常聽到的」不一樣？關鍵在於聲音的傳導方式不同。

●他人的聲音

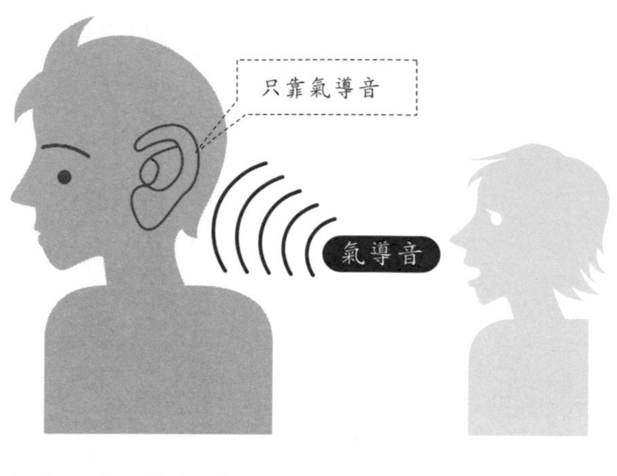

他人的聲音是透過空氣傳到耳朵。同樣地，錄音機錄下來的聲音也是經由空氣傳導進入自己的耳朵，因此透過錄音機聽到的也是氣導音。

●自己發出的聲音

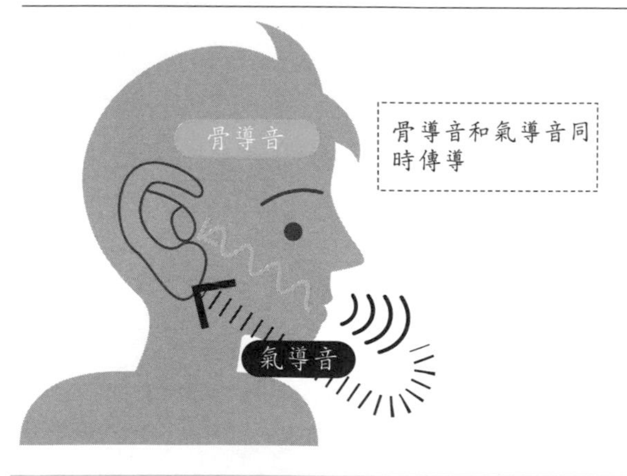

自己發出的聲音則是氣導音和透過骨頭傳達的聲音（骨導音）混合而成。在捂住耳朵的情況下也能聽到的聲音即爲骨導音。

保持平衡感，靠的是內耳？

耳朵是接收聲音將其傳送至大腦的角色，
除此之外也掌控了身體的平衡感，其主角就是內耳。

身體是藉由眼睛、耳朵、手腳以及大腦組合成的網絡而得以保持平衡，其中又以耳朵為重要角色。

耳朵除了將聲音傳送至大腦外，在耳朵內部的內耳，也掌管身體平衡。

內耳中有三個半圓形的管，分別為前半規管、後半規管、外半規管所構成的三半規管。外半規管是前後的水平旋轉，剩下的兩個是垂直交叉兩軸的垂直旋轉，用來感受運動及速度。

頭在前後左右水平轉動的時候，三半規管內的淋巴液也會隨之移動，接著送出刺激感覺毛細胞的電氣信號，而此電氣信號經由前庭再傳至大腦。

另外，三半規管交叉的部分，在前庭內有被稱為耳石的結晶體，又含有兩個部分，皆為袋狀的橢圓囊和球囊。耳石是用來感知水平以及垂直的運動方向及速度。

耳石內含有許多由碳酸鈣所組成的小石頭（耳石），頭部活動的時候，重力或直線加速度發生變化，耳石就會產生位置上的改變。感覺細胞感受到位置的變化，因此認識到身體傾斜或移

▶保持身體平衡的「內耳」

內耳後方有三半規管（前半規管、後半規管、外半規管），呈現互相垂直的配置，主要在感知旋轉運動。內耳中間的前庭有橢圓囊和球囊，用聽斑來感覺頭部傾斜的狀態。

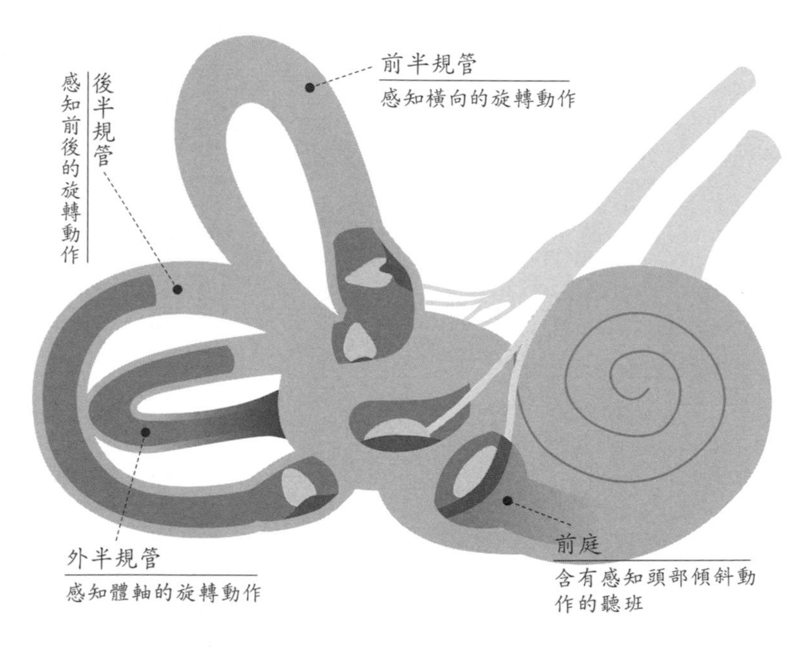

●三半規管的構造

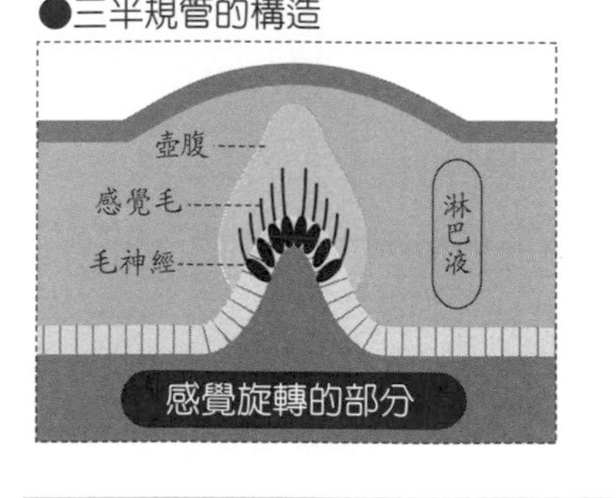

●聽斑內耳石的構造

暈車是耳朵造成的？

暈車是因為頭部傾斜狀況和眼睛實際的移動方向不同所導致，腦部會判斷這是不舒服的狀態，自律神經不安定時會產生嘔吐感，變得不舒服。

動的速度快慢。

「暈車」是從眼睛接收到的視覺情報，和內耳的三半規管感覺到的平衡感不一致所造成。

正常的情況下，視覺情報和內耳的平衡感是一致的，當頭部在右邊而眼睛看向左方的時候會產生錯覺，這時腦部就會判斷這是不舒服的狀態，自律神經不安定時即會產生嘔吐感，變得不舒服。

開車的人不容易暈車的原因，是因為開車的人能夠預測車子的行徑方向，身體也會隨之傾斜的關係，因此比較不會有與眼睛所見不一致的狀況產生。

另外，小孩比較容易暈車的原因是三半規管尚未發展成熟，自律神經相對來說比較不安定的緣故。

睡眠不足或是吃得太飽、太餓、緊張感等都是造成暈車的原因。

▶半規管與聽斑的機能

內耳內的半規管是用來感知旋轉動作，聽斑則是感知頭部傾斜動作。感知運動時，這些器官會呈現什麼狀態？

●半規管

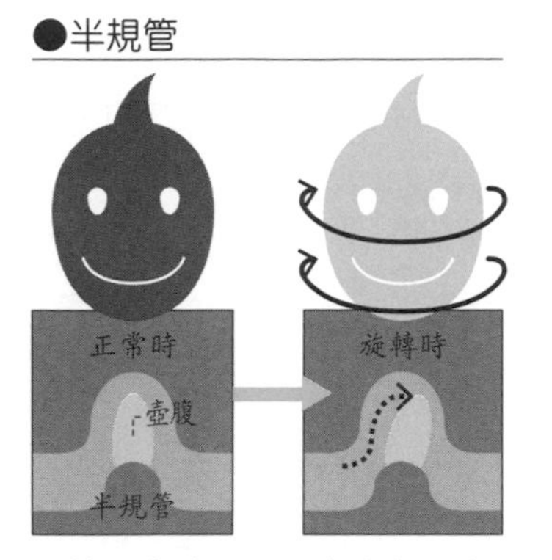

旋轉運動時淋巴液會流動，壺腹即會隨之搖動。這些情報送至大腦就能判斷出旋轉的方向以及速度。

●聽斑

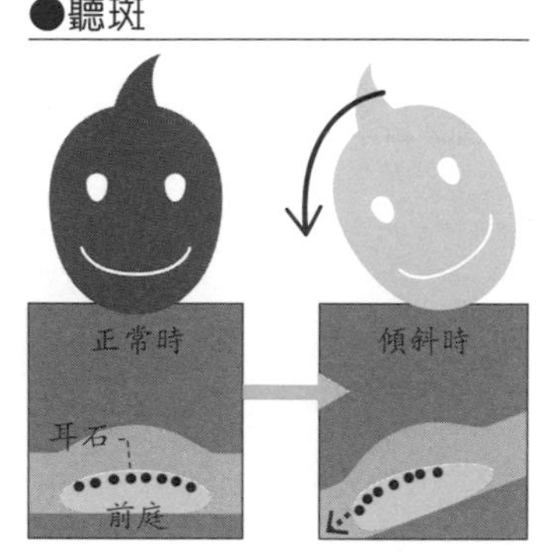

頭部傾斜時，聽斑內的耳石也會跟著移動，由這些情報得知頭的傾斜及其加速度。

▶為什麼會暈車？

暈車是由於頭部傾斜狀況和眼睛所看到的實際移動方向不同所產生的現象。

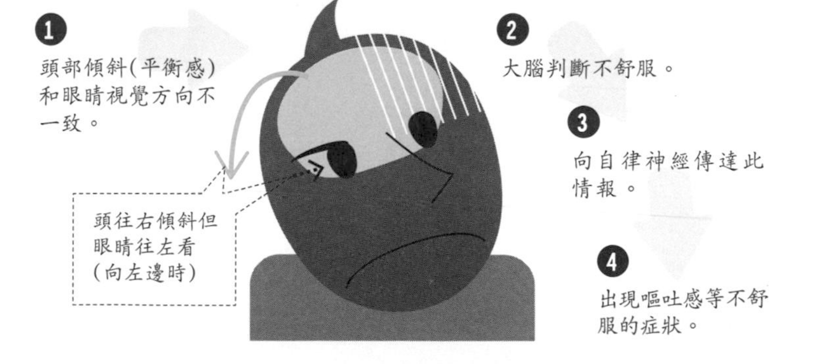

一鼻孔出氣是對的？

鼻孔雖分為左右兩孔，但實際上並非同時進行呼吸作用。當不需要大量氧氣的時候，其中一邊的鼻甲介就會膨脹，阻止空氣通過。

鼻孔雖有左右兩孔，但實際上並不會同時吸入空氣進行呼吸作用。不需要大量氧氣的時候，單邊鼻甲介就會膨脹，阻止空氣通過。

如此交互使用鼻孔，使另外一孔能夠稍作休息，使呼吸更有效率，人類的鼻子就像是兼具節省能源及清淨功能的空調一般。

鼻子並非只有呼吸作用而已，還能分辨、感覺味道。

上鼻道上部天井的部分，有像郵票大小稱為嗅上皮的黏膜，這裡約有兩百萬個用來感知味道

鼻子是吸入空氣的吸呼器官，分別為從外側能看見的外鼻，以及鼻子中間的鼻腔。

從外鼻孔進入的空氣，會經過稱為鼻道的通道。鼻腔以鼻中隔分隔為左右兩區，又以側壁分為上、中、下鼻甲，區分為上鼻道、中鼻道、下鼻道。

通過鼻道的空氣溫度會調整介於攝氏25-37度之間，濕度介於35-80%，再經由鼻咽、支氣管等最後到達肺部。

此外，鼻子還有去除空氣中灰塵的功能。

▶鼻子是如何感受味道的？

味道是與空氣一同進入鼻子的化學物質，人的嗅覺是經由哪些途徑感受味道呢？

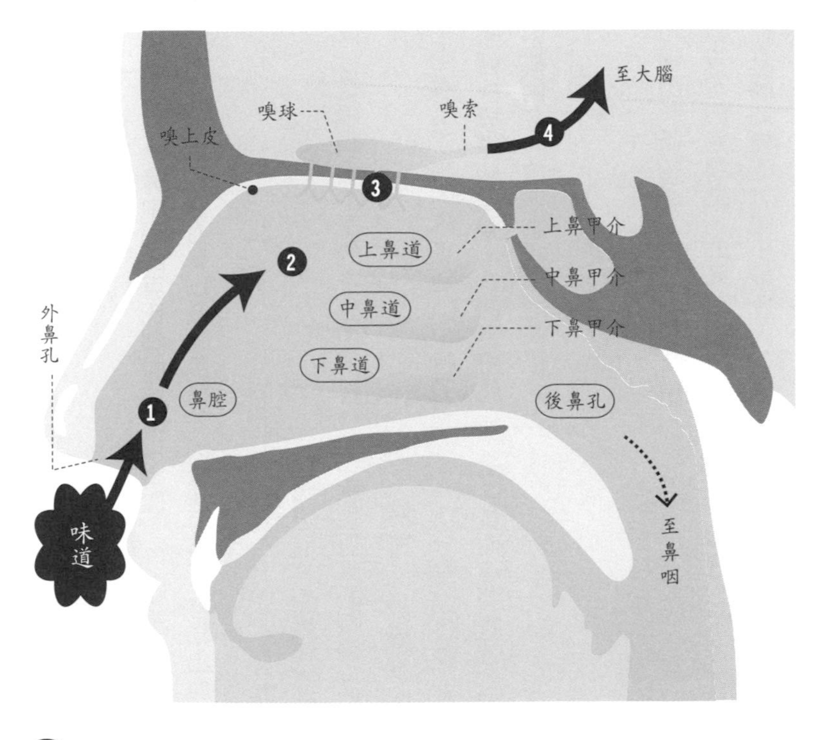

1. 空氣中含有味道的化學物質進入鼻腔。
2. 通過鼻道後，味覺物質會與位於嗅上皮中的嗅腺內釋出的黏液融合。
3. 嗅毛感知到味覺物質後，將其變成電氣信號。
4. 電氣信號傳送至嗅球，再通過嗅索到達大腦的嗅覺區。

的嗅覺細胞。

味道的基本成分是眼睛看不見的小分子，稱為嗅素。

吸進的嗅素，由嗅上皮內的嗅覺細胞中嗅毛的纖毛接收，接著轉換成電氣信號。之後再將此信號傳遞至味覺中樞內的前線稱為嗅球的部位，最終由大腦處理此信號，即能分辨味道了。

如果鼻塞而用嘴巴呼吸的話，是聞不到味道的，那是因為嗅素沒有經過嗅上皮的緣故。

如果長時間一直聞同樣的香味，就會因習慣此味道而嗅覺變得不敏感，這是由於嗅覺細胞的順應性很高的關係，稱作嗅覺疲勞。

味道的敏感度從一開始的最高敏感度，2-3分鐘之後就會只剩下一半，而入芝蘭之室，久而不聞其香，即是這個道理。

容易流鼻血的原因？

流鼻血通常是因為鼻中隔的克氏靜脈叢部位出血。

這個部位由於集中較多血管以及黏膜較薄的緣故，比較容易出血。

▶容易流鼻血的原因

興奮或挖鼻孔時所造成的鼻血，大部分是因爲鼻中隔的克氏靜脈叢部位出血。這個部位血管較多以及黏膜較薄，所以比較容易出血。

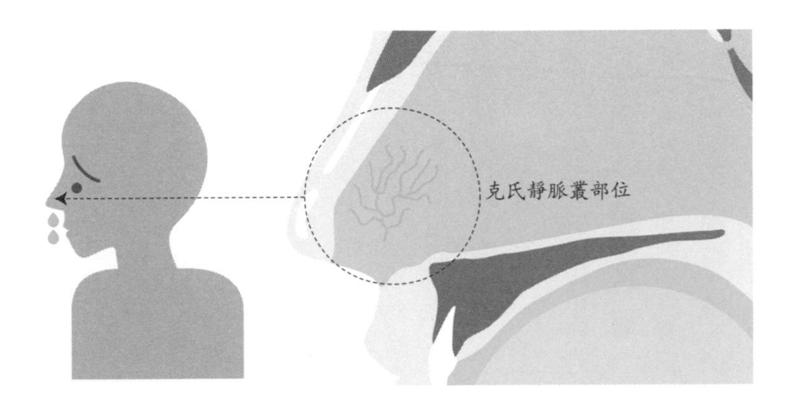

▶鼻孔是輪流呼吸？

人左右兩側的鼻孔是交互使用的，這是爲了能夠更有效率地呼吸。當不需要大量氧氣的時候，其中一方的鼻甲介就會膨脹阻止空氣進入，因此能稍作休息。

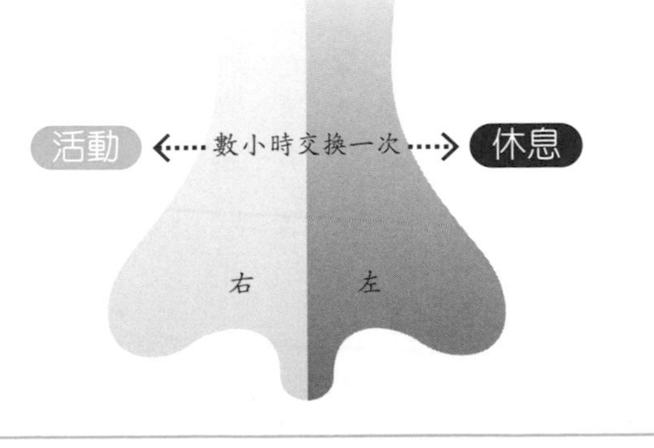

皮膚的基本結構

皮膚分為表皮、真皮及皮下組織三層，又有感知五種感覺的接受器在其中。

覆蓋於身體表面的皮膚，占人體的面積範圍相當廣，也是整體重量很重的器官。

成人皮膚約有2平方公尺面積，重約5公斤，可保護人體不受陽光、熱損傷和病菌感染，也有調節體溫以及感受觸覺的功能。

皮膚的最外側為表皮，是毛髮或指甲生長的部位、內側為真皮、最底層為皮下組織共三層。

表皮很薄，是皮膚的最外層，其內側為基底層，負責不斷地分裂製造新細胞。細胞一邊分裂成長一邊向上移動，最後成為皮屑會剝落的角質層。

真皮層內有汗腺、皮脂腺、微血管和神經細胞，並有五種感知的點狀接受器存在其中，可感受到溫熱覺、冷覺、壓力覺、痛感，以及觸感。

接受器並非只有一個。游離神經末梢、莫氏小體、麥氏小體等，都含有些微不同的接受器，遍布全身的皮膚中。

溫熱覺是碰觸到熱的東西的時候，接受器會吸收熱能，因此皮膚會感受到溫度的上升。反之，則是冷覺。

▶皮膚構造與皮膚能感知到的五感

覆蓋於全身的皮膚，包含了表皮、眞皮、皮下組織三層構造。其中眞皮擁有五感接受器，能感受到溫熱覺、冷覺、壓力覺、痛覺、觸覺等不同的感覺。

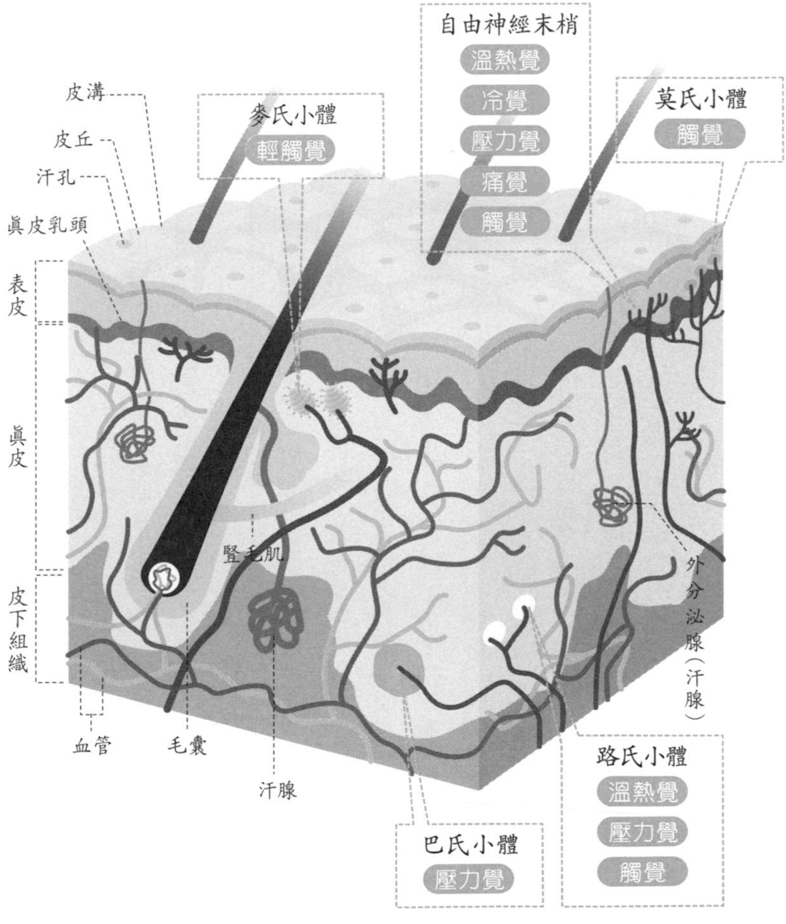

人體最敏感的部位

指尖以及嘴唇是接受器最密集的地方，也就是身體最敏感之處；最遲鈍的部位則是在大腿和後背，是接受器最少的部位。

壓力覺會分辨壓力的強弱度；痛覺是由神經末端感知皮膚上的疼痛感；觸覺則是感覺到被觸碰。

覺知這些感覺的接受器，並非平均分布在全身各處。例如：使用器具同時觸碰身體兩處，測試是否能判別出正確方位。

接受器最密集的地方也就是身體最敏感之處，像是手指尖以及嘴唇。反之，最遲鈍的部位則在大腿和後背，也就是接受器最少的部位。

皮膚的接受器雖然也能感覺到溫度的差別，

不過高於35度C的氣溫就會覺得熱，但同樣是35度C的洗澡水卻會覺得有點涼。

這樣的差異是因為空氣與水的熱傳導率不一樣的緣故。熱傳導率指的是傳導熱量的能力，熱傳導率低的空氣並不會把皮膚的熱量帶走，而且空氣中的溼度越高，較無法藉由流汗蒸發排熱，因此會覺得更熱。

另外一方面，熱傳導率高的水會將身體的熱能帶走，因此會覺得冷。

▶身體最敏感的部位是？

額頭
嘴唇
脖子
胸部
背部
手肘
手臂
手背
指腹
手掌
大腿
小腿
腳跟
腳趾

0　10　20　30　40　50　60　70(cm)

左圖爲同時使用兩支針分別刺向身體各部位，並測量兩支針分開刺時，到多遠距離該部位才能分辨出針已經刺向不同位置。
數值越小（距離越近）代表越敏感，數值越大表示越不敏感。

▶35℃的水和氣溫的差異

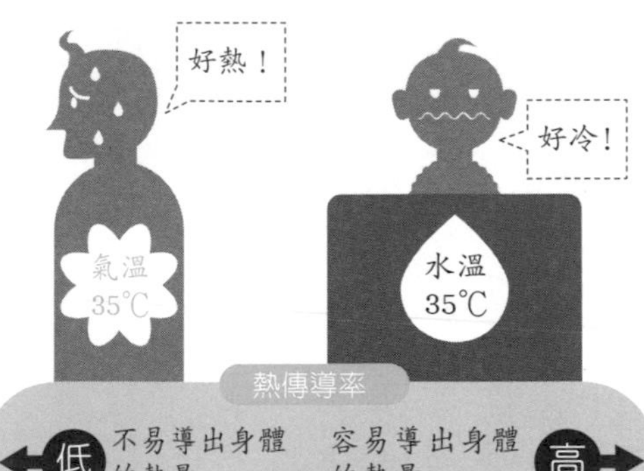

35℃的氣溫會覺得很熱，但是同樣是35℃的洗澡水卻會覺得很冷，這是因爲水跟空氣的熱傳導率不同的關係。
水的熱傳導率爲空氣的20倍以上，所以很容易就能導出身體的熱量，因此會覺得比較冷。

曬太陽會變黑的原因

皮膚在太陽光照射後，為什麼會有變黑的情況發生呢？想知道答案的話必須先得瞭解皮膚的構造以及紫外線的種類。

人類皮膚的顏色，有從牛奶白到巧克力黑等各種不同種類，而這些不同的顏色主要是遺傳而來，後天因素也會影響，但最重要的決定因子還是在於體內所含的麥拉寧素。

麥拉寧色素分成兩種，一為黑褐色系的麥拉寧色素，另一為黃橘色的麥拉寧色素，人的膚色由這些成分的比例多寡決定。

而曬黑的原因就與麥拉寧色素有關。

太陽光中包含眼睛可看見的可視光線以及紅外線、紫外線等等。

紫外線含有近紫外線 (UVA)、中紫外線 (UVB)，以及遠紫外線 (UVC) 三種波光。UVC 會被臭氧層阻隔因此不會到達地面，會到達表面影響人類的是 UVA 及 UVB 光。

UVA 與 UVB 中，造成曬傷的因素為 UVB 光。UVB 會侵入皮膚，皮膚最上層的角質細胞察覺此光後會命令色素細胞釋放麥拉寧色素，阻絕有害的紫外線，防止其進入皮膚深處。

麥拉寧色素為黑褐色，因此照射到陽光時會產生很多的麥拉寧色素，使皮膚變成褐色。

紫外線照射後，傷害會在基底部儲存，因此

▶紫外線的種類

到達地球的太陽光線分為波長短的紫外線、長波紅外線，以及可視光線。紫外線中除了短波的UVC無法到達地面之外，UVA和UVB會到達地面，對人的生活有許多層面的影響。

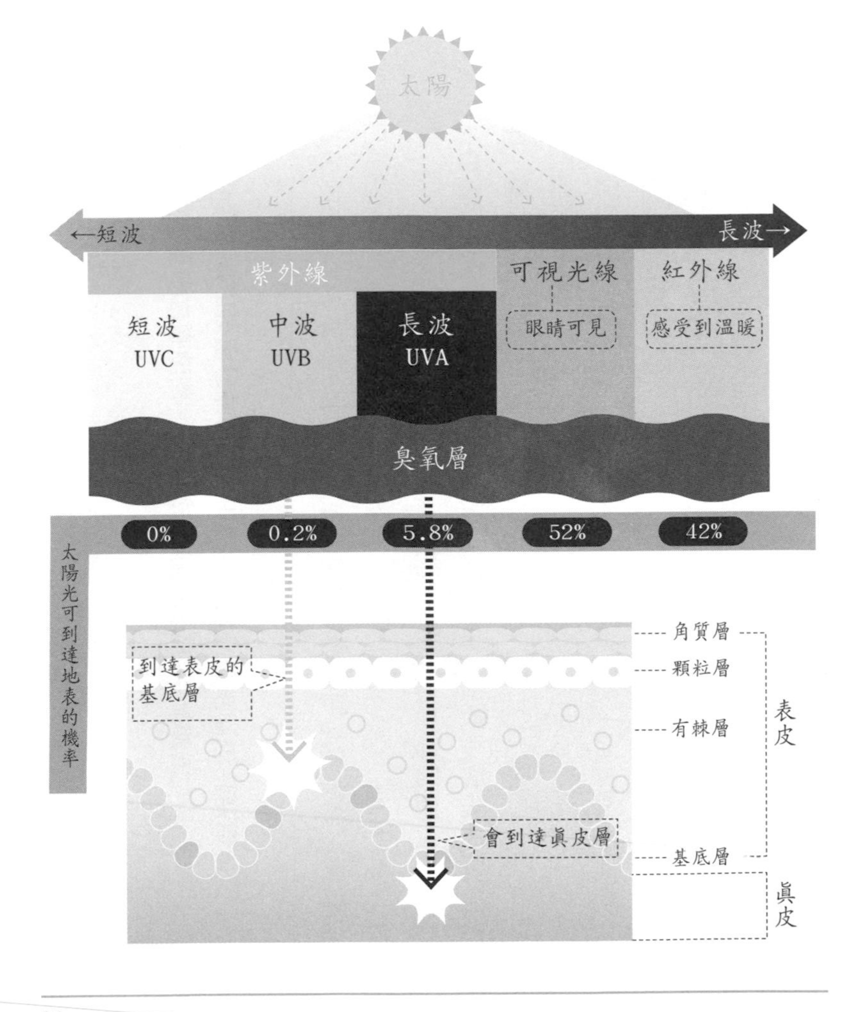

為什麼會有黑斑及皺紋？

皮膚照射到陽光時會產生很多的麥拉寧色素，使皮膚變成褐色進而成為黑斑。
到達真皮層的 UVA 會破壞膠原蛋白或彈力蛋白，讓皮膚失去彈性與光澤形成皺紋。

即使紫外線沒有曬到的部位麥拉寧色素還是會持續被製造出來，這就是斑產生的原因。

經過一段時間，麥拉寧色素會隨著皮膚的新陳代謝與皮脂垢一起脫落。因此，曬傷之後只要不再繼續曬太陽，皮膚還是會變回原來的膚色。

紫外線對細胞來說是有害的，即使產生麥拉寧素也無法阻止紫外線損傷細胞，因此即使戴帽子或塗防曬乳液也無法完全阻止日曬，但還是建議做好完善的防曬措施。

另外一方面，波光比 UVB 長的 UVA，會直接到達皮膚底層造成許多不好的結果，皺紋的產生即為一例。

到達真皮層的 UVA 會破壞膠原蛋白或彈力蛋白等蛋白質的產生，造成皮膚失去彈性與光澤，最後形成皺紋。

▶日曬後產生斑點的原因

會曬黑是因爲紫外線(UVB)到達皮膚的基底層後，產生麥拉寧色素。通常經過數個月後，色素沉積就會變得比較不明顯，不過由於紫外線會造成細胞的損傷堆積的緣故，斑點就出現了。

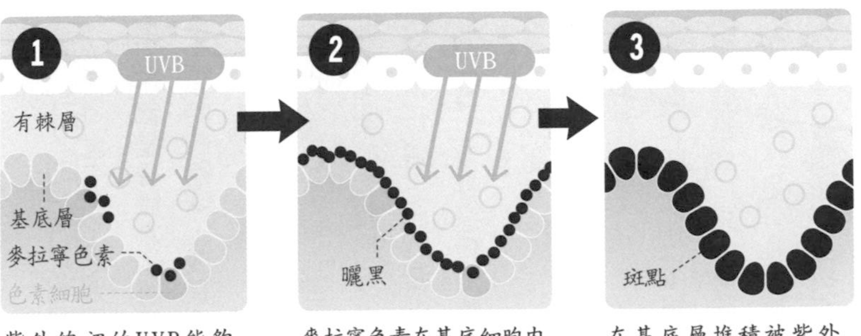

紫外線裡的UVB能夠到達皮膚基底層，基底細胞爲了防衛紫外線，會由色素細胞產生麥拉寧色素。

麥拉寧色素在基底細胞內沉積，膚色就會變深，呈現褐色。

在基底層堆積被紫外線損傷的細胞，即使沒有UVB還是會持續產生麥拉寧色素，這就是所謂的斑點。

▶皺紋形成的原因

皮膚的眞皮是由彈力蛋白及膠原蛋白等蛋白質組合而成，可使皮膚保持彈力。

而太陽光中的UVA則會破壞這些蛋白質，使皮膚喪失彈性產生皺紋。

波長較長的UVA會到達眞皮，破壞彈力蛋白以及膠原蛋白。

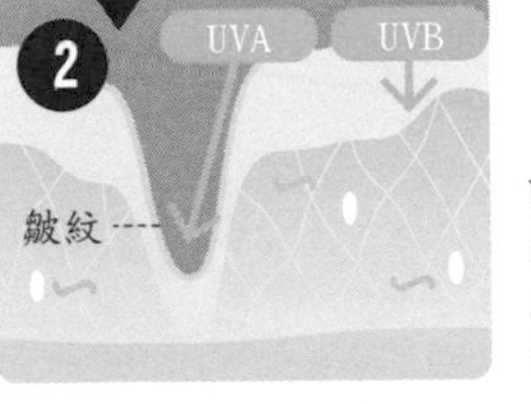

UVA會造成彈力蛋白等構造的變化，因此流失膠原蛋白，導致眞皮喪失彈力無法回復。

皮膚具有調節體溫的功能

流汗或雞皮疙瘩都是身體為了維持一定的體溫，所產生的調節現象；肌膚也會產生獨特的體味，或是痘痘。

人的體溫大約保持在37度C左右。流汗就是為了因應降低或升高體溫而來的調整機制。

出汗是水分從汗腺排出皮膚，此時藉由熱蒸發釋放體表熱能，人的體溫主要就是藉由熱蒸發調節降溫。

汗腺分為外分泌腺及頂分泌腺。

外分泌腺是遍布全身的管狀腺，皮下組織製造汗液後，接著分泌至皮膚表面。頂分泌腺在腋下最多，其他也有分布如乳頭或是耳孔內部等部位。毛根含有開口，分泌含有脂肪、蛋白質和糖分的汗腋。腋下因為分泌物經細菌分解的關係，會有獨特的體味（體臭）產生。

天氣熱的時候，皮膚擴張鬆弛，真皮層微血管內血液會大量流動，散發熱能。此時，也會分泌大量的汗液以降低體溫。

一日出汗量雖然因人而異，但即使不運動也約有六百毫升的量。人在睡眠中也會排出大約一杯水的汗液量。

人體不只是需要調節體溫時才會出汗，緊張時手心或腳底也會出汗，這屬於精神性出汗。

▶出汗與起雞皮疙瘩的原因

皮膚表皮內分布許多血管與神經，還有汗腺可排汗，以及產生雞皮疙瘩的豎毛肌。現在來看看出汗與起雞皮疙瘩的機制吧。

●出汗

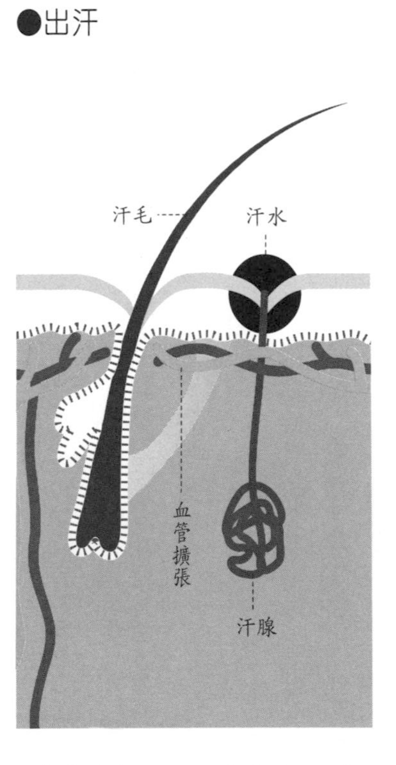

天氣熱的時候，皮膚表皮的微血管會擴張釋放熱能，此時從汗腺排出的汗水會因熱蒸發而帶走熱量，藉此調節體溫。

●雞皮疙瘩

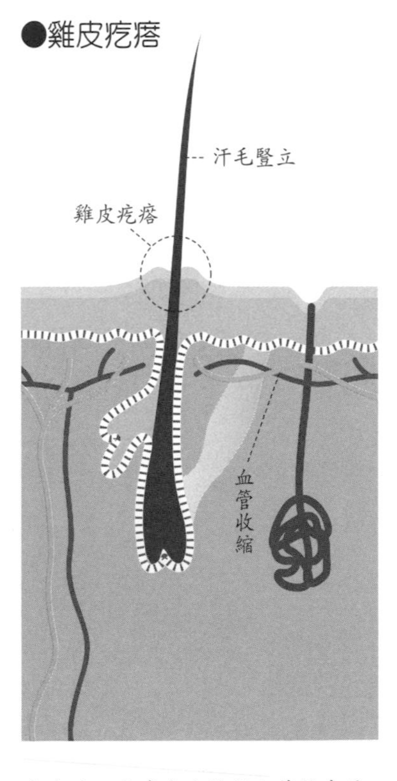

寒冷時，皮膚表皮的微血管就會收縮以防止體溫驟降。豎毛肌也會跟著收縮，汗毛因此豎立起來，產生雞皮疙瘩。

另一方面，突然接觸到冷空氣時，汗毛會立刻豎起來，這是因為在毛囊與真皮間的豎毛肌突然收縮，使得汗毛站立起來。此時，因為汗毛豎立起來，也會同時將毛根與皮膚表面向上拉提，這就是所謂的雞皮疙瘩。

天氣寒冷時，汗毛豎立起來是為了能夠包覆住汗毛中間的空氣，也就能夠防止熱能散發。人類在進化後體毛已經減少，無法留住暖空氣，因此雞皮疙瘩並不保存多少實際效用。

皮膚還能藉由收縮抑制微血管中的血液流動，來防止熱能消耗。

青春痘的成因

皮脂分泌過剩時，皮脂和表皮的髒污結合成為固體狀，阻塞毛孔就會產生痘痘。除了遺傳之外，食物、壓力，以及睡眠不足等都有可能引發痘痘。

皮膚在青春期會出現讓人煩惱的痘痘。男性荷爾蒙分泌旺盛的時候，就會導致皮脂分泌過剩，這些分泌旺盛的皮脂會與表皮的髒污結合並阻塞毛孔，毛孔內再分泌出的皮脂會因堆積而造成表皮鼓起，這就是痘痘形成的原因。

另外，細菌感染皮脂的話，就有可能會變成化膿的痘痘。

▶為什麼會長青春痘？

皮脂分泌過剩時，皮脂和表皮的髒污結合成固體狀，毛孔因而阻塞形成痘痘。除了遺傳之外，食物、壓力或睡眠不足等都有可能引發青春痘。

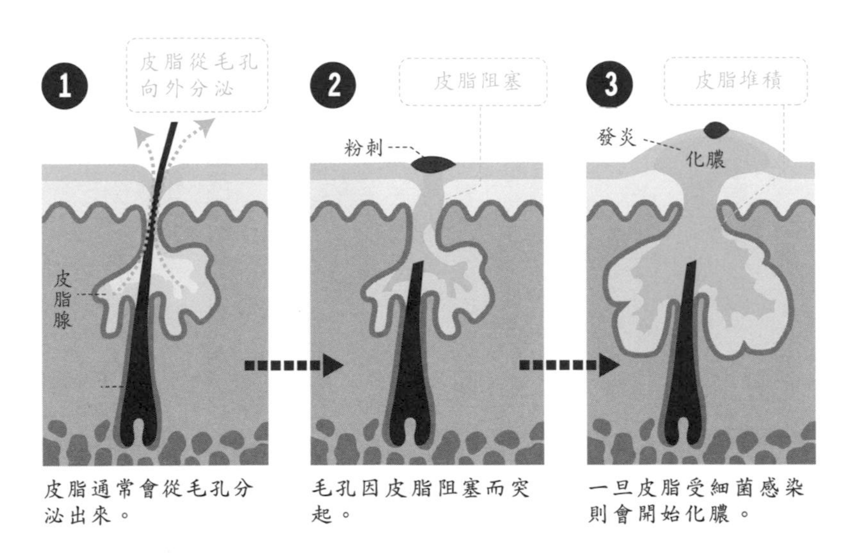

▶老人臭的由來

老人臭產生的原因主要是壬烯醛這種物質所致。
皮脂腺分泌的脂肪酸氧化以及壬烯醛因細菌發酵後就會產生味道。

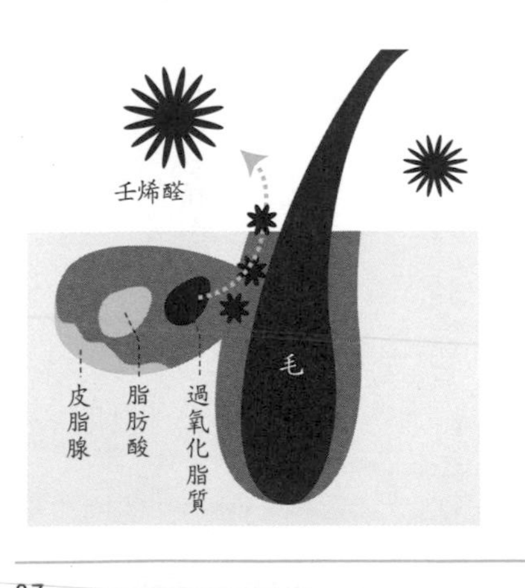

髮色是由麥拉寧色素決定

捲髮和直髮、金髮和黑髮等，頭髮因人種不同以及個人差異而有許多類型，到底是什麼因素造成頭髮的差異？

每個人的頭髮類型都不同，像是形狀和顏色等組合起來的差異，成為每個人獨有的特徵。

頭髮有三層，最外側為角質細胞構成的毛鱗片表皮層，蛋白質為主要成分，是由半透明的扁平鱗狀物順向重疊4－10層，用來保護頭髮的內部組織。

再往內是稱為皮質層的縝密細胞層，纖維狀的蛋白質為主要成分。

毛基質中含有製造色素細胞的麥拉寧色素，能夠將生長出的毛髮上色，而麥拉寧色素的量決定毛髮的顏色。

頭髮更裡層是位於髮中央的髓質層，以柔軟蛋白為主，能夠填充細胞間的空隙，形成一條供養分順利通過的通道。

不過髓質層並非存在於人體所有毛髮中，例如頭髮較細的軟毛就沒有這層構造。

另外，毛髮的類型因生長方式而有所不同。直髮因為髮根是直的，剖面幾乎呈現圓形，因此毛髮能夠直向生長；捲髮大多因為髮根為彎曲狀，頭髮也就隨之生長成彎曲型。

▶頭髮的剖面圖

毛髮依特性可由外到內分成三層，分別是表皮層、皮質層、髓質層。日本人的頭髮平均寬度約0.08公釐（80微毫米），而頭髮的平均數量爲約10萬根。

髓質層(Medulla)

頭髮的中心組織，依照頭髮的種類也有缺乏此層的情形。

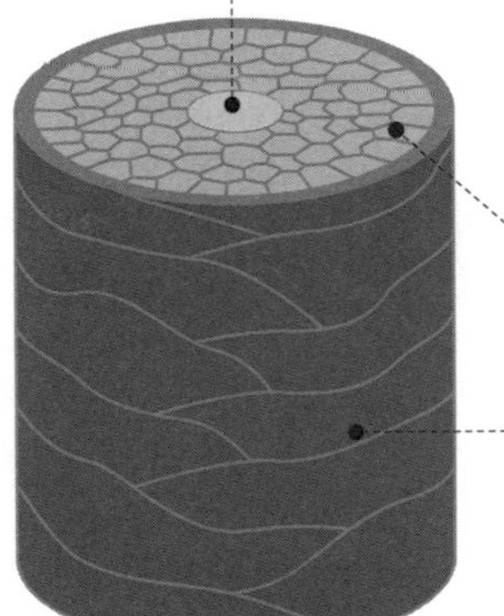

皮質層(Cortex)

毛髮大部分都屬此層，含有麥拉寧黑色素，其含量多寡決定頭髮的顏色。

表皮層(Cuticle)

由半透明的扁平鱗狀物順向重疊4-10層，用來保護頭髮的內部組織。

▶直髮與捲髮

頭髮大約可分爲直髮、捲髮、超捲髮三種。日本人與歐美人相比大多是直髮爲主。

●直髮

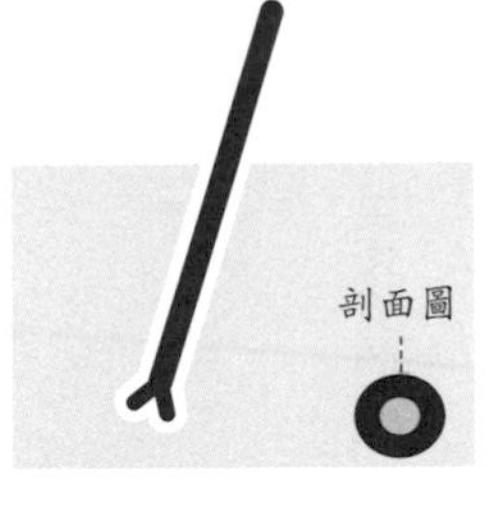

直髮的剖面圖呈現圓形的形狀，因此髮根部分爲直線。

●捲髮

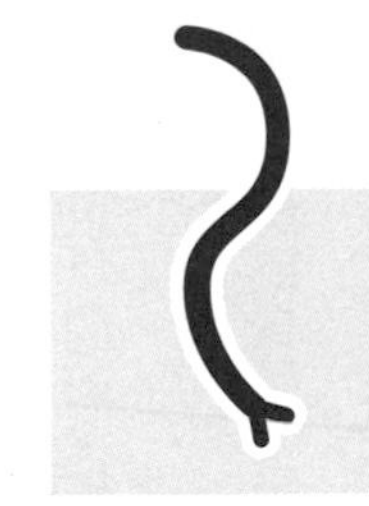

捲髮的剖面圖爲橢圓形，因此髮根部分呈現稍微彎曲。

●超捲髮

超捲髮的剖面圖爲扁平狀，因此髮根部分也呈現捲曲狀。

自然捲和直髮的差異？

直髮的橫剖面呈現圓形的形狀，因此髮根部分為直線。捲髮的剖面為橢圓形，髮根呈現稍微彎曲；超捲髮為扁平狀，髮根部分呈現彎曲狀。

另外還有一種超捲髮，也就是髮根極度捲曲，髮根剖面也呈現比自然捲還要扁平的形狀，因此頭髮生長就會變成彎曲狀。

東方人的頭髮是黑色的，這是由於毛髮與髮根之間有色素細胞製造麥拉寧黑色素的關係，因此頭髮就會呈現黑色。

那麼，為什麼年紀大了就會出現白頭髮呢？這謎底到現在還未完全解開，不過推測是某種原因降低色素細胞效能，導致麥拉寧色素量減少的關係。

一般來說，男性在30歲以後開始慢慢出現白髮，女生則約為35歲開始。老化、遺傳、吃藥、生病或是壓力等原因都有可能增加白髮出現的機率。

▶由色素細胞製造麥拉寧色素

頭髮的顏色是由麥拉寧色素含量決定，而毛囊的毛母細胞與相鄰的色素細胞決定麥拉寧色素的多寡。色素細胞會將製造出來的麥拉寧色素輸送至毛母細胞，在其細胞分裂製造新髮的時候吸收到頭髮內部。

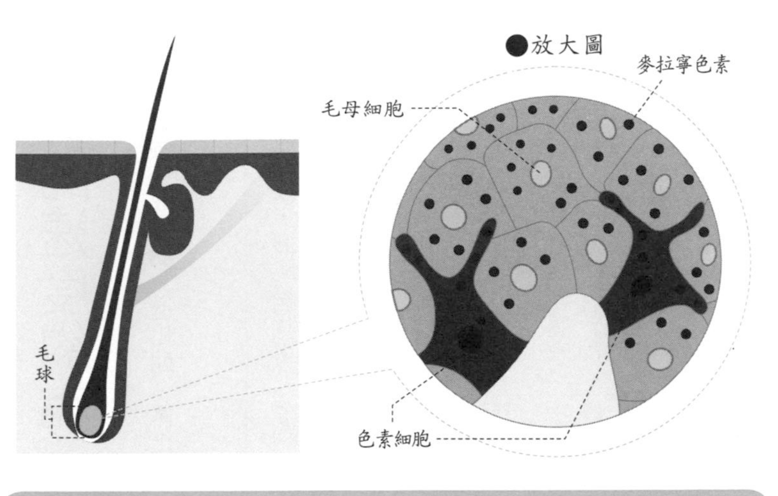

▶麥拉寧色素的含量與髮色的關聯

麥拉寧色素又可區分爲黑褐色系與黃橘色系這兩種色系。黑髮或棕髮的麥拉寧色素含量較高，而白頭髮則幾乎不含麥拉寧色素。

●黑髮的剖面

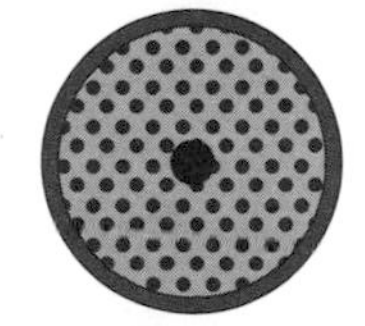

麥拉寧色素含量高

●棕髮的剖面

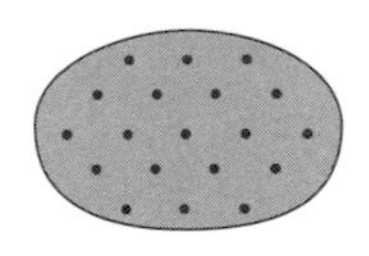

麥拉寧色素含量少

●白髮的剖面

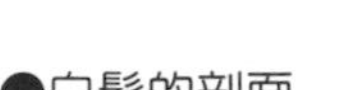

幾乎不含麥拉寧色素

高← 麥拉寧色素含量 →低

頭髮生長的速度約為一天0.3公釐

頭髮的週期分為三個：成長期、退化期、休止期。

毛髮是表皮的一部分角質化後，形成網狀再變形而成，除了手心、腳底以及嘴唇以外，幾乎全身都有毛髮，依部位的不同分成頭髮、睫毛、眉毛、鬍子、體毛、腋毛等等，跟皮膚一樣具有保護人體以及保溫作用。

毛髮埋在皮膚的部分為毛根，其根部有個球狀部分，稱為毛球。毛球中有毛基質，在毛基質內的毛母細胞會分裂及增殖，幫助毛髮新生。

毛囊包覆在毛基質周圍，具有保護作用，其下方有毛乳頭會輸送營養。頭髮生長的速度一天約為0.3公釐，一個月大約為1公分左右。

頭髮生長週期分為三部分：

成長期（2-6年）：毛基質重複進行細胞分裂，毛髮呈現持續生長的狀態，通常男性的成長期會比女性的還要再長一點。

退化期（2-3禮拜）：毛基質停止細胞分裂，毛髮因此停止成長。

休止期（約2-3個月）：舊毛髮掉落等待毛基質製造新毛髮。

毛髮的成長週期雖因人體各部位而有所差異，但都會不斷地重複這三個週期。

▶毛髮的構造

毛髮是由表皮的一部分變化而成。毛髮的本體爲毛幹，埋在皮膚内的部分有毛根，毛根的底部有毛球。毛基質内有毛乳頭，會不斷地進行細胞分裂使毛髮生長。

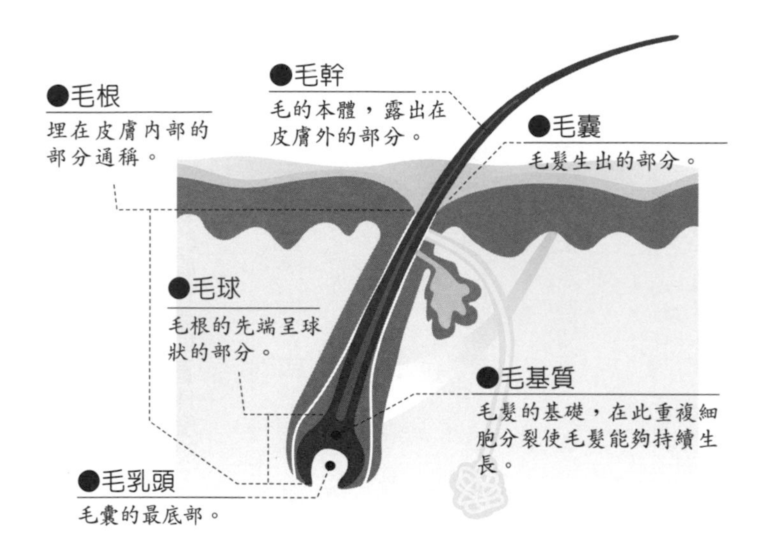

●毛根
埋在皮膚内部的部分通稱。
●毛幹
毛的本體，露出在皮膚外的部分。
●毛囊
毛髮生出的部分。
●毛球
毛根的先端呈球狀的部分。
●毛基質
毛髮的基礎，在此重複細胞分裂使毛髮能夠持續生長。
●毛乳頭
毛囊的最底部。

▶剃過後新長出的毛髮比較粗？

●正常的毛髮

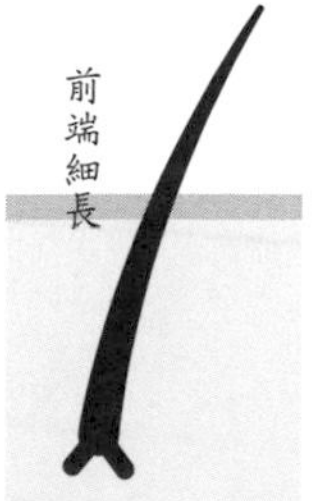

●剃過後的毛髮

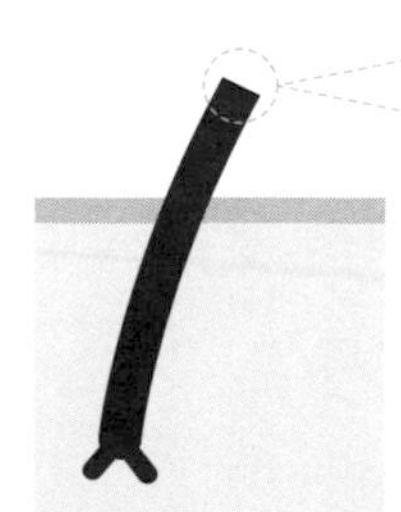

因爲剃掉前端較細的部分，留下較粗的剖面，所以覺得變粗。

「剃過後新長出的毛髮比較粗」，常有人這麼認爲，但實際上毛髮並沒有變粗。這種錯覺是因爲毛髮較粗的部分被切斷，以致於毛的剖面變成橢圓形，就會感覺好像變粗了。

頭髮與遺傳性落髮

常聽到的「雄性禿」症狀，是因為頭髮的成長期縮短導致，不過話說回來，到底頭髮的成長週期是什麼呢？

雖然掉髮量也是因人而異，不過每人每天約會掉落70根左右的頭髮，掉落的部分會從別的毛孔再生長出新的頭髮。

掉髮的原因，大部分是因為年齡增長的緣故，或是在成長期中毛乳頭停止機能，休止期後就不再繼續進行成長期等。

另外，也有因為遺傳或是壓力、生活習慣等導致掉髮。

近年來，常聽到雄性禿這個名詞。這是在男性身上較常見的症狀，在頭髮分際線或頭頂有掉髮、髮量稀少的現象。

原因除了遺傳之外，男性荷爾蒙中的睪酮被酵素轉換成二氫睪酮，擾亂毛髮的生長週期也有可能造成掉髮。

成長期縮短也有可能產生成長不完全的頭髮，進而使得毛髮稀疏。

▶頭髮的生長週期與AGA

頭髮的週期分爲三個：成長期、退化期、休止期。大多因爲遺傳或男性荷爾蒙造成的雄性禿，是因爲成長期的時間縮短，毛髮不完全生長，造成毛髮稀疏。

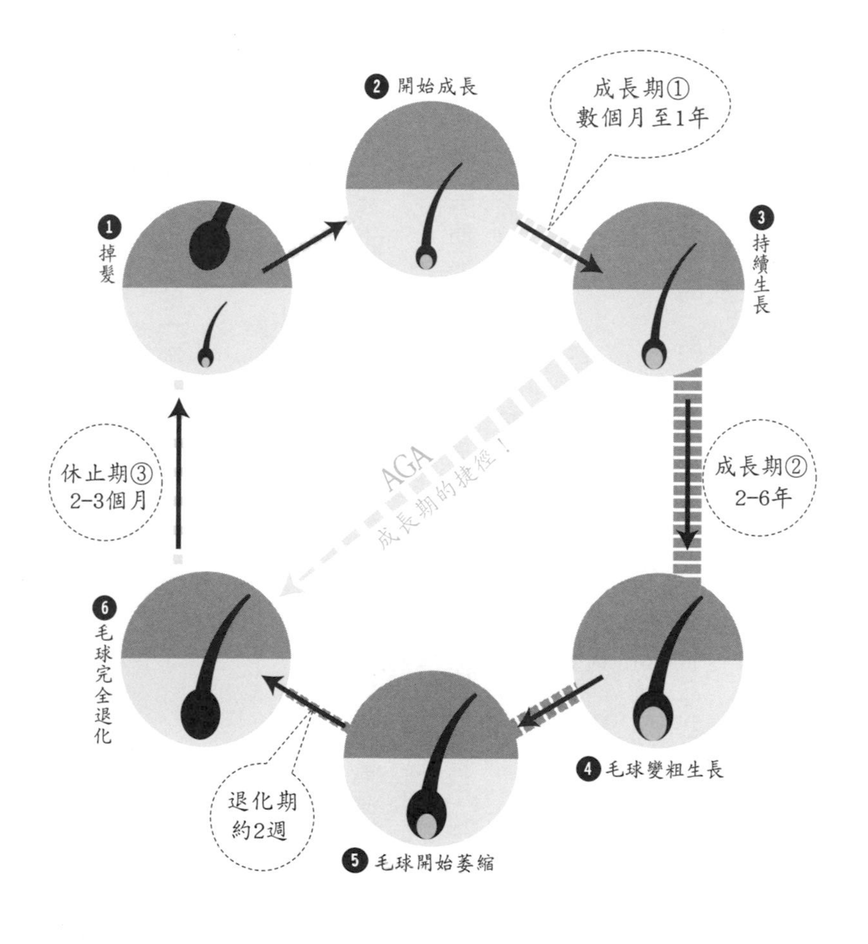

剪指甲為什麼不會痛？

指甲變堅硬的，常被認為是骨頭的一部分，
但實際上它屬於皮膚的一部分。

手腳的指甲，是怎麼長出來的？

好像隱約知道但其實不太明白其生長機制，來瞧瞧指甲的構造吧！

指甲有保護指尖、支撐手指、方便抓取握緊物品，以及操作細部作業的功能。若沒有指甲的話，指尖也許不會那麼柔軟，也無法任意抓取物品了。

由於指甲變堅硬的，常被認為是骨頭的一部分，但實際上它屬於皮膚的一部分。既然是皮膚的一部分，那麼剪指甲的時候卻不覺得痛，這是為什麼？

指甲是由皮膚表面角質層集合物——角質素的蛋白質所構成的。因為是角質層死掉的皮膚細胞集合而成的關係，所以剪指甲也不會感到疼痛。

人類的皮膚藉由不斷反覆進行新陳代謝作用，得以從內部不斷製造新的細胞，接著再一層一層往上推進。指甲也是相同的原理，一天約生長0.1公釐，3-6個月左右就能夠完全更新。

那麼，指甲到底是怎麼生長的？

▶指甲的構造

指甲具有保護手指、腳趾、抓取物品、操作細部作業的功能，也因爲能夠感受地面才能穩定行走及動作，指甲跟體毛一樣都是由表皮的一部分轉變而成。

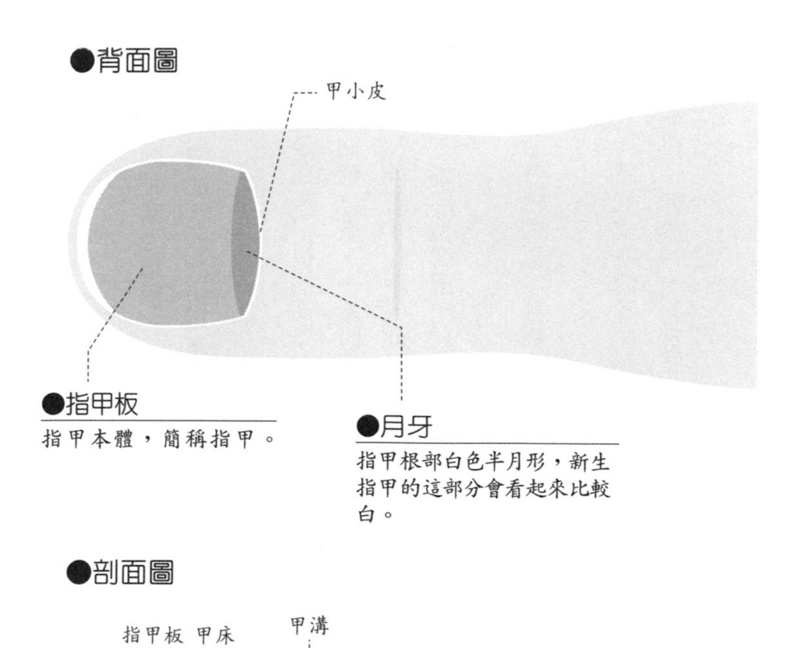

指紋主要種類

指甲的反面指尖或腳趾處有指紋。
指紋型狀是因人而異的，因此可以拿來當作個人認證情報。

負責製造指甲新細胞的是在指甲根部稱作甲基質的部位。此甲基質一邊細胞分裂，一邊將角質化細胞也就是前面的指甲往前推，指甲因此長長了。如果甲基質受到損傷，指甲也就再也長不出來了。

指甲的根部可以看到有個白色類似半月形，稱為月牙，是生來就有的。

常聽說「如果月牙很大片就代表身體健康」的說法。實際上卻是因人而異，即使沒有月牙也不表示不健康。

指甲也被當作是「健康的指標」。這是因為能透過指甲看見皮膚下流動的血管。如果血液循環良好的話，指甲就會呈現漂亮的粉紅色，反之就會呈現不健康的紫色。

身體狀況也會影響指甲的形狀。指甲中央如果凹陷變成湯匙狀，代表鐵分攝取不足；指甲如果突起，有可能是罹患心臟病或肝硬化等等。

▶觀察指甲就能瞭解健康狀態？

指甲可說是健康的指標，由指甲的形狀及狀態能反映出身體的健康狀態。

●健康的指甲

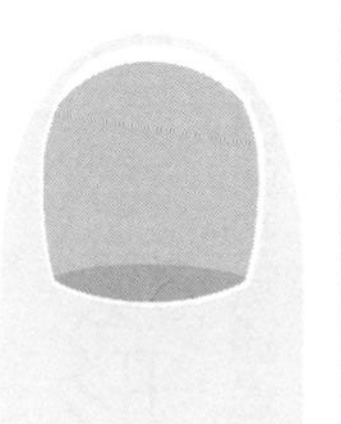

常有人說「月牙越明顯代表身體越健康」。實際上月牙與健康狀況無關。

●凹陷的指甲

指甲的中間凹陷呈湯匙狀，原因是鐵質不足，通常女性較有此狀況。

●指甲有橫線

曾因生病造成指甲暫停生長，後來指甲繼續生長所以出現橫線。

●指甲有縱線

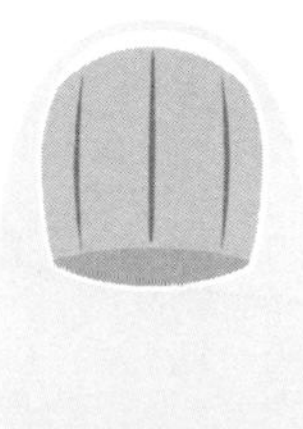

指甲上呈現一條條類似皺紋的直線。原因可能是壓力太大、過勞、睡眠不足以及年齡增長而產生的老化現象。

▶指紋的種類

手指、腳趾都有指紋，每個人的指紋都是獨一無二的，因此可做爲個人的認證情報，大致可分爲三個種類：

●蹄形紋

從一邊開始又再回到原處，像馬蹄形的指紋。（40%的日本人屬之）

●漩渦紋

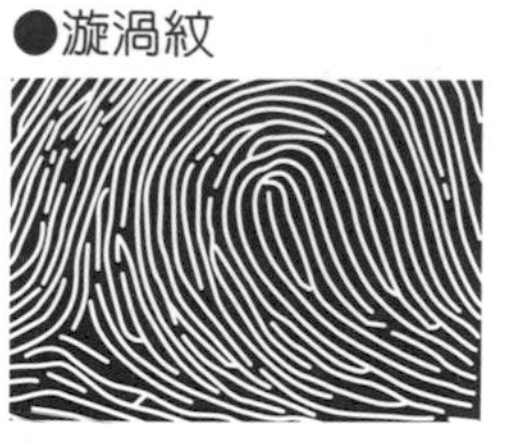

中央爲漩渦狀的指紋。（50%的日本人屬之）

●弧狀紋

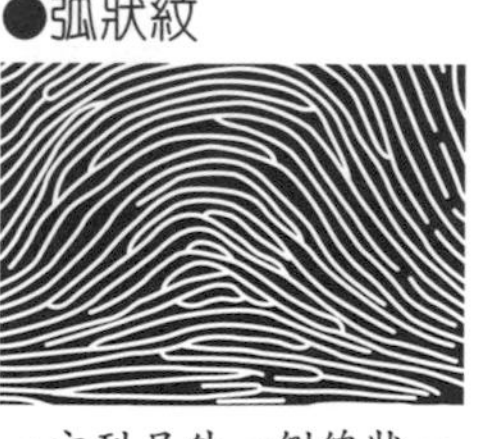

一方到另外一側線狀一樣的形狀，類似弓形。（10%的日本人屬之）

聲音怎麼形成？

從肺部吐出的空氣通過閉合的聲門時，會震動聲帶形成聲音。並由舌頭和軟顎的活動產生各種不同的聲音。

喉嚨其實分為兩個部分：咽與喉，雖然聽起來很像但實際上它們的功能是不一樣的。

氣管為口腔的入口；進入嘴巴的食物與鼻子吸進空氣的通道為咽，具有將食物與空氣分開，各別送至食道與氣管的功能。

另一方面，只運送空氣的是喉。喉與咽分開後會連接氣管，中間有聲帶，即是發出聲音的器官。

也就是說，喉嚨是吸進氧氣、排出二氧化碳的呼吸器官，同時也是食物經過的通道，甚至還具有發出聲音功能的重要器官。

喉內的聲帶是從左右內壁突出具有彈性的肌肉皺摺。左右的皺褶空隙間為聲門，會厭是用來伸縮聲門入口的一條喉頭肌，聲門在呼吸的時候會張開，在講話的時候會緩慢地開合。

從肺部呼出的空氣慢慢地通過開合的聲門後，聲帶最高可以震動數百次，因此發出聲音。

聲音的高低則是由聲帶的長度與厚度變化，再配合震動次數的不同來調整。

此外，聲音強弱與聲帶的震動幅度，也就是依據聲門的開關狀態來變化調整。

▶咽、喉的構造

喉嚨分成咽與喉兩個部位。咽是將進入口腔中食物與空氣的通道，並將其分別送進氣管及食道。另一方面，喉與咽中間有一分歧與氣管連接，將空氣輸送至肺部。

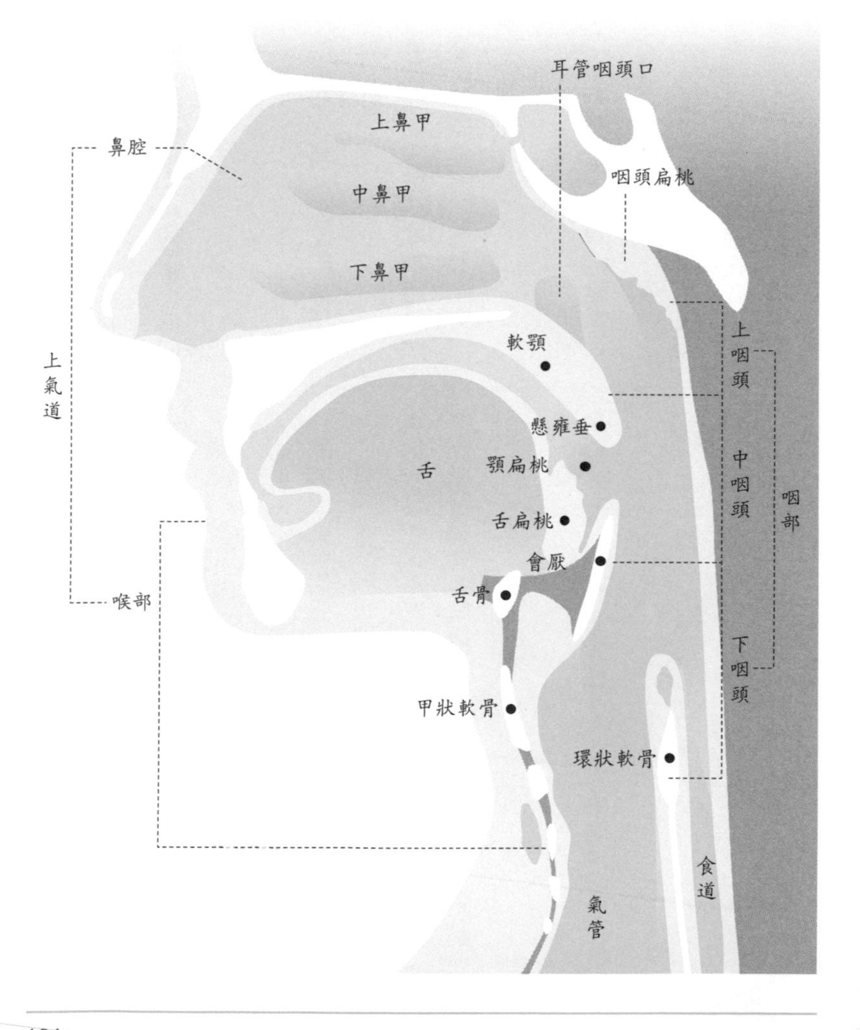

為什麼會有變聲期？

男生在青春期時會變聲，聲音會變得低沉。其實女生也有變聲期，只是比較不明顯。

聲帶的長度男性約為20公釐，女性約為16公釐，厚度也是男性大於女性。

聲音高低取決於聲帶震動次數，次數越多頻率越高。女性的聲音會比較高是因為聲帶比男性短，因此比較容易震動的關係。

第二性徵出現後青春期的男生會開始變聲，聲音會變得低沉，也就是所謂的變聲期。

這是由於甲狀軟骨變長且成為喉嚨一突起處，也就是喉結，而聲帶是與此軟骨連接在一起的。軟骨成長也帶動聲帶生長變長，震動幅度變長的關係就會使聲音變得低沉了。

變聲通常聯想到的是男性，但實際上女性也有可能發生。不過不像男性有明顯的喉結變化，因此只是聲音些微變低，也就不太容易注意到。

▶發出聲音的機制

平常呼吸的時候聲門是打開的，特別是深呼吸的時候會張得特別大。另一方面，發出聲音時聲門卻是閉合的，從肺部呼出的空氣通過閉合的聲門震動聲帶而形成聲音，藉由舌頭和軟顎的活動進而產生各種不同的聲音。

●呼吸時的聲帶

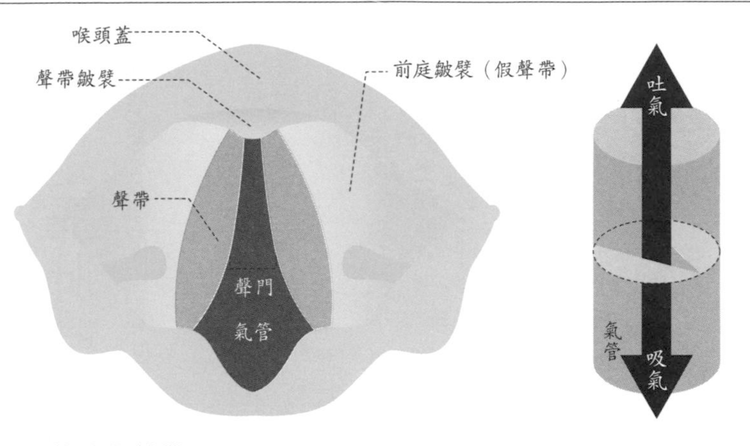

●發聲時的聲帶

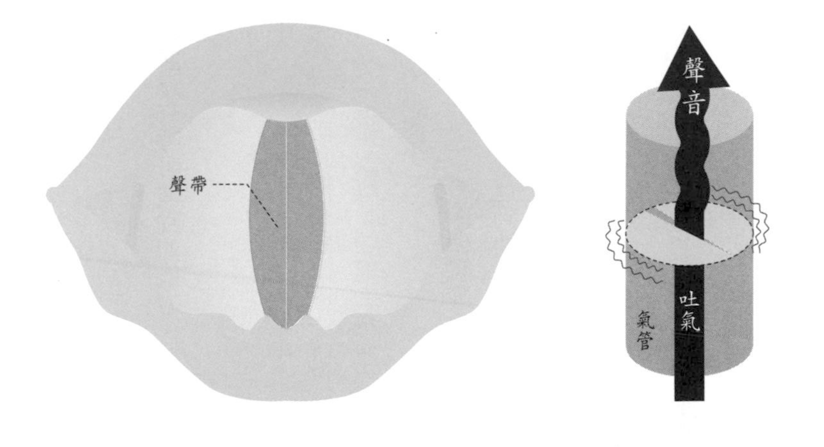

原來我們不是靠肺呼吸？

呼吸功能是為了攝取氧氣以及排放出二氧化碳，但肺部本身並沒有呼吸運動的能力。

呼吸是攝取細胞活動所必要的氧氣，以及排出二氧化碳的作用。

雖然我們幾乎沒有意識到自己正在呼吸，但是對身體細胞而言，氧氣是必要的生存能量來源。細胞內無法囤積氧氣，因此氧氣必須不間斷地持續供給才行。

人體一分鐘內需要5公升以上的空氣，換算起來大約一天需要兩萬次的呼吸才夠。而腦幹的呼吸中樞會根據血液中的氧氣以及二氧化碳的濃度做為判斷基準，進而調整呼吸的速度。

大家可能會覺得呼吸是憑藉肺部的膨脹以及縮小活動。但實際上這是誤解，肺部本身並沒有肌肉，因此並沒有運動能力。

呼吸能力是藉由肺部下方的橫膈膜以及肋骨間的肋間肌的反覆運動，來達到擴張以及收縮的效果。

呼吸就是吸入和吐出空氣。吸入空氣時橫隔膜會收縮變得扁平，肋間肌也會收縮，將肋骨往上方拉提。接著胸廓內部就會產生空間，富彈性的肺部即可擴張。這樣子肺部的內壓會比外壓低，空氣也會隨之吸入。

▶呼吸機制

肺部本身並沒有擴張或縮小的能力，是藉由橫隔膜與肋骨肌肉活動而持續地擴張和收縮，以達成呼吸的目的。

● 吸氣運動

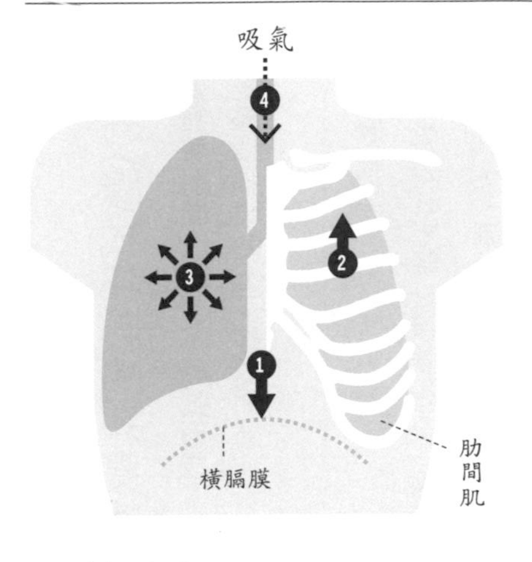

1. 橫膈膜與肋間肌收縮
2. 肋骨向上拉提
3. 肺部擴張
4. 吸入空氣

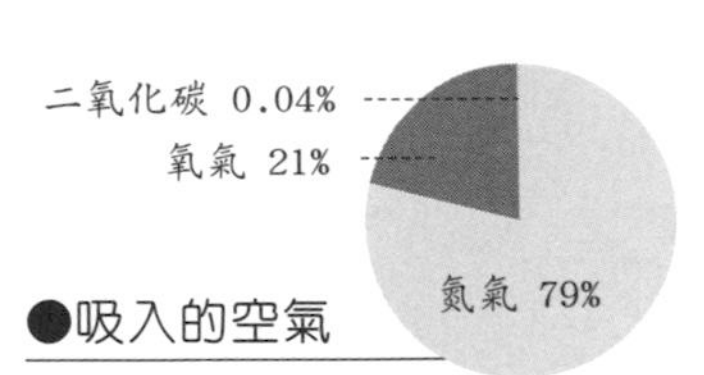

●吸入的空氣

● 吐氣運動

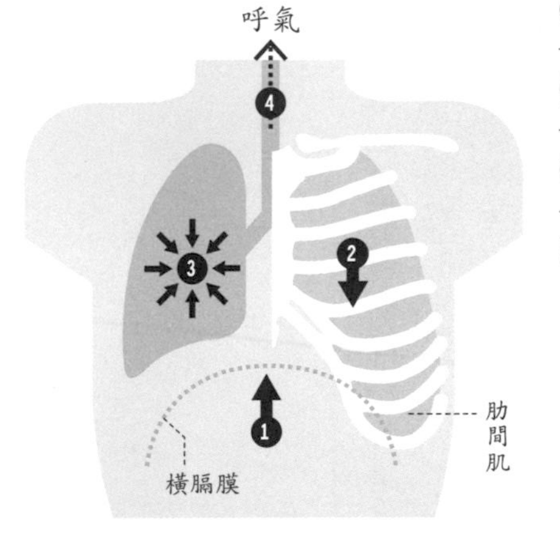

1. 橫膈膜與肋間肌鬆弛
2. 肋骨往下降
3. 肺部縮小
4. 吐出空氣

二氧化碳4.1%
氧氣16.9%
氮氣 79%

●吐出的空氣

胸部呼吸以及腹式呼吸的差異？

胸部呼吸，主要靠著肋間肌的上下移動形成；
腹式呼吸，則是靠橫膈膜的上下移動而成。

吐氣的時候，橫膈膜會鬆弛呈現巨蛋狀。同時肋間肌也會跟著鬆弛，肋骨會往下降。接著胸廓內的空間就會減少，肺部即會收縮，這樣子肺內部的壓力會高於外部壓力，空氣也就被排出去了。

呼吸又分為「胸部呼吸」以及「腹式呼吸」兩種。試著大口呼吸看看，注意身體主要是哪個部位在活動？

如果是胸部膨脹的呼吸，那就是主要靠著肋間肌的上下移動形成的胸部呼吸。

另一方面，如果是腹部擴張的呼吸，就是靠橫膈膜上下移動的腹式呼吸了。

我們平常都是混合兩種呼吸方式在呼吸的。只是一般來說女性比較常使用胸部呼吸，而男性使用腹式呼吸的機率稍大。

▶胸部呼吸與腹式呼吸

呼吸大致上可分爲以肋間肌上下移動而成的胸部呼吸，以及橫隔膜上下移動的腹式呼吸兩種。通常都是兩者混合著呼吸，不過女性多用胸部呼吸，而男性使用腹式呼吸的機率較高。

●胸部呼吸

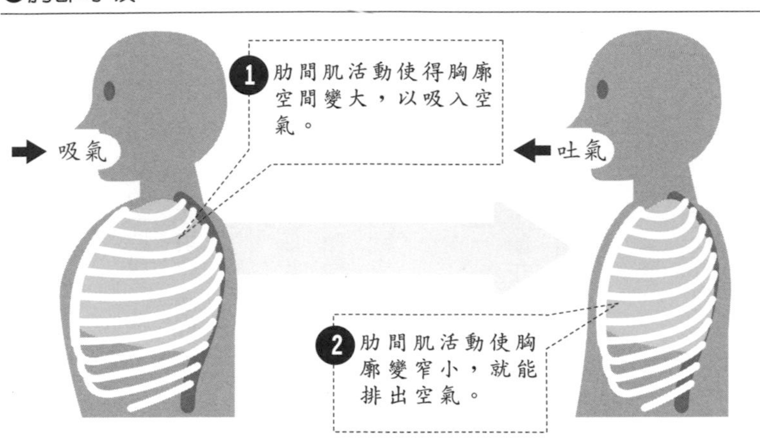

1 肋間肌活動使得胸廓空間變大，以吸入空氣。
吸氣
吐氣
2 肋間肌活動使胸廓變窄小，就能排出空氣。

●腹式呼吸

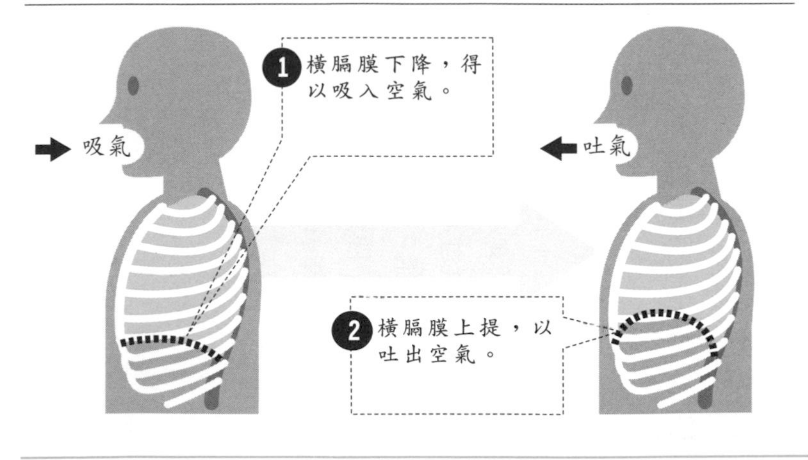

1 橫膈膜下降，得以吸入空氣。
吸氣
吐氣
2 橫膈膜上提，以吐出空氣。

咳嗽的原因

氣管到肺部中間有許多分歧的支氣管存在。
如果有食物等異物誤入支氣管的話，身體會自然反應產生劇烈咳嗽。

喉嚨的下方有個像水管一般的氣管。氣管約粗2公分，長約10公分左右，在大概第六頸椎的位置向胸部的中央往下，約在第五胸椎的地方開始向左右分出支氣管。

支氣管是由氣管分歧處開始進入肺部，並連接肺泡。約分出20個分枝以上的支氣管，偏左側因為要避開心臟的部位，故左右邊長度及粗細度不太一樣。

氣管、支氣管是由像水管一樣的氣管軟骨包覆，氣管軟骨呈現U字型，沒有軟骨的部分則是平滑肌，與食道相連。藉由此平滑肌的收縮功能，調整進出肺部各個角落的氣體。

氣管到支氣管分岔的角度，在右邊約為25度，左邊則約為45度角。水或食物比較容易誤入右支氣管的原因是因為右邊的支氣管比較接近垂直角度的關係。

灰塵、煙霧或食物等一旦誤入氣管或支氣管就會產生咳嗽。

氣管的內壁有著稱為纖毛的細小粘膜突起物，纖毛感應到灰塵等異物後，會刺激氣道黏膜，然後將此情報傳達至延腦的咳嗽中樞，接著

▶氣管與支氣管的構造

氣管就像一個伸入肺部的管子，不只具有運送氣體的功能，兼有利用咳嗽或痰的機制將入侵的灰塵等異物排出體外之作用。

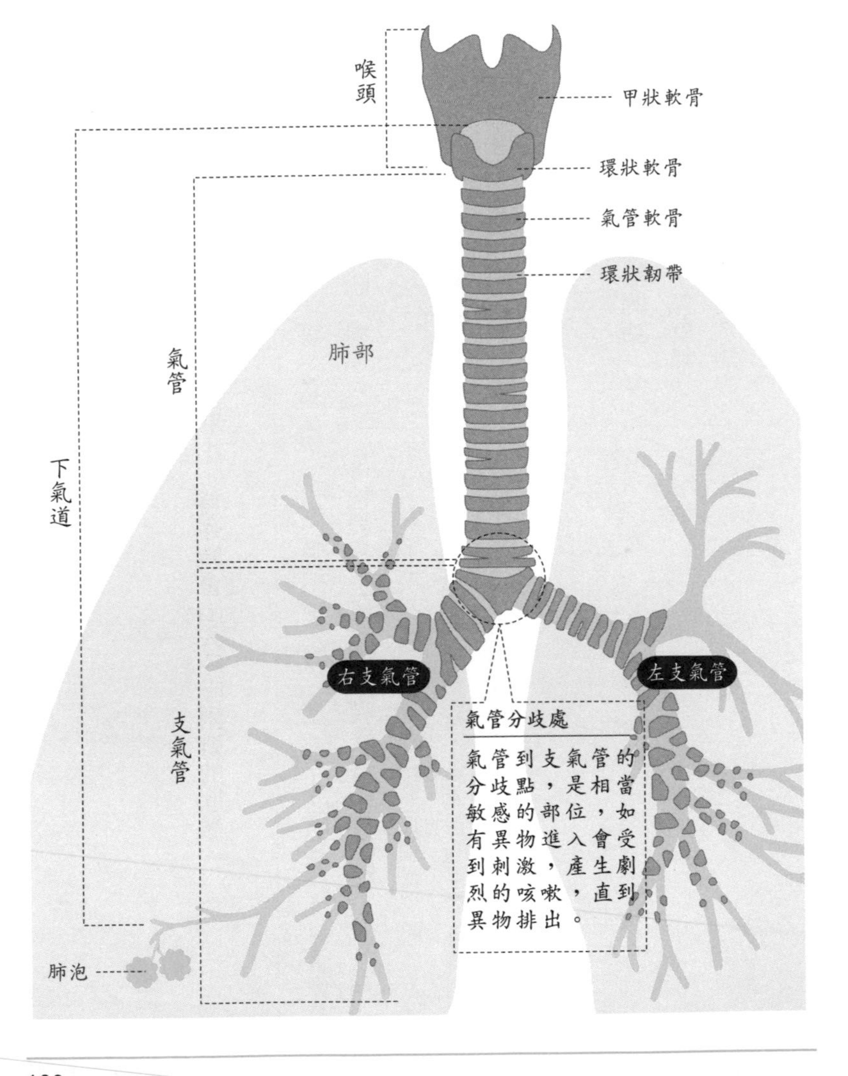

為何會氣喘？

氣喘是由於氣管與支氣管經常處於發炎的狀態。支氣管收縮刺激黏膜產生黏液使氣道變窄小，發作時會陷入呼吸困難的狀態。

延腦將此情報轉達至橫膈膜神經與肋間神經，然後肌肉會收縮產生咳嗽。咳嗽就是排除異物進入氣道的防禦反應。

附著在纖毛的灰塵可由食道進入胃部後被消化，如果吸入過量則會被黏液包住，以痰的狀態咳嗽排出。

支氣管的平滑肌如果過於劇烈收縮的話，會增加黏液的分泌量使得支氣管變窄，空氣就無法順利通過，呼吸會變得困難，這就是我們熟知的氣喘。

氣喘是患者的氣道，亦即氣管或支氣管患有慢性發炎，氣道的黏膜變得異常敏感。

黏液的分泌量增加導致氣管腫脹，再加上遇到灰塵或是冷氣等刺激，支氣管的平滑肌會劇烈收縮，產生呼吸困難的狀態。

▶咳嗽的原因

咳嗽爲一反射作用，是將進入體內的異物排除的一種防禦反應。例如：感冒呼吸氣管感染時，爲了要排出氣道內存在的病毒等病原體，就會產生咳嗽的現象。

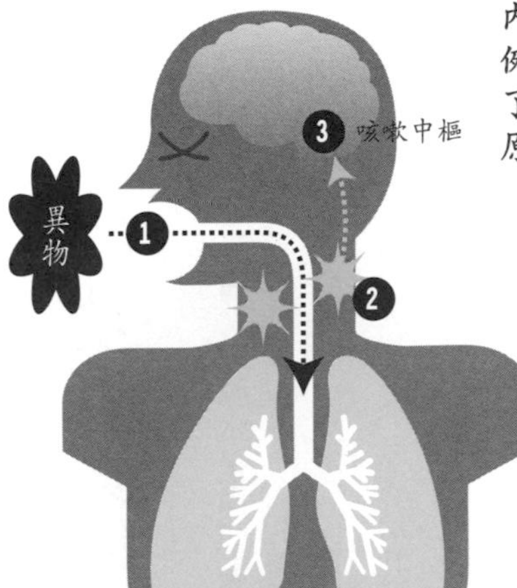

1. 灰塵等異物進入氣管或支氣管。
2. 異物刺激氣道黏膜。
3. 情報傳送至咳嗽中樞，產生咳嗽。

▶為何會氣喘？

氣喘是氣管與支氣管經常處於發炎的狀態。發炎時支氣管的平滑肌會收縮刺激黏膜，黏液產生後導致氣道變狹窄，情況一旦惡化或發作時則會陷入呼吸困難的狀態。

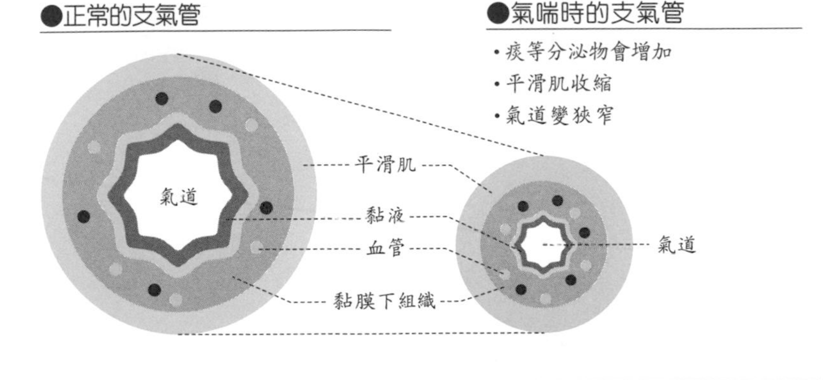

肺部的功能與結構

從演化過程來看，肺原本是魚鰾發達後，為了兩棲類能在陸上生活轉變而成。

肺部由身體獲得氧氣，利用氧氣活動的細胞產生二氧化碳，接著再將其排出。

從演化過程來看，肺原本是魚鰾發達後，為了兩棲類能在陸上生活轉變而成。

肺被脊椎、肋骨、胸骨所包圍，分為左右肺，右肺有上、中、下三葉，而左肺只有上下兩葉。比起右肺，左肺還要稍微小一點，這是因為身體的左側還有心臟的關係。

肺內部有支氣管以及血管循環，支氣管的先端有著像葡萄般的串珠狀肺泡，半徑約為0.15-0.3公釐。肺在正常呼吸時約會有五百毫升左右的氣體進出。深呼吸的時候因為肺部擴張，最多可達到約三千毫升的空氣進出。

吸入的空氣經過氣管後，會進入肺部左右兩邊的支氣管內，支氣管分岔成許多細小分支，最後到達肺泡。肺泡內有許多微血管，由於肺泡內壁很薄的關係，氧氣或二氧化碳分子很容易就能通過。

肺泡獲得氧氣後排出二氧化碳的機制稱為「氣體交換」，此機制中很重要的作用是為了獲得紅血球中的血紅素。

▶肺的構造及肺泡

肺分為左右肺，右肺又分為上、中、下葉，左肺分為上葉及下葉。肺部中的支氣管與至心臟的肺動脈、肺靜脈一同延伸，最終都會進入肺泡中。

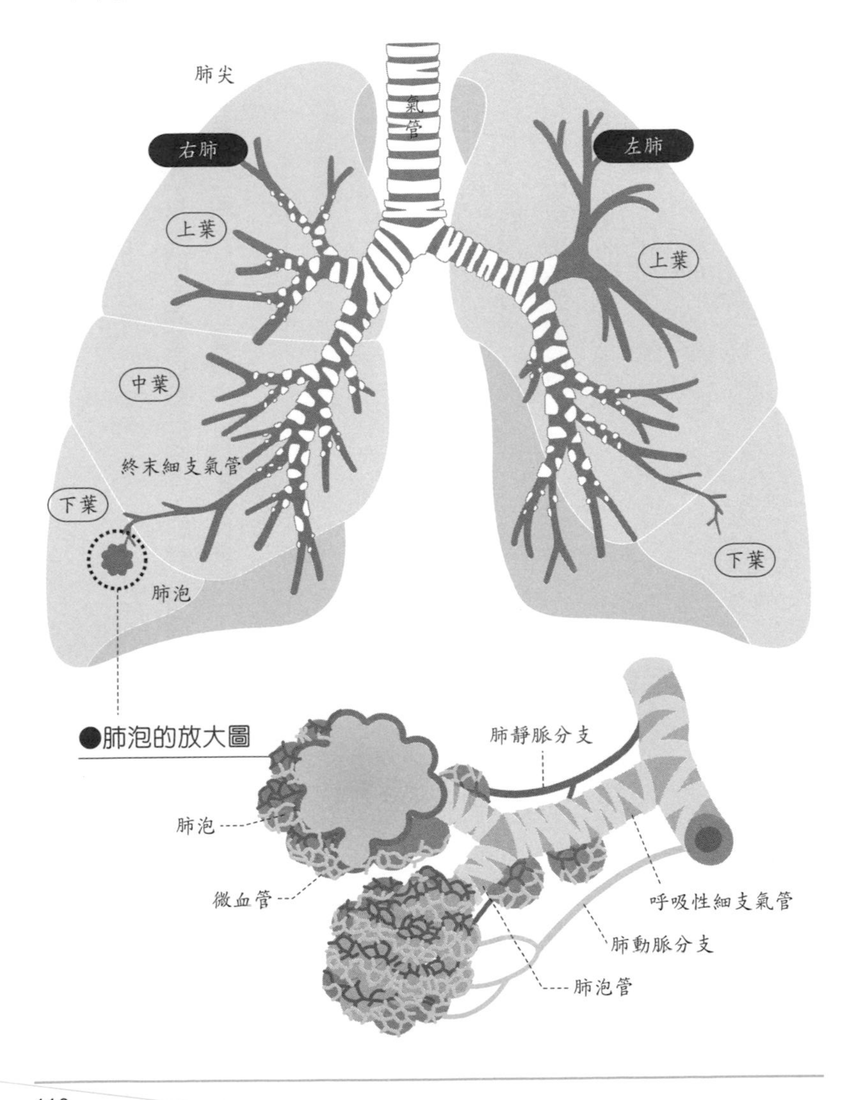

肺部獲得氧氣的過程

由氣管分岔約20個以上的支氣管終點是肺泡，約有三億個。血液中的氧氣及二氧化碳會在肺泡中進行交換作業。

血紅素是氧氣濃度高時結合氧氣分子，低時則將其排出；二氧化碳太濃的時候則會結合二氧化碳，太少的時候則將其排出。

運送二氧化碳的紅血球在體內循環時，會在進入肺泡時排出二氧化碳，接著再吸收肺泡中的氧氣，經由心臟傳送至全身。肺泡的數量雖然因人而異，不過大致上兩肺葉中合計約有三億個。

肺泡的表面積總計可高達約60-70平方公尺。氣體與血液也因為擁有如此廣大的接觸面積，才能有效率地進行氣體交換工作。

▶肺泡中的氣體交換

氧氣與二氧化碳進行「氣體交換」的舞台就是位於支氣管末端的肺泡。血液運送體內的二氧化碳，與經由呼吸作用得到的氧氣，以紅血球做爲氣體交換的主角。

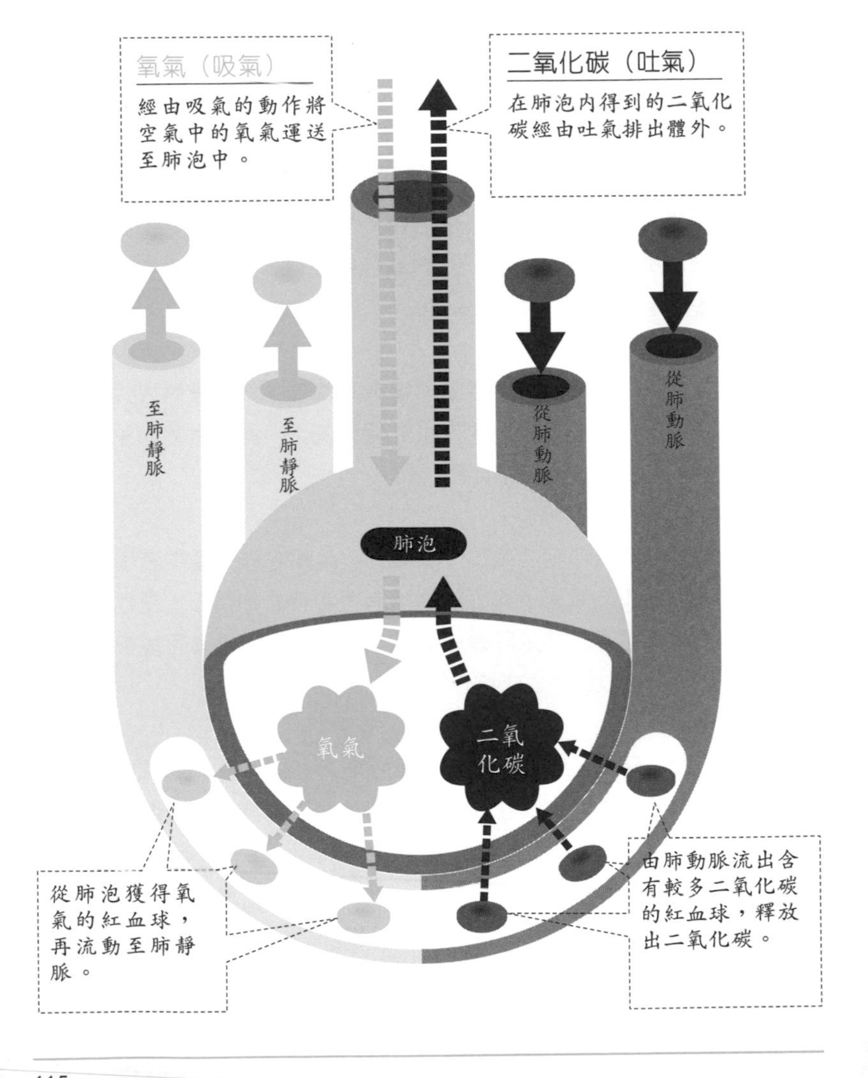

氧氣（吸氣）
經由吸氣的動作將空氣中的氧氣運送至肺泡中。
二氧化碳（吐氣）
在肺泡內得到的二氧化碳經由吐氣排出體外。
至肺靜脈
至肺靜脈
從肺動脈
從肺動脈
肺泡
氧氣
二氧化碳
從肺泡獲得氧氣的紅血球，再流動至肺靜脈。
由肺動脈流出含有較多二氧化碳的紅血球，釋放出二氧化碳。

Column 2

打鼾與睡眠時的呼吸中止症候群

打鼾不僅會讓同床的人感到困擾，當事人也很容易因口渴以及喉嚨痛而感到痛苦。

人在睡覺時會暫時失去意識，同時喉嚨周圍的肌肉會放鬆，軟顎也會隨之落下蓋住氣道，導致氣道變得狹窄。此時如果用鼻子或嘴巴呼吸，因空氣通過使得軟顎也隨之震動，就會產生「打呼」的現象。

身體健康的人可以藉由側躺或是降低枕頭高度的方式來防止打呼。而體重過重的人由於舌頭肥大、脖子太粗而壓迫氣道，就會造成「鼾聲如雷」。

睡眠時無呼吸症候群（SAS），是指在睡眠當中發生數次呼吸停止的狀態，與打呼同樣有呼吸停止的情形，慢性造成睡眠不足產生健康障礙的症狀。長期下來，很有可能會導致高血壓、心肌梗塞或狹心症等病狀。

如果發現在睡眠中有長時間呼吸停止的狀況，或是自覺睡眠時間應該足夠卻在白天常常精神不濟的話，建議還是去醫院接受檢查比較好。

Chapter

3

吸收營養與排泄廢物

【消化及泌尿器官】

牙齒的結構

即使看過很多次牙醫，但實際上對牙齒構造仍然一知半解的人應該也不少。來瞧瞧從外觀看不出的牙齒內部構造吧！

口腔包含了上唇、下唇、牙齒、牙齦、舌頭、硬顎，以及軟顎。

牙齒是用來咀嚼食物的第一道關卡，也是人體組織中最堅硬的部分。牙齒即使在人死後也不太會產生變化，這也是鑑定遺體身分時很重要的一環。

牙齒的構造長什麼樣呢？

露出牙齦外的部分為牙冠，埋在牙齦內的為牙根。包覆住牙冠表面的是堅硬的琺瑯質。琺瑯質約有95％為鈣質組成，硬度與水晶相仿，因此能夠咬碎許多物品。不過也有弱點，一旦腐蝕後就很容易變成齲齒。

另外，牙根表面包裹著跟骨頭一樣成分的牙骨質。

牙根位於牙齦內，平常是看不見的。牙齦下方的牙槽骨就是下巴的骨頭，而牙根就埋在此骨頭中。

琺瑯質與牙骨質更內側的部位是由比較柔軟的象牙質組織充填，在這之中有著稱作牙本質小管的細管。

▶牙齒的內部構造

露出牙齦的部分爲牙冠，在牙齦內部看不見的爲牙根。牙齒的表面被人體中最堅硬稱作琺瑯質的物質所包覆，其內部爲象牙質。牙齒的中心含有血管以及淋巴管、神經纖維的牙髓，具有供給牙齒營養的功能。

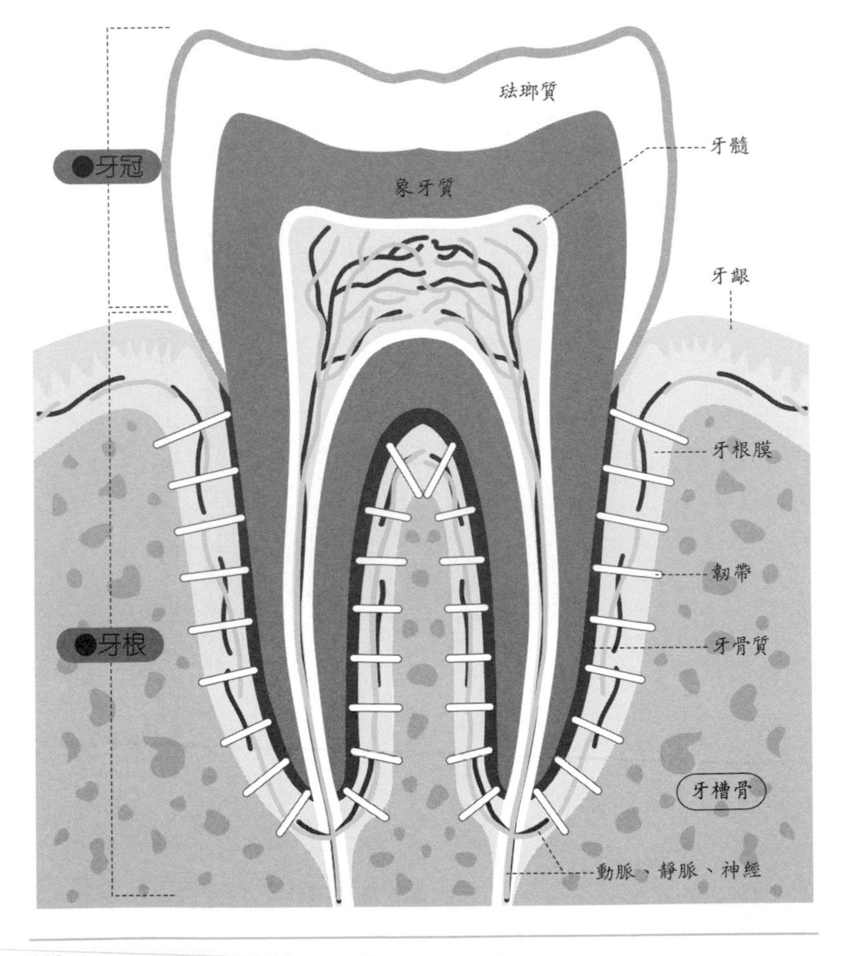

怎麼會蛀牙呢？

蛀牙的元凶是一種變型鏈球菌，會將殘留在牙齒上的食物發酵，並產生酸性物質。這種酸性物質會由牙齒表面開始侵蝕，破壞到牙髓後刺激神經造成疼痛。

位於牙齒中心的牙髓是由血管和淋巴管，以及神經纖維所組成，也是由此輸送牙齒所需的營養素。牙醫常說的神經，指的就是牙髓了。

「吃東西」是人類維持生命的必要行為。但如果不重視餐後的口腔清潔，就容易形成齲齒或牙周病等問題。

造成齲齒的元凶細菌主要是一種稱作Streocoamutans的變型鏈球菌。此菌會將殘留在牙齒上的食物（特別是醣類）發酵，產生酸性物質。

這種酸性物質會侵蝕牙齒表面的琺瑯質，更嚴重者，侵蝕象牙質、甚至是牙髓。當侵蝕破壞到牙髓就會刺激神經造成疼痛。最終甚至會侵蝕牙冠、造成發炎，也極可能會波及到牙齦。

▶齲齒怎麼形成？

導致齲齒的代表細菌—— Streocoamutans，是一種變型鏈球菌。細菌使殘留在牙齒上的食物發酵產生酸性物質，接著慢慢侵蝕牙齒。

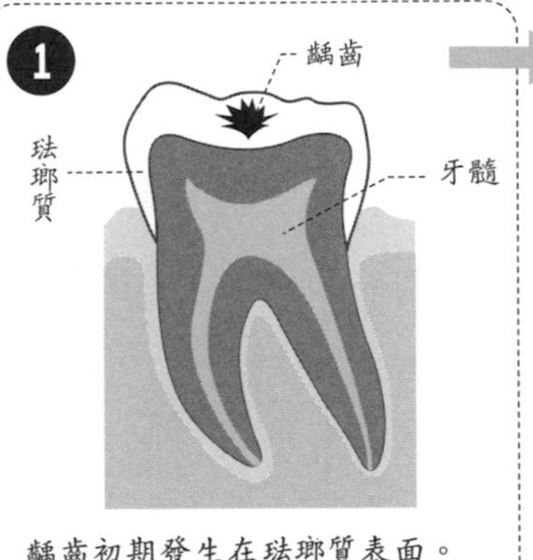

齲齒初期發生在琺瑯質表面。由於琺瑯質並沒有感覺神經，因此初期蛀牙並不會有任何感覺徵狀。

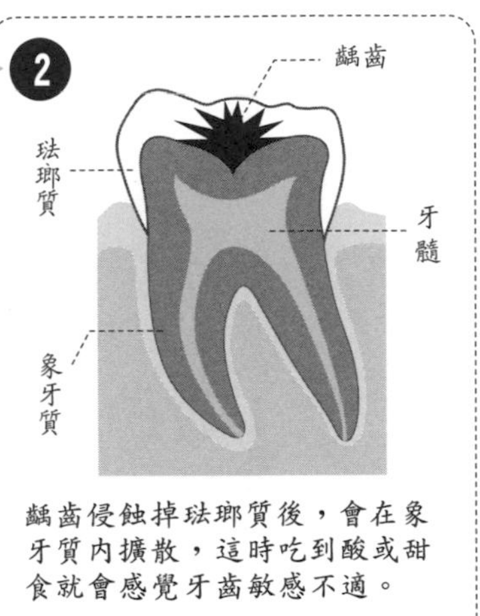

齲齒侵蝕掉琺瑯質後，會在象牙質內擴散，這時吃到酸或甜食就會感覺牙齒敏感不適。

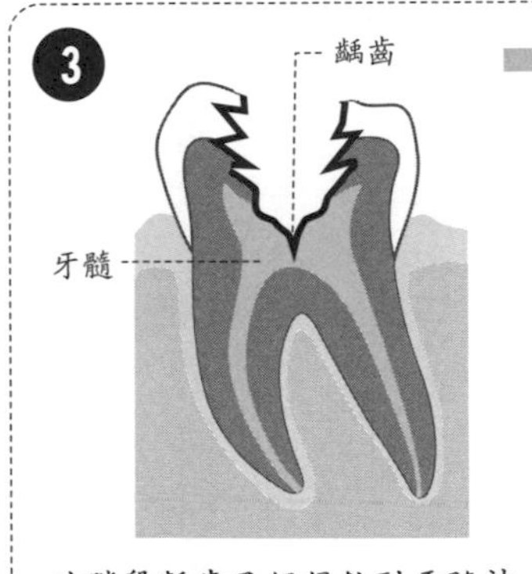

此階段齲齒已經侵蝕到牙髓神經的部分了，幾乎將牙冠全部侵蝕掉。

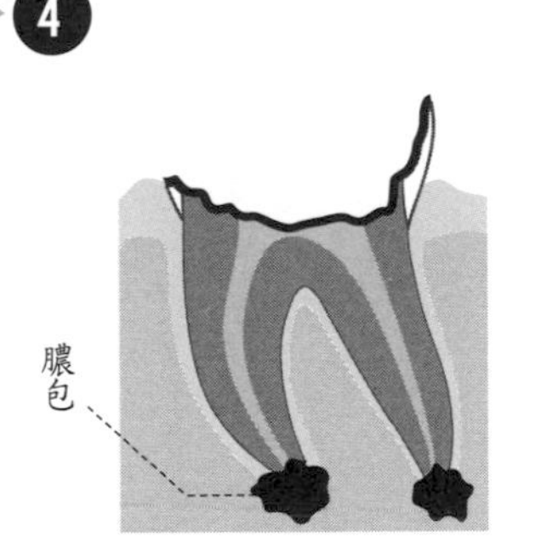

齲齒更深入至牙根內，牙根下方開始化膿而產生膿包。到此情況時，往往因爲治療困難大多只能選擇拔除牙齒。

牙齒的形狀與功能

牙齒負責咀嚼食物，是消化系統的第一關，大致可分為四個種類，擁有不同的功能。

成人約有28－32顆牙齒，形狀可分為四種，各自擁有不同的功能，像是外觀如鑿子前端，用來切斷食物的門牙，以及可以撕裂食物尖尖的犬齒，還有形狀如同拳頭般的小臼齒與大臼齒，能夠磨碎食物方便腸胃吸收。如果牙齒全部都長齊的話，共計32顆。

嬰兒大約從出生後6－7個月左右開始長乳牙，會從下排門牙開始長起，等到了2－3歲左右，約長齊20顆的牙齒。

不過，乳牙很小而且很脆弱的，要與下顎骨頭一齊生長的話需要更大、更堅固的永久齒。當乳牙已經將恆齒的位置鋪設完畢後，就會引導恆齒生長，恆齒在一邊生長之際會一邊往上推擠使得乳牙脫落，也就是換牙。

雖然換牙大約是在5－6歲才開始進行，不過在胎兒時期，下巴的骨頭已經將恆齒準備好了。在恆齒即將冒出時，其上方乳牙的牙根就會開始慢慢鬆脫，等到乳牙脫落後，恆齒就會開始發牙。

不光只是牙齒會脫胎換骨，顎骨尺寸也會隨

▶齒列的四種功能

成人的恆齒通常上下各有16顆，合計32顆。稍大的食物進入嘴巴時會先由門牙切斷，接著由犬齒將其撕裂成小塊才放入嘴裡。最後，由小臼齒與大臼齒合作將食物磨碎。

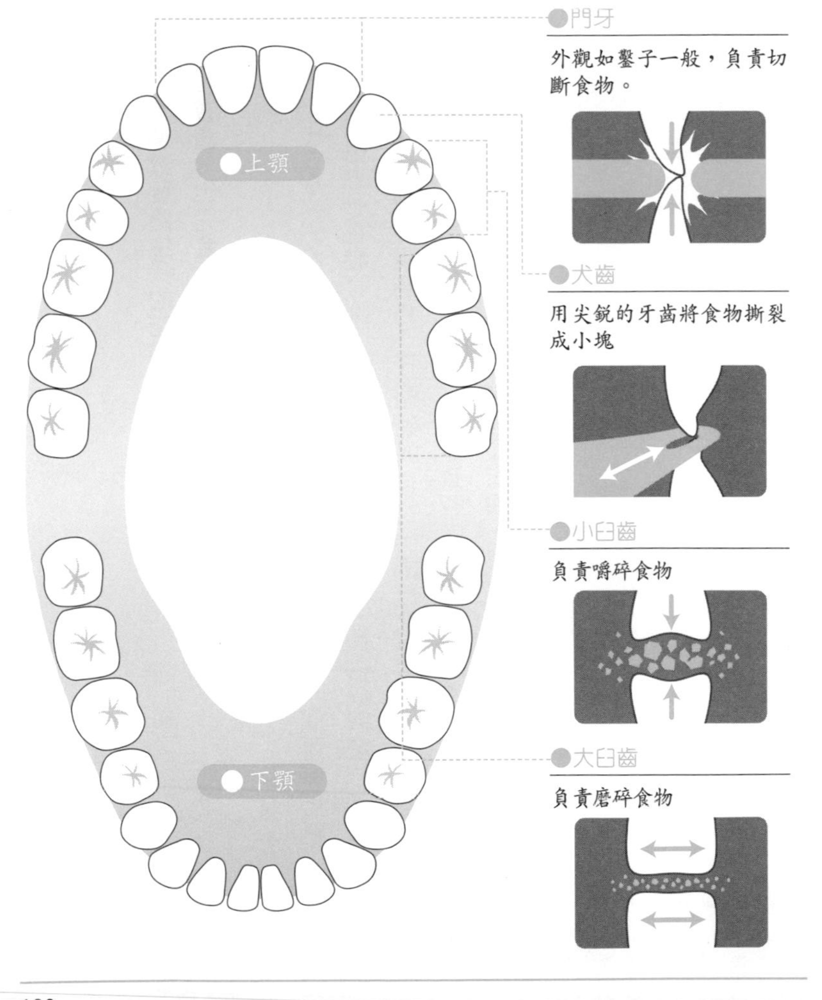

著改變，比乳牙時期還會多長出6顆大臼齒。因此，在恆齒全部長齊之前，顎骨也會一直發育到約12～13歲左右，發育慢一點的甚至還會長到15歲。

承前述，成人恆齒約有28～32顆，其中四顆的差異在於會不會長出第三顆臼齒。第三臼齒大約會在10多歲到20多歲左右長出來，不過實際上約有三成的人是沒有第三臼齒的。

早期人類還不長壽時，父母親往往在孩子還沒長出第三臼齒前就過世了，因此，在日本又被稱為「不知親」，而在台灣則稱為智齒。

「智齒」是多餘的？

現代人顎骨比較小，導致智齒生長的空間遭到壓縮，不過，即使沒有長智齒，也完全不會衍生任何問題。

那麼智齒究竟是不是一個可有可無、「多餘的存在」呢？現代人食物較精緻，不需要吃太多堅硬的食物，跟以前的人相比，顎骨變得比較小，導致智齒生長的空間遭到壓縮。不過，即使沒有長智齒，也完全不會衍生任何問題。

▶從乳牙到恆齒

乳牙在嬰兒出生後半年就會開始冒出，到2-3歲時發育完成，總共20顆。不過大約會從5-6歲開始換牙長出恆齒，12-13歲左右乳牙全面替換完成。

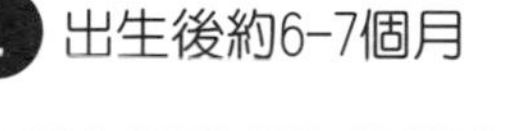

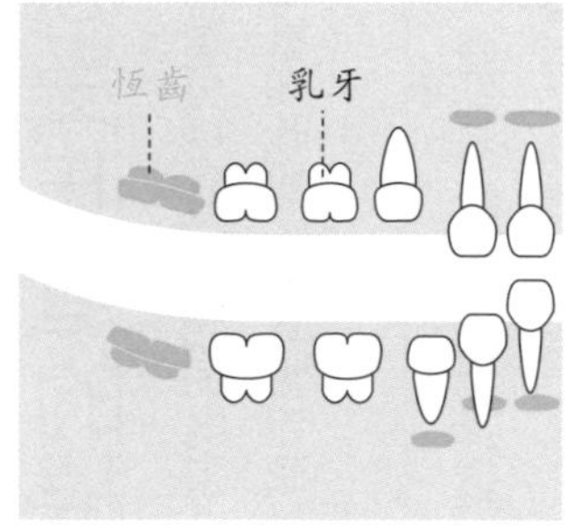

約半年左右下顎的門牙以及隨後的上排門牙會開始冒出。

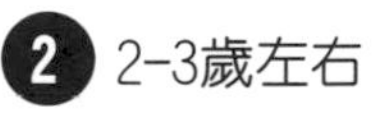

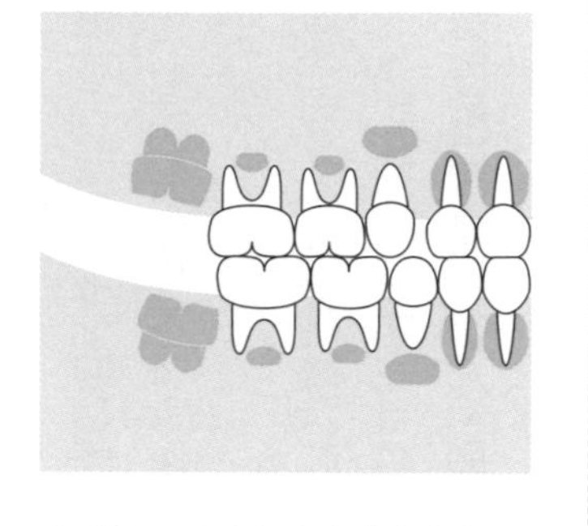

這時約20顆的乳牙皆發育完成。

3 5-6歲左右

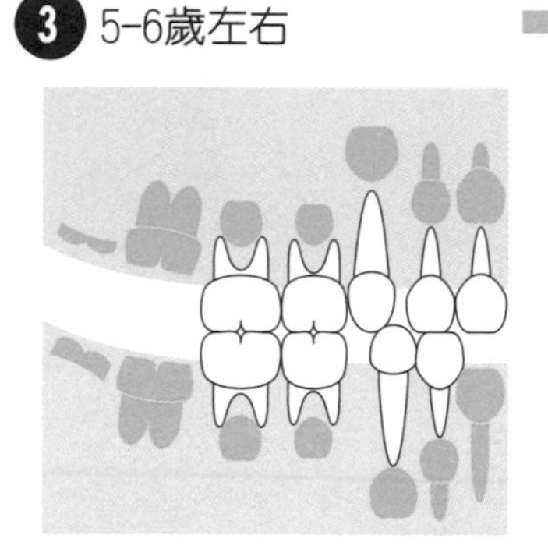

乳牙會開始脫落，慢慢換成恆齒。

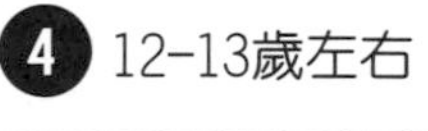

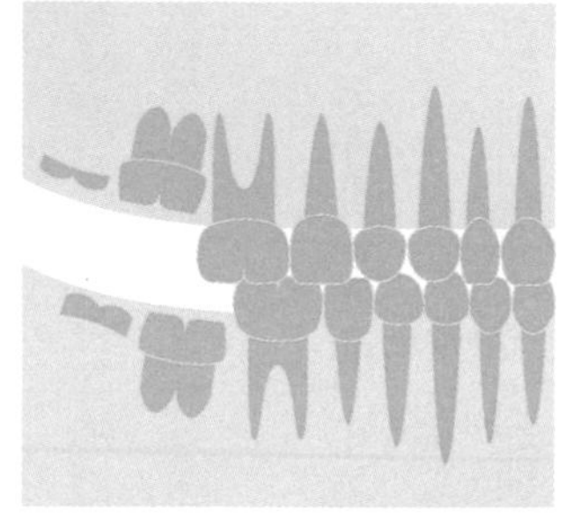

此時，最後的乳牙脫落，智齒尚未長出。

舌頭感受味道的機制

如果問「從哪裡可以感受食物的味道？」應該馬上會想到舌頭。舌頭確實可以感知味覺，但其實舌頭以外的器官也可以！

舌頭是可以感受到味覺，還能將食物送進嘴裡並吞嚥，而且具有發聲等多功能的器官。

舌頭主要由肌肉構成，分為前三分之二的舌體與後面三分之一的舌根。舌的表面被一層黏膜包覆，仔細看會有一點一點的突起分布在舌頭上，稱為「舌乳頭」。

舌乳頭有四種，舌頭表面分布最多的絲狀乳頭；點狀分布呈現圓形的蕈狀乳頭；分布在舌體與舌根交界處呈現V字型的輪廓乳頭，以及舌頭兩側可看到的葉狀乳頭。

蕈狀乳頭的表面和輪廓乳頭周圍的溝，以及葉狀乳頭的溝壁上，都有能夠感受到味道，稱為「味蕾」的感覺器。

味蕾是憑著小孔（味孔）上的突起微絨毛來感受食物的味道，接著將其轉換成電氣信號，讓感覺神經傳送至大腦的味覺區，因此能夠嚐出味道。

味蕾並非只分布在舌頭而已，食道與會厭等處都有味蕾的存在，在口腔內總計約有數千個。味蕾能夠感受到五種味道，分別為酸、甜、苦、鹹，還有鮮味。

▶舌頭的構造與味蕾

舌頭上有許多被稱作舌乳頭的小突起，舌乳頭上有著稱爲「味蕾」的感覺器，負責傳送味道情報至大腦的味覺區。

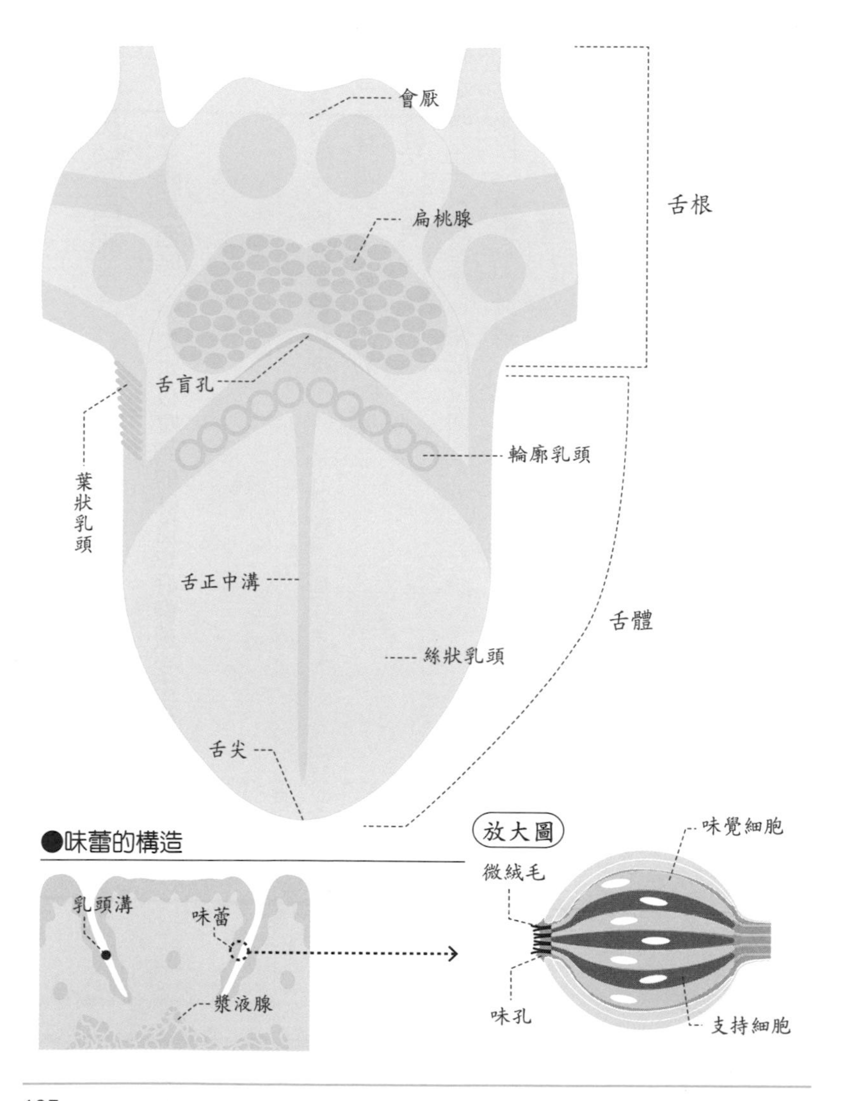

味道取決於舌頭？

鼻塞或捏住鼻子吃東西時，本來可以嚐到的味道也好像感受不到了。

過去曾有人認為舌頭不同的部位辨別不一樣的味道，但事實上這是錯的。不管舌頭的哪個部位都同樣具有五種味覺的認知。

此外，決定味覺的並非只有舌頭一個部位而已。怎麼說呢？鼻塞或捏住鼻子吃東西時，本來可以嚐到的味道也好像感受不到了。

這是因為味道不只靠舌頭去感覺，嗅覺、聽覺、溫度、食感，以及氛圍等等都會影響感受味道的功能。

如果遇到鼻塞或是閉上眼睛時，在這種聞不到味道或是沒有視覺幫助下，味覺也會變得不是那麼靈敏了。

▶除了舌頭外，味蕾還存在於？

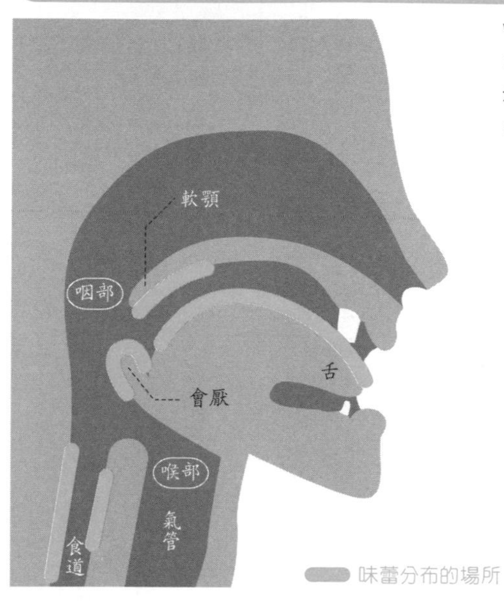

味蕾分布的場所

味蕾除了存在於舌乳頭以外，也會分布於食道和會厭中，口腔內味蕾的數量共計約數千個。

▶辨別味道並非只靠舌頭

我們所感受到的味道，並非只從舌頭得到情報而已。我們也能由視覺、溫度、嗅覺、環境、記憶等綜合感知判斷味道。

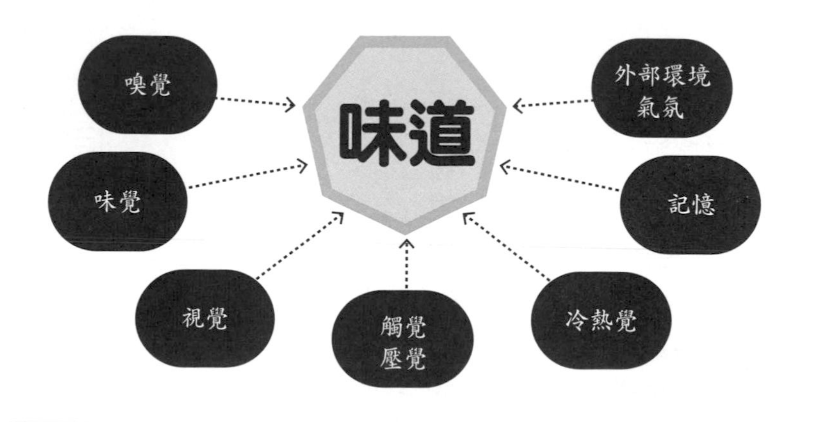

看到愛吃的食物就會分泌唾液的原因

看到美食節目介紹自己愛吃的食物時，就會不自覺分泌口水。為什麼會這樣？

咀嚼口中食物時，下顎骨會移動，牙齒會磨碎口中的食物，此時需要分泌大量的唾液保持食物的潤濕度。

口腔內有三大唾液腺，依循自律神經的指令來分泌大量的唾液。

一是在耳朵前方的腮腺，分泌水分較多的唾液；再者，是位於口腔內牙齒與舌根處下方的黏膜，稱為舌下腺，會分泌有黏性的唾液；最後是在下顎骨內的顎下腺，會分泌性質介於水狀與黏液狀之間的唾液。其他還有一些在舌表面和口腔黏膜內零星分布小唾液腺。

人一天的唾液分泌量大約為0.5-1.5公升。其成分為電解質與水，還有一種稱為澱粉酶的消化酵素。我們咀嚼米飯時會感覺到甜甜的滋味，即是因為澱粉酶分解碳水化合物轉變成麥芽糖的關係。

唾液中的水分會幫助食物變得更柔軟，使其更容易通過食道。另外，唾液也有抑制口腔內細菌繁殖，以及清潔口腔的功能。

▶分泌唾液的唾液腺

口腔內有三種大唾液腺，分別是腮腺、舌下腺、顎下腺，以及其他小唾液腺。唾液腺的主要功能爲分泌唾液，由腺細胞製造後經由小導管釋出，接著通過主導管到開口處，然後再分泌至口腔內。

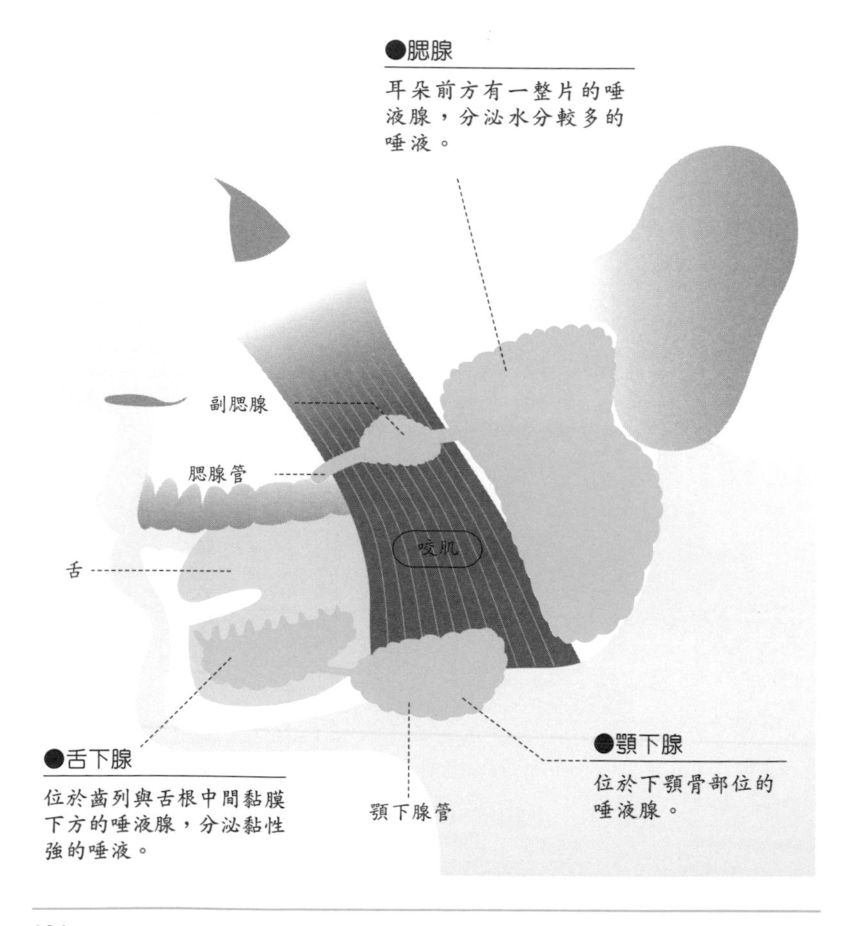

●腮腺
耳朵前方有一整片的唾液腺，分泌水分較多的唾液。
副腮腺
腮腺管
咬肌
舌
●舌下腺
位於齒列與舌根中間黏膜下方的唾液腺，分泌黏性強的唾液。
顎下腺管
●顎下腺
位於下顎骨部位的唾液腺。

條件反射與非條件反射

兩者的區別在於，條件反射是由於信號刺激引起的反射，一般建立在學習的基礎上。而非條件反射是與生俱來、恆久不變的，是生物生存的基本能力。

條件反射是可以透過學習而來的反射功能，因此藉由想像就能分泌唾液了。

在看到或是想到美食，甚至實際咀嚼食物的時候，自律神經會下達分泌唾液的指令。而細嚼慢嚥會使唾液大量分泌，就會更容易消化。因此，應該放慢進食的速度，這對消化系統來說是非常重要的事。

分泌唾液的原因有兩種，第一種是口內黏膜接觸到食物而產生的物理刺激，進而促使延腦分泌唾液，即自動分泌唾液，稱為「非條件反射」。另外一種是望梅止渴，也就是只要看見或聞到食物的味道，就會促使唾液分泌的「條件反射」。

▶自律神經調節唾液分泌

一天內可分泌的唾液量約爲0.5 -1.5公升。唾液分泌由自律神經的交感神經與副交感神經互相抗衡作用，哪一個反應較強則由其支配調整分泌。

	●副交感神經作用較強	●交感神經作用較強
狀態	悠閒感	緊張感
分泌量	多量	少量
分泌物	漿液性	黏著性

▶條件反射與非條件反射

唾液分泌的原因是由於口中的食物刺激而分泌唾液，稱爲無條件反射。條件反射則是光憑視覺或想像即可分泌唾液。

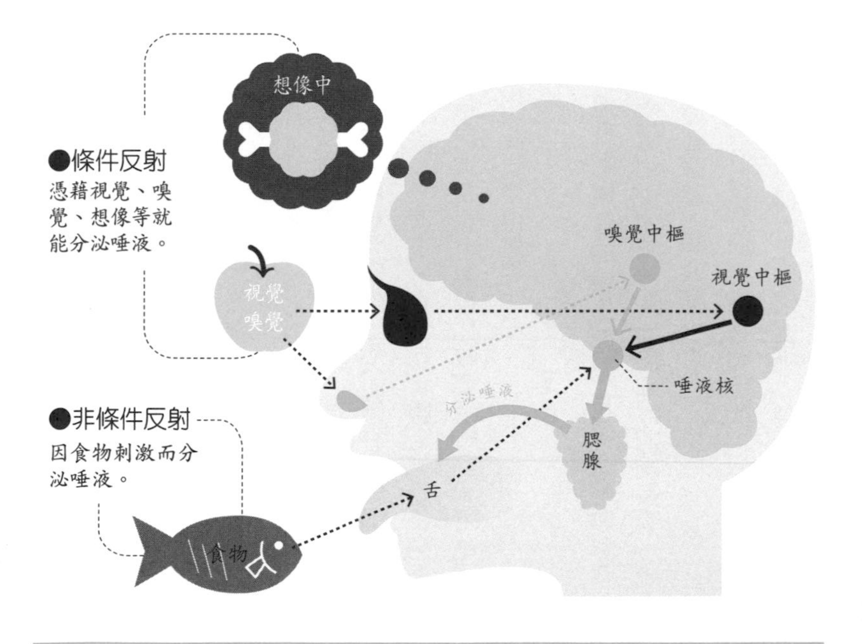

喉嚨的構造

喉嚨是個神奇的器官，是空氣進入肺部的通道，食物也會經由喉嚨進入胃部。喉嚨的構造又是如何呢？

飲料或咀嚼後的食物會進入食道；鼻子吸入得氣體會通過氣管進入體內，這兩種路徑的分歧點即為喉嚨。神奇的是，為什麼食物會正確地通過食道進入胃裡而不會走錯路呢？

試著用手放在喉結處然後吞口水，有沒有發現喉嚨會鼓起，有一種往上抬的感覺？這是因為喉上部有一個叫做會厭的瓣膜會閉合蓋住氣管。會厭就像蓋子一樣會分流食物或液體，不讓它們進入氣管內。

會厭並不能依照自由意志開合，但食物進到喉嚨裡時會自然地運作。

不過偶爾也有例外，如果狼吞虎嚥的話，會厭就會來不及蓋上，食物就會誤入氣管。另外，隨著年紀增長也會變得比較容易噎到，這是因為會厭的瓣膜變得遲鈍。

連結咽與胃的地方即為食道，寬處約2公分，窄處約1公分，為一橢圓形的細長管，成人的食道約有25-30公分長。

食道並沒有消化食物的功能，只負責運送食物或液體而已。正常情況下，食道前後入口都是

▶喉嚨有分流食物與空氣的「蓋子」

空氣或食物到達喉嚨時，會分別進入氣管與食道，進行這種分類動作的即是在喉上部的會厭。咽部類似軟顎的部分也有相似的功能，可以防止食物或飲料流入鼻腔。

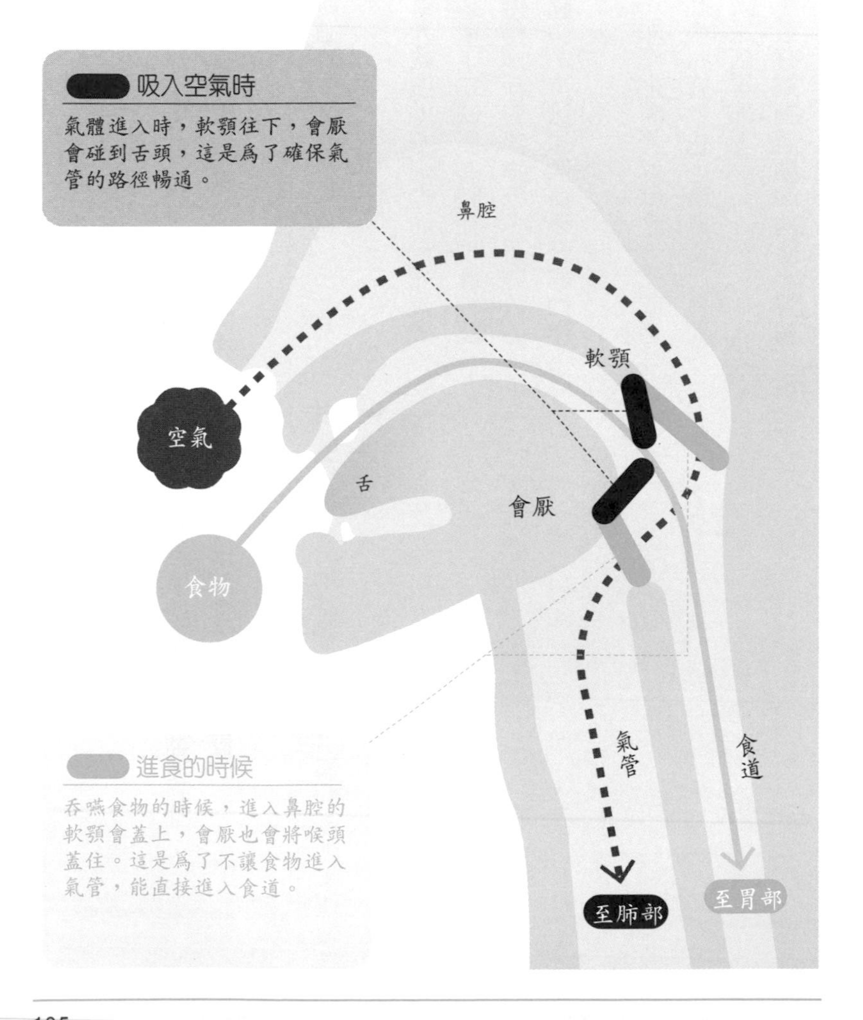

吸入空氣時
氣體進入時，軟顎往下，會厭會碰到舌頭，這是爲了確保氣管的路徑暢通。
鼻腔
軟顎
空氣
舌
會厭
食物
氣管
食道
進食的時候
吞嚥食物的時候，進入鼻腔的軟顎會蓋上，會厭也會將喉頭蓋住。這是爲了不讓食物進入氣管，能直接進入食道。
至肺部
至胃部

倒立吃飯會怎麼樣呢？

食物並非憑藉由地心引力而流入胃中，而是因為食道有秩序地進行「蠕動運動」，因此即使躺著或倒立，食物也不會倒流，反而能夠確實地將食物運送到胃部。

關閉的，只有食物通過時會變寬大。

實際上，食物並非藉由地心引力而自然流入胃中，而是仰賴食道壁上環狀肌有秩序地收縮運動，才得以讓食物慢慢地往胃部推進，這個收縮運動就是「蠕動運動」，可以想像擠牙膏的動作會比較好理解。

藉著蠕動運動，即使是躺著或倒立，又或者在無重力的宇宙空間內，食物也不會倒流，反而能夠確實地將食物運送到胃部。

並非只有食道才具有蠕動運動的功能，胃腸裡還有其他消化器官也是藉由蠕動運動來運輸食物的。

▶「蠕動運動」會防止食物逆流

進入口腔的食物，藉由食道壁上環狀肌的蠕動運動，能將食物擠入胃部。假使這時候倒立，食物還是會藉此運動到達胃部。

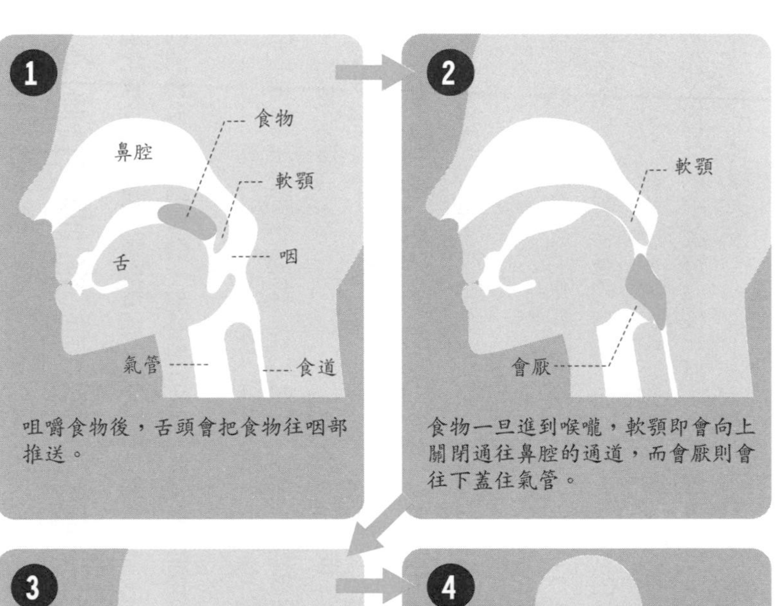

1
食物
鼻腔
軟顎
舌
咽
氣管
食道
咀嚼食物後，舌頭會把食物往咽部推送。
2
軟顎
會厭
食物一旦進到喉嚨，軟顎即會向上關閉通往鼻腔的通道，而會厭則會往下蓋住氣管。

3

食道

水管狀的食道，平常呈現萎縮狀態，在食物進入的時候才會膨脹擴張。

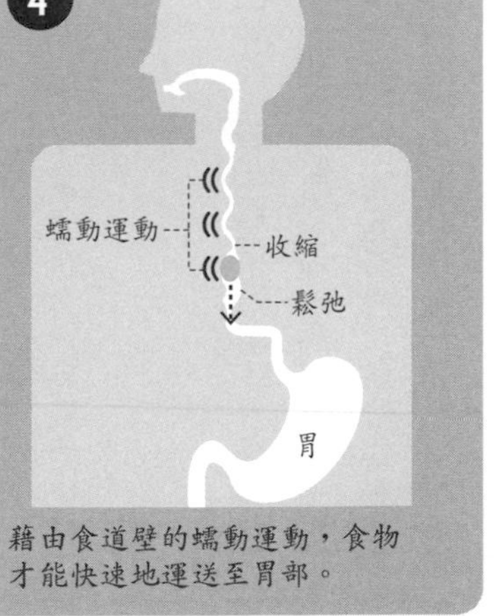

胃不會被胃液侵蝕溶解的秘密

胃有消化食物以及讓營養素更容易吸收的功能。胃的內部會分泌強烈胃酸，那麼胃自身對此強酸沒有反應嗎？

胃位於身體中央稍偏左上腹的位置，是一個形狀像英文字母J的袋狀器官。

成人的胃長約25公分，容量在空腹時約有50毫升左右，一旦吃了東西可達1.5公升，吃很飽的時候甚至可以達到2公升的容量。

常有人誤會胃的功能是「吸收消化食物的養分」，但事實上胃並不具有吸收營養的功能，而是暫時存放食物，在胃液消化食物後慢慢輸送到腸道，和使胃液殺死食物中的細菌這三種功能，真正具有吸收營養功能的是腸子。

與食道連接的賁門是胃的入口，胃頂的部分稱作胃底，而胃的中央占了大部分面積部位稱為胃本體，與十二指腸連接的出口為幽門。

食物從食道運送過來時，賁門會開啟，而此時幽門是關閉的，才不會讓食物尚未消化就跑到十二指腸。

胃壁由外而內有三種平滑肌，分別為外層的縱走肌、中間的環狀肌、內層的斜走肌。胃這三種縱、橫、斜肌肉的複雜設計以重複蠕動運動，將食物與胃液攪拌均勻，在食物成為粥狀之前不

▶胃的構造

胃是一袋狀器官，負責消化從食道進入的食物。那麼胃內部的構造是怎麼樣？

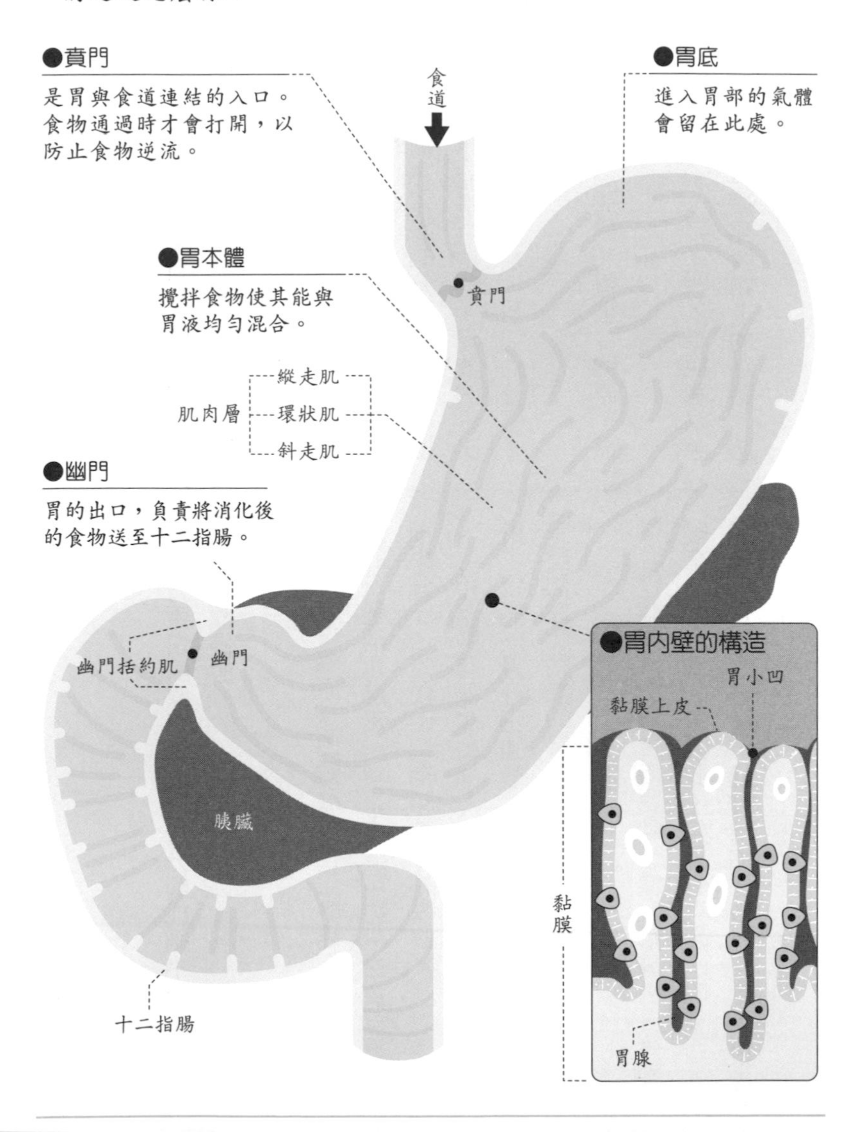

胃液的主要成分

總共有三種，鹽酸具有殺死細菌跟發酵的功能；胃蛋白酶原可將蛋白質分解成細小分子，方便十二指腸消化及吸收；黏液保護胃內膜避免強酸侵蝕。

斷地攪拌與磨碎。

胃的內壁有眾多稱為胃腺的分泌腺，想要攪拌食物多靠這些胃液才能事半功倍。胃液的分泌量一次大約可達五百至七百毫升，一天約分泌2公升。

而胃液的主要成分為鹽酸、胃蛋白酶原，以及黏液三種。

鹽酸的酸鹼值約為1-2.5之間，是能夠腐蝕皮膚的一種強酸，也具有殺死食物上的細菌、防止腐敗跟發酵的功能。

胃蛋白酶原是由鹽酸活性化轉變而成胃蛋白酶的一種消化酵素。胃蛋白酶可將蛋白質分解成細小分子，方便十二指腸消化和吸收。

黏液則有保護胃部內膜不被強酸侵蝕的作用。胃能一邊分泌強酸，又同時不被強酸侵蝕，完全依靠此黏液的保護。

胃液的分泌與胃的運動一樣，都是由自律神經來控制調整的。因此，如果看見好吃的東西，或咀嚼食物的時候，就會增加胃液分泌量，使得食慾更好。

▶胃黏液保護胃的內膜

胃的內壁具有許多分泌腺，一天可分泌約2公升左右的胃液。胃液的主要成分爲鹽酸、胃蛋白酶原以及黏液三種。經由鹽酸活化後的胃蛋白酶原會轉換成胃蛋白酶。

▶黏膜受損則會導致胃潰瘍

壓力過大會導致自律神經不平衡，保護胃內膜的黏液分泌量也會跟著減少。因此，含有鹽酸的胃液就可能會將胃壁溶解造成胃潰瘍。

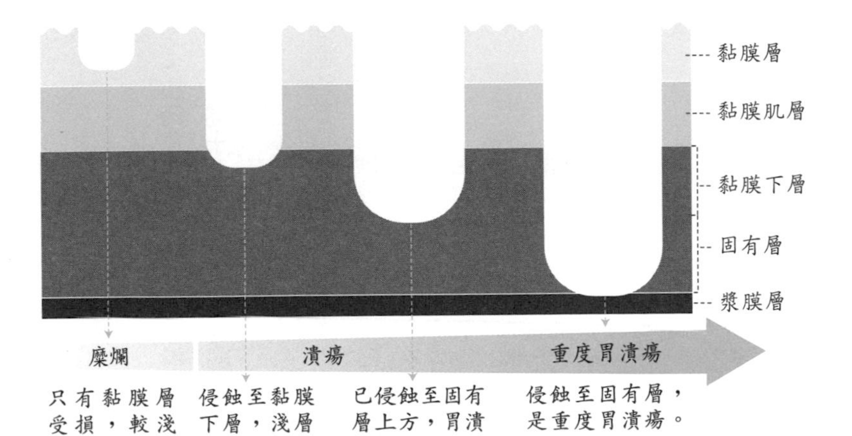

胃消化食物的過程

食物到達胃後，蠕動運動將其攪拌成粥狀，存放約2至4小時後胃壁肌肉開始收縮，食物會被搬運到幽門部位，括約肌鬆弛開始將食物慢慢地推向十二指腸和小腸等部位。

此外，如果遇到壓力等因素導致自律神經失衡，那麼保護胃內膜的黏液分泌量可能會驟減。此時若胃液中含有大量鹽酸，則會開始侵蝕內膜，導致胃潰瘍。

除了壓力外，其他還有像是藥物、菸酒等，都有可能造成胃內部消化系統失衡。近年來也有研究發現，幽門桿菌也可能和胃潰瘍相關。

接下來看看，食物進出胃部的流程。

首先，食物進入口腔到達胃，藉由肌肉收縮的蠕動運動和胃液充分混合。幽門括約肌閉合的同時蠕動運動也會增強，直到食物攪拌成粥狀。此時，胃液也會不斷地分泌，由胃蛋白酶原將蛋白質分解消化。

成為粥狀的食物還會在胃中存放約2－4個小時。之後，胃壁肌肉會開始收縮，食物會被運送到幽門部位，括約肌鬆弛開始慢慢地把食物推向十二指腸，十二指腸也會緩慢地將食物一點一點地往小腸移動，讓小腸能有充分的時間消化、吸收食物。

▶胃如何消化食物？

食物進入胃後，即會開始混合，胃也會變得柔軟。而且，往十二指腸的蠕動運動會開始運作。縱走肌、環狀肌與斜走肌三層強力肌肉的相互作用，使得胃部也能隨之運動。

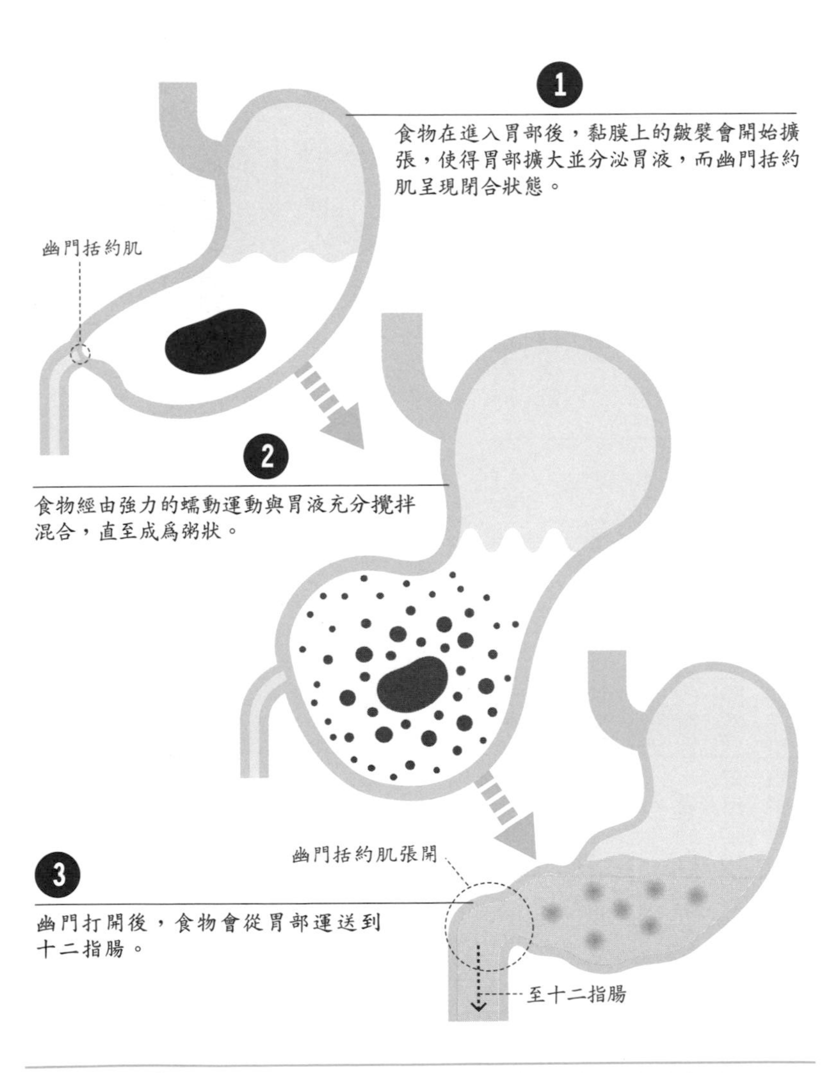

1
食物在進入胃部後，黏膜上的皺襞會開始擴張，使得胃部擴大並分泌胃液，而幽門括約肌呈現閉合狀態。
幽門括約肌
2
食物經由強力的蠕動運動與胃液充分攪拌混合，直至成爲粥狀。
幽門括約肌張開
3
幽門打開後，食物會從胃部運送到十二指腸。
至十二指腸

「甜點胃」真的存在嗎？

吃飽飯後還能再吃甜點的人不少，也常聽到他們說「還有另外一個吃甜點的胃」。

事實上，經過科學證明「甜點胃」真的存在！

通常在已經吃飽喝足的狀態下，要再經過一段時間才會恢復空腹的感覺。只是這種空腹感以及飽足感到底是怎麼來的？

人是從碳水化合物如米或麵包等，來攝取熱量。碳水化合物消化吸收後，血液中的血糖值會上升，由胰臟分泌的胰島素幫助細胞吸收醣類。

當血糖值上升到一定數值後，就會傳遞訊息至大腦，告知能量已經足夠。此時，位於下視丘的飽覺中樞就會開始抑制食慾，我們就會覺得肚子很飽吃不下了。

經過一段時間後，體內的熱量逐漸減少，而下視丘的飢餓中樞則會開始運作、提升食慾，接著就會感到「肚子餓了」。

飽覺中樞與飢餓中樞就像是汽車的油門與煞車的功用，會決定攝取食物的份量。

除此之外，即使覺得很飽，卻還是可以吃下甜點，也就是所謂的「甜點胃」，聽起來好像是藉口，但實際上真的存在。看到自己喜歡或是覺得好吃的食物，大腦額葉會自動切換開關，命令飽覺中樞的運作轉換成飢餓中樞。另外，腦內分

▶食慾的由來

經由攝取食物來消化、吸收碳水化合物，血糖值上升則飽覺中樞會開始抑制食慾。反之，一段時間後血糖值會下降，則飢餓中樞會開始運作增加食慾。

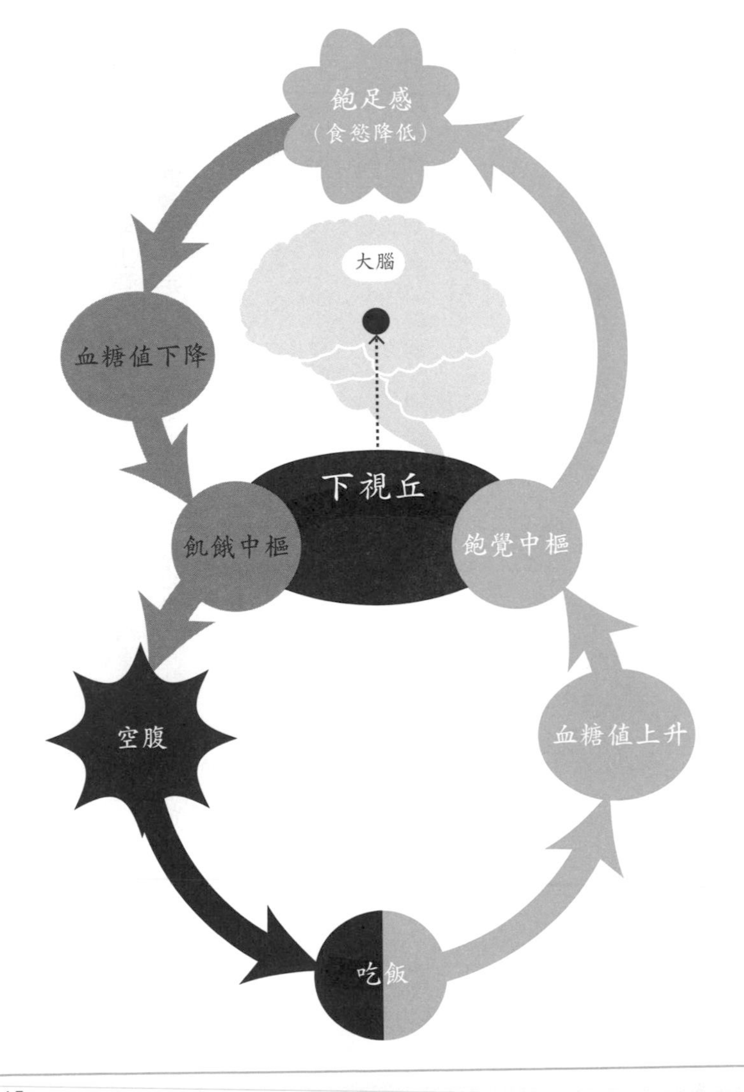

腹鳴的原因

空腹的時候，胃常會發出聲音，稱為腹鳴，這是胃的收縮運動造成的。

在空腹時，胃本體會有一定的感覺而引起一種強力的收縮運動，稱為飢餓收縮。

泌的多巴胺及腦內啡也會刺激食慾。

那麼為什麼胃已經再也裝不下，卻說還有另外一個胃呢？其實這只是物理上清出一些胃部空間的意思。大腦如果釋放出食慾素的荷爾蒙，則胃腸就會開始運作，緩慢地運送食物至腸子，如此一來胃部即可清出一些空間了。

空腹的時候，胃常會發出聲音，稱為腹鳴，這是胃的收縮運動造成的。在空腹時，胃本體會有一定的感覺而引起一種強力的收縮運動，稱為飢餓收縮。在不斷持續運動的情況下，胃底累積的空氣受到壓迫就會發出聲響了。

▶空腹時肚子會叫的原因

肚子餓的時候會聽見「肚子叫」，這是因爲胃反覆的收縮運動而產生的腹鳴，來看看這個過程。

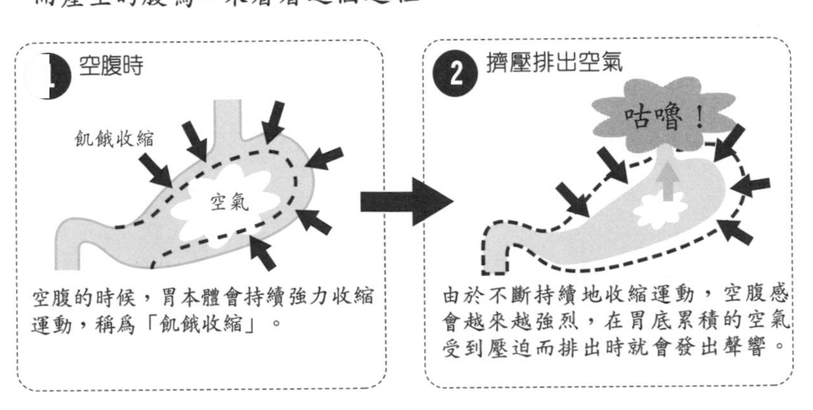

空腹的時候，胃本體會持續強力收縮運動，稱爲「飢餓收縮」。

由於不斷持續地收縮運動，空腹感會越來越強烈，在胃底累積的空氣受到壓迫而排出時就會發出聲響。

▶大腦指示產生「另一個胃」

明明已經很飽了，但是還有另外一個甜點胃可以繼續攝取甜食。甜點胃的存在是由於大腦下視丘的飢餓中樞，分泌食慾素這種荷爾蒙的關係。

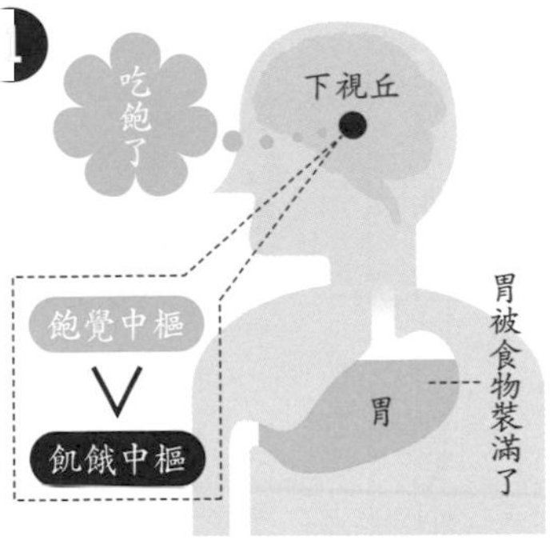

胃若裝滿食物的話，位於下視丘的飽覺中樞會釋放出「吃飽了」的信號，以抑制食慾。

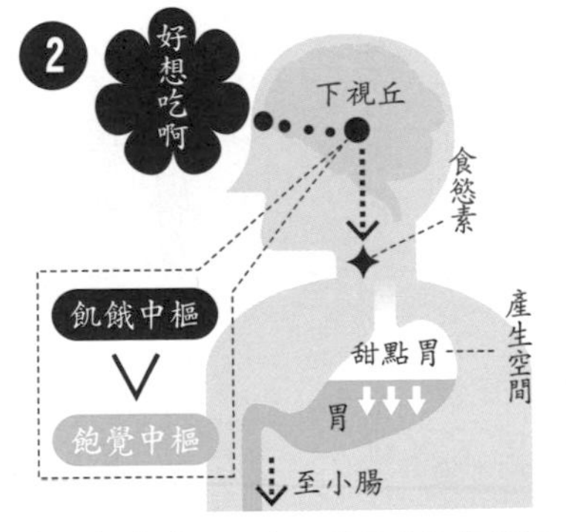

看到想吃的甜點時，下視丘即會開始分泌食慾素，大腦會判斷「想吃」，此時胃部就會緩慢地將內容物送到小腸，空間就產生了。

十二指腸

胰臟、膽囊

內臟中的胰島細胞

胃會將消化完的食物運送至十二指腸，十二指腸、胰臟跟膽囊會分工合作，開始真正地消化以及分解食物。

在胃裡已經消化成粥狀的食物，接著會再被運送到另外一個消化器官——十二指腸。十二指腸是呈現C字型的消化管，位於小腸的頂端，長約25公分，大約是12隻手指橫排開的長度，由此得名。

十二指腸彎曲凹陷的部分有胰臟嵌入，而其上方、肝臟下方有膽囊貼附著。

十二指腸中間部分有一孔，會注入儲存在膽囊的膽汁與胰臟生產出的胰液這兩種消化液。周圍則具有突起的孔，稱為十二指腸乳頭。食物從胃部運送過來後，乳頭的肌肉會鬆弛形成開口，再注入消化液。

由胃消化完畢的食物，經過幽門後會慢慢地流入十二指腸。不過此時胃消化後的食物呈現酸性，如果就這樣通過十二指腸則會侵蝕此處的黏膜。因此，十二指腸會分泌鹼性的腸液與胰液，轉換食物成中性。

膽汁是由肝臟製造出來以後儲存在膽囊的一種消化液，其能幫助消化脂肪。膽汁內含膽紅素，由紅血球分解而成，是膽汁呈現黃色的主要

▶在十二指腸內被充分混合的胰液與膽汁

十二指腸會分泌兩種消化液，分別爲在肝臟製造並暫存於膽囊的膽汁，以及在胰臟產生的胰液，用來更進一步地消化食物。

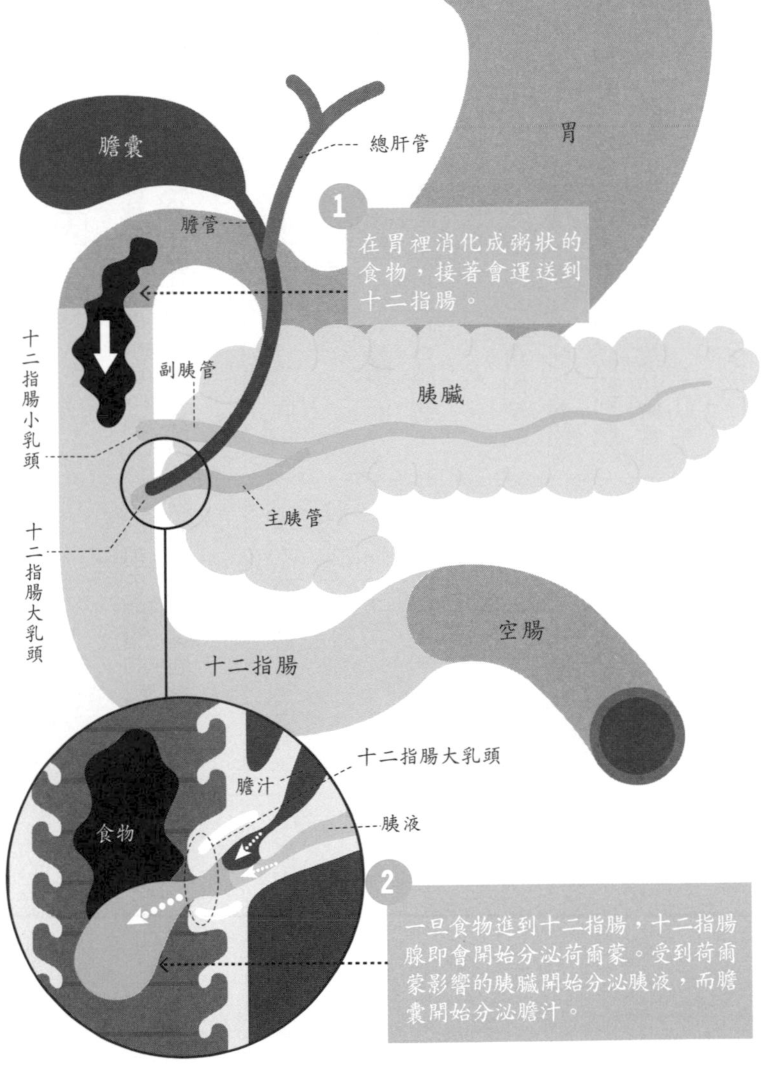

膽結石的成因

膽結石是膽囊形成的膽固醇結晶或色素物質。部分的脂肪成分難以溶解於膽汁，因此，當這類成分在膽汁裡含量過高時，就會沉澱聚集而形成膽結石。

來源。膽紅素進入腸道後，會與糞便混合一同排出。因此，糞便看起來黃黃的，即是此緣故。

另一方面，胰臟製造的胰液，含有酵素能分解三大營養素：碳水化合物、蛋白質以及脂肪，是相當重要的消化液。

胰臟除了分泌胰液之外，還有分泌荷爾蒙的重要功能。血液內含有葡萄糖，稱為血糖，葡萄糖濃度即為血糖值。胰臟的內部有一個島狀細胞團，稱作朗罕氏小島，負責分泌胰島素及升糖素以控制血糖值。

從顯微鏡下看很像是一座飄浮在海上的島嶼，因此就以發現者——朗罕氏命名，稱為朗罕氏小島。

▶釋放荷爾蒙的「朗罕氏小島」

胰臟中有100萬個以上的朗罕氏小島，分泌用來控制血糖值上升的升糖素，以及降低血糖值的胰島素兩種荷爾蒙。生長抑素具有抑制這兩種荷爾蒙分泌的作用。

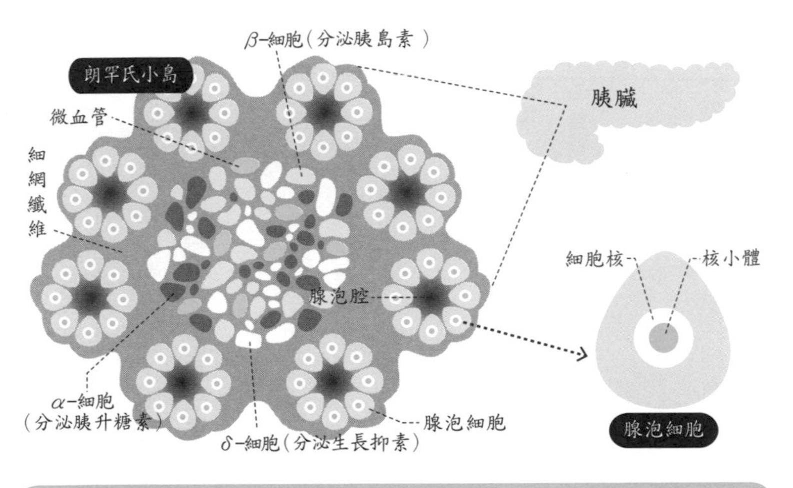

▶膽汁凝固產生膽結石

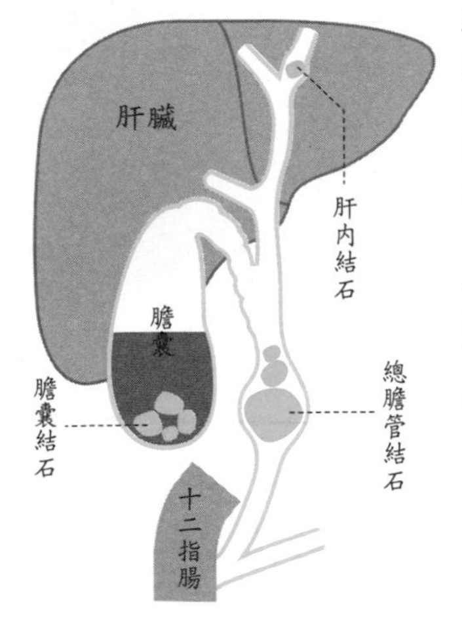

膽汁的通道產生的結石稱爲「膽結石」。膽結石的種類與其成因有關，但大多是由於攝取過多的脂肪，造成膽汁中的膽固醇含量過高，凝固成爲膽結石。

產生結石最多的部位大多位於膽囊中，不過總膽管與肝臟內也有可能會產生膽結石。

肝臟切除後還可以再生嗎？

肝臟是重要的器官，是代謝、解毒、製造膽汁的「人體化學工廠」，也是人體最大的內臟，擁有驚人的再生能力。

常聽到的「心肝寶貝」，是用以形容珍惜、寵愛的人或物，這是由於心臟、肝臟是人體不可欠的重要器官。由此可知，人體的肝臟是擁有重要功能的臟器。

肝臟重約1.5公斤，為最大的內臟。其上方為橫膈膜，下方則連接膽囊、胃和十二指腸，約由3兆個肝細胞構成，全身有25％的血液會流入此處。

乍看之下會覺得肝臟只有一大塊，但仔細看會發現其實有兩片，由左葉與右葉組成。

人體內臟大多為擁有動、靜脈兩條血管的器官，但肝臟卻只有一條稱為門脈的血管通行。門脈集合了從胃腸、胰臟、脾臟等器官的靜脈血管，是這些臟器的營養及毒素運送到肝臟的特別通道。

肝臟又稱為「人體化學工廠」，擁有五百種以上的功能。其中，最重要的功能是用來代謝、解毒，還有製造膽汁。代謝是將從食物吸收進來的營養素，如糖、蛋白質、或脂肪等轉換成能讓身體使用的形式，並且提供儲存、供給的功能。

▶肝臟的構造與三大主要功能

肝臟是人體最大的內臟，分爲左葉、右葉。它負責儲存、供給營養素、解毒，以及製造膽汁。

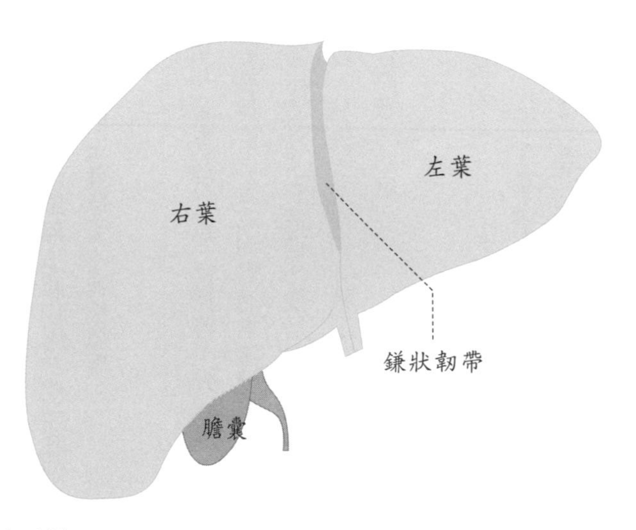

● 三大功能

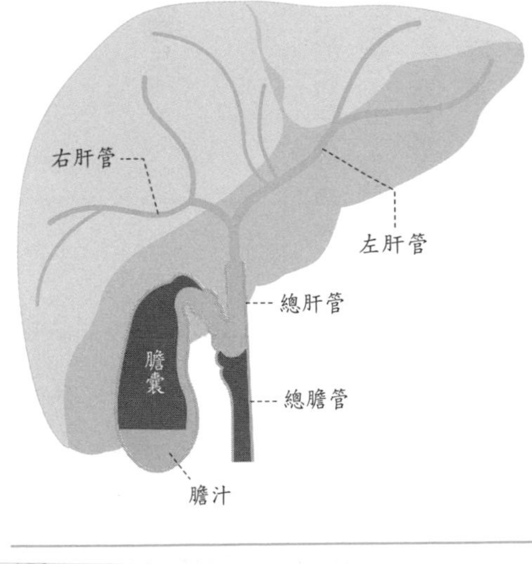

● 儲存及轉換營養素

食物必須轉換成營養素才能被身體吸收。

● 解毒

分解體內的毒素如酒精或尼古丁等，並轉換成無害物質。

● 製造膽汁

膽汁是消化、吸收脂肪的必要元素，因此肝細胞會持續分泌膽汁。

沉默的肝臟

肝臟如果產生障礙無法起作用，例如肝硬化等等的肝臟疾病，通常都是狀況危急了才會被發現。

解毒功能是將有害物質例如酒精等，分解成無害物質。由肝臟無害化後的物質通常會轉變成為尿液或糞便排出體外。製造膽汁就是用來消化脂肪和幫助吸收。另外，女性的肝臟還有代謝荷爾蒙和暫時儲存血液的功用。

健康的肝臟擁有再生能力，即使切除約全體的80％的肝臟，也能在幾天內再生，數個月到一年左右的時間就能大致恢復了。

到目前為止，還無法完全瞭解再生機制的原由，但這也是只有肝臟才擁有的特殊能力。然而，再強大的內臟也還是會有缺點，肝臟如果產生障礙無法起作用，例如肝硬化等等的肝臟疾病，通常都是狀況危急了才會被發現。

肝臟很難有明顯病癥，因此肝也被稱作是「沉默的器官」。

▶肝臟是人體的化學工廠

肝臟也被稱爲人體的化學工廠，其運作功能高達500種以上。肝臟有一條專門運送物質進出的血管。

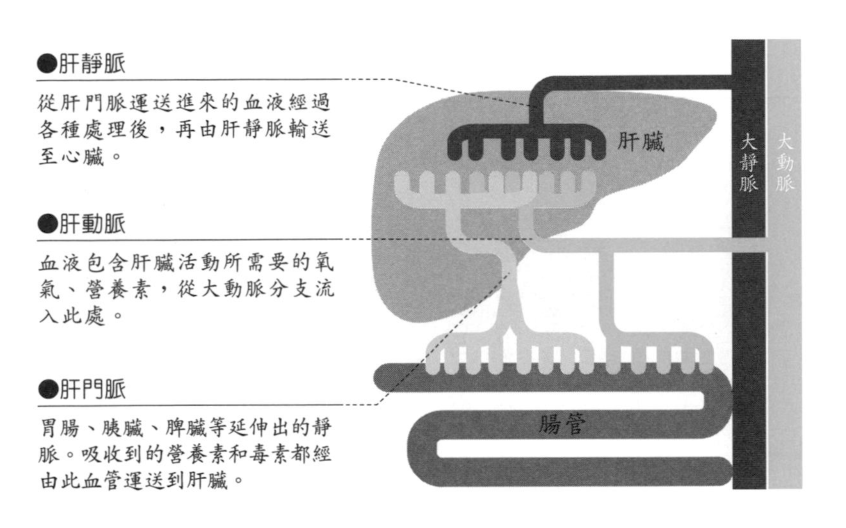

●肝靜脈
從肝門脈運送進來的血液經過各種處理後，再由肝靜脈輸送至心臟。
●肝動脈
血液包含肝臟活動所需要的氧氣、營養素，從大動脈分支流入此處。
●肝門脈
胃腸、胰臟、脾臟等延伸出的靜脈。吸收到的營養素和毒素都經由此血管運送到肝臟。
肝臟
大靜脈
大動脈
腸管

▶肝臟是能夠再生的頑強內臟

肝臟擁有令人驚訝的再生能力，即使部分切除也能夠自我修復再生。肝臟能自我再生的原因目前還是未知，不過肝臟擁有其他內臟沒有的特殊細胞，應該是再生能力的關鍵因素。

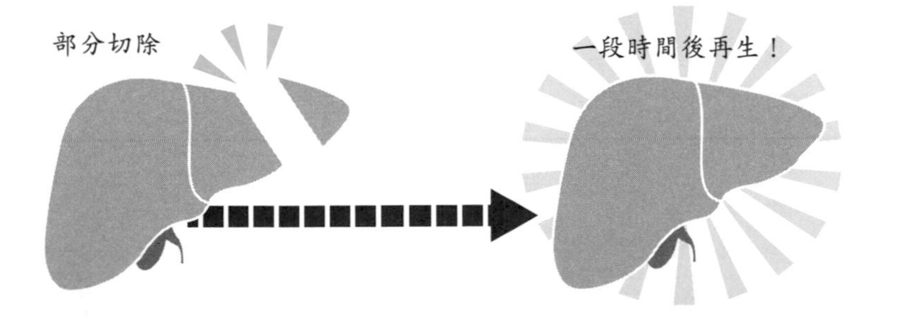

肝臟能解酒的真相

將酒精分解、無毒處理是肝臟的工作之一。如果喝酒的速度過快，肝臟來不及分解酒精，就會喝醉了。

喝酒後，約有20％的酒精會被胃吸收，剩下的80％則是被小腸吸收，再經由門脈運送到肝臟。

酒精在肝臟內會先由乙醇脫氫酶(ADH)等酵素的作用下氧化分解成乙醛。不過，乙醛對人體是有害的物質，因此還會再進行下一道作業。此時，會由乙醛脫氫酶（ALDH）來分解乙醛，使之成為乙酸。

乙酸對人體是無害的，因此到了其他內臟或組織被分解成水和碳酸後，成為尿液或是經由呼氣排出體外。

此外，酒精並非通過肝臟一次就會被完全分解完畢。來不及分解的酒精，會被血液運送至心臟及全身，最後再回到肝臟接著處理。

經由這樣反覆的分解過程，才能完全將酒精分解掉。來不及分解作業的時候，酒精當然也會跟著血液送到心臟或大腦等部位。酒精到達大腦後，會麻痺腦部，就會出現「喝醉」的狀態了。

肝臟的酒精分解速度是固定的，若持續豪飲的話，到達肝臟的酒精濃度會增加，當然流入大腦的酒精濃度也會上升，漸漸地麻痺大腦。

▶酒精代謝機制

分解酒精成爲無害物質也是肝臟的功能之一。肝臟分解酒精的速度是固定的，因此要注意不要飲酒過度。

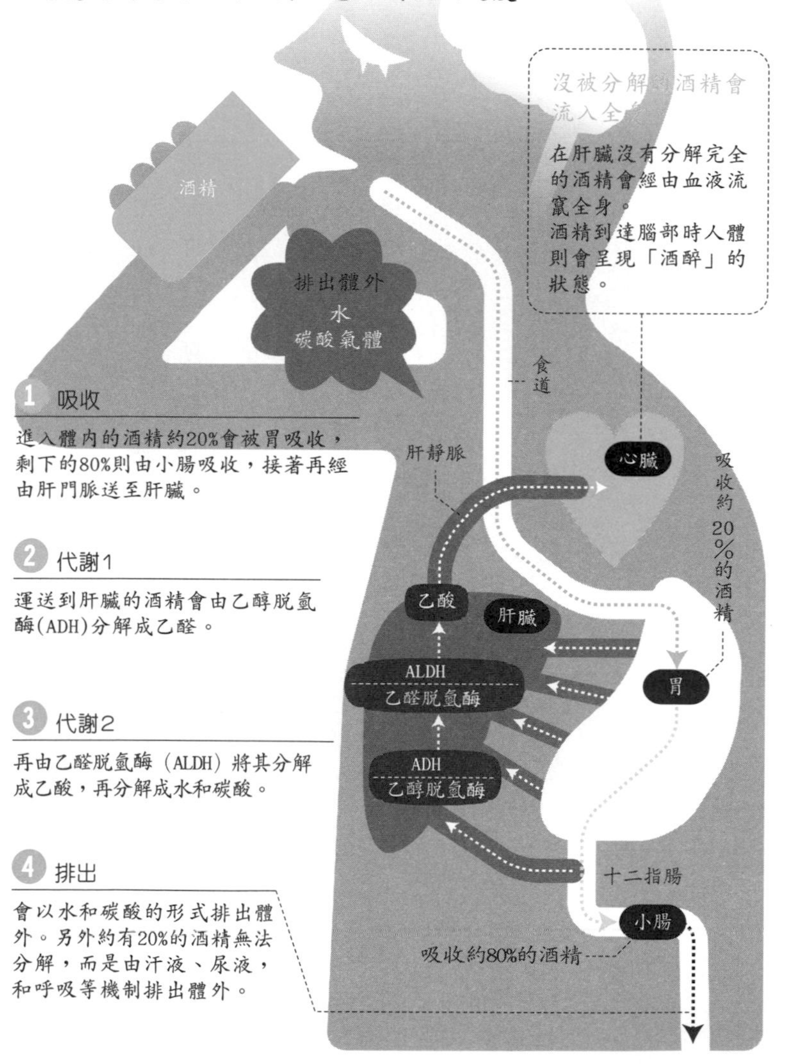

1 吸收

進入體內的酒精約20%會被胃吸收，剩下的80%則由小腸吸收，接著再經由肝門脈送至肝臟。

2 代謝1

運送到肝臟的酒精會由乙醇脫氫酶(ADH)分解成乙醛。

3 代謝2

再由乙醛脫氫酶（ALDH）將其分解成乙酸，再分解成水和碳酸。

4 排出

會以水和碳酸的形式排出體外。另外約有20%的酒精無法分解，而是由汗液、尿液，和呼吸等機制排出體外。

喝酒臉紅、要注意！

許多人以為喝酒臉紅和肝臟有關，實際上和乙醛有關。酒精在人體代謝後會產生「乙醛」並使血管擴張，因而臉紅。所以代謝能力較差的人容易臉紅，與肝功能無關。

酒醉的程度是根據血液中的酒精濃度判斷，剛開始可能是覺得滿舒服的微醺狀態，不過一旦濃度升高就會變成爛醉。更甚者，會因為大腦全麻痺而有死亡的可能。

酒精承受的能力雖因人而異，但實際上日本人約有一半以上都不太能喝酒。乙醛脫氫酶（ALDH）中含有低濃度時作用的 ALDH2 與高濃度時作用的 ALDH1，一半以上的日本人欠缺前者的活性酵素。

此類型的酵素無法快速分解乙醛，因此小酌也有可能導致爛醉如泥。

▶日本人酒量很差是因為基因

乙醛脫氫酶(ALDH)含有低濃度時作用的LDH2，與高濃度時作用的ALDH1。因爲日本人大多都欠缺這種活性酵素，因此就變成酒量很差的體質了。

●基因型影響酒量

基因類型	ALDH2活性	對酒精分解強弱	人種別出現率		
			黑人	白人	黃種人
NN型	穩定且正常的活性型	酒精分解度強	100%	100%	56%
ND型	只有NN型的16分之1的低活性型	酒量很差，或是只能喝一點	0%	0%	40%
DD型	完全不具ALDH2的活性	完全不能喝酒	0%	0%	4%

※依據原田勝二氏（前竺波大），參考麒麟啤酒的網頁做成圖表。

▶酒精對大腦的影響

酒醉的程度是根據大腦中血液的酒精濃度判斷，下圖表示酒精對大腦的影響。

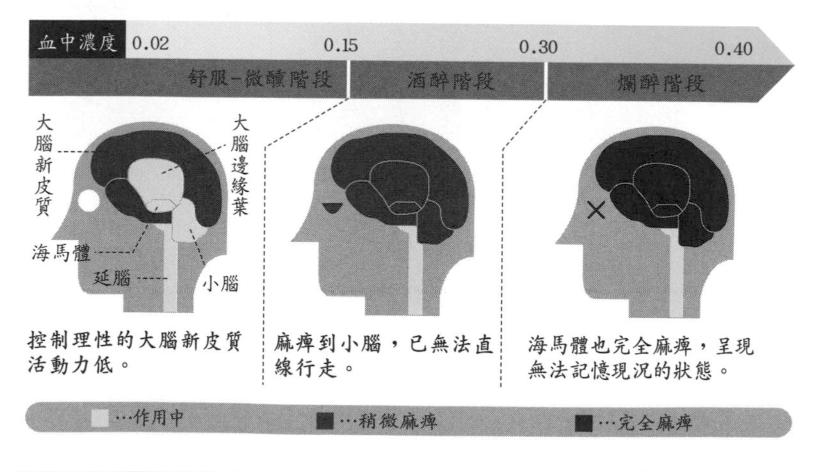

小腸

小腸的表面積與網球場差不多

捲曲成團的小腸總長度約6公尺，是消化的最終階段。但小腸不只消化功能而已，還具有吸收營養的功能。

在十二指腸後，終於要開始進入真正的消化與吸收階段了。

小腸是位於肚臍內部呈現捲曲狀的消化管。小腸全長可達6公尺，十二指腸只占了25公分而已，其餘部分全是小腸。接續十二指腸後的五分之二為空腸，五分之三稱為迴腸，一般所稱的小腸指的大多包含這兩個的部分。

長6公尺的小腸到底是怎麼收在體內的？其實人體背部內側有一類似窗簾的內壁，稱為腸間膜，可以自由移動。

包含十二指腸的小腸是由平滑肌組成，進入此處的食物會藉由環狀肌與縱走肌的伸縮合作，來調整揉捏以及運送食物的速度。

小腸內壁有無數個稱作絨毛的突起物，長約0.5～1.5公釐。藉由這些絨毛的構造使得小腸的表面積可媲美約兩百平方公尺網球場，能更加有效地吸收營養。絨毛表面還緊密排列著許多細微的微絨毛。

由口腔至胃部的過程是，牙齒嚼碎食物後再到胃裡分解成粥狀。那麼在小腸就是繼續進行這

▶小腸是人體中最長的內臟

小腸全長約有6公尺，扣掉前半部分的十二指腸，其中的五分之二爲空腸，後半的五分之三爲迴腸。兩者之間並沒有明確的界線，但空腸大多爲蠕動運動可促進食物消化，迴腸則是吸收消化後的食物營養素。

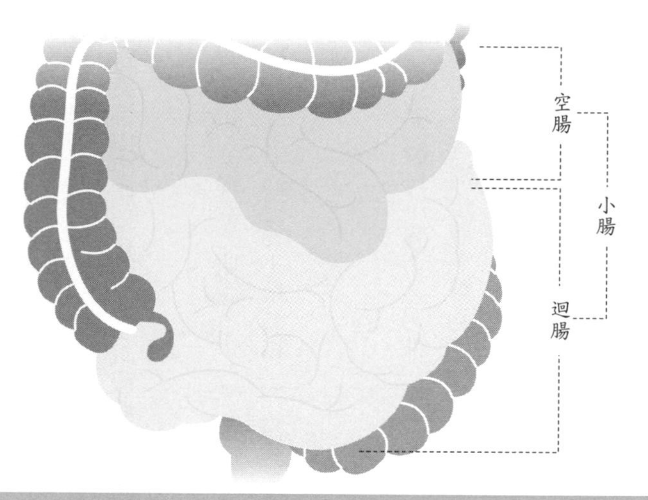

▶小腸的內部結構

小腸的內壁中有無數個稱作絨毛的皺襞，這些絨毛會增加小腸的表面積，就能吸收更多的營養素。

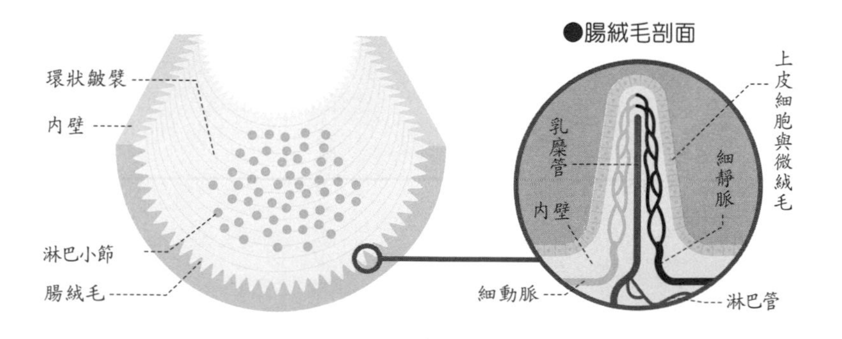

消化系統的主要舞台

小腸除了繼續胃部的分解作業外，還增加了吸收營養素的功能。九成以上的營養素由小腸消化後再加以吸收，是消化系統的主要舞台。

些分解作業，另外多加了吸收營養素的功能。小腸能消化和吸收食物近九成以上的營養，是消化系統的主要舞台。

小腸內有十二指腸分泌的膽汁、胰液，另外再加上小腸腸腺分泌的腸液等消化液來幫助消化。消化液的成分有澱粉酶，是用來轉換醣類成為葡萄糖，蛋白酶用來轉化蛋白質為氨基酸，脂肪酶則是轉換脂肪成脂肪酸及甘油。

然而，這些分子對於微絨毛來說還是太大了，因此微絨毛上會有消化酵素，將其分解成可以吸收的分子單位。分解後的食物營養素才能被微絨毛吸收，進入腸道血管中。

▶人體消化、吸收的機能構造

碳水化合物、蛋白質與脂肪為人體重要的三大營養素。但這些都是大分子，因此要藉由消化酵素分解才方便吸收。這些營養素被小腸吸收後，經過肝門脈送往肝臟，脂肪分解後由淋巴管進入靜脈，再運送到全身。

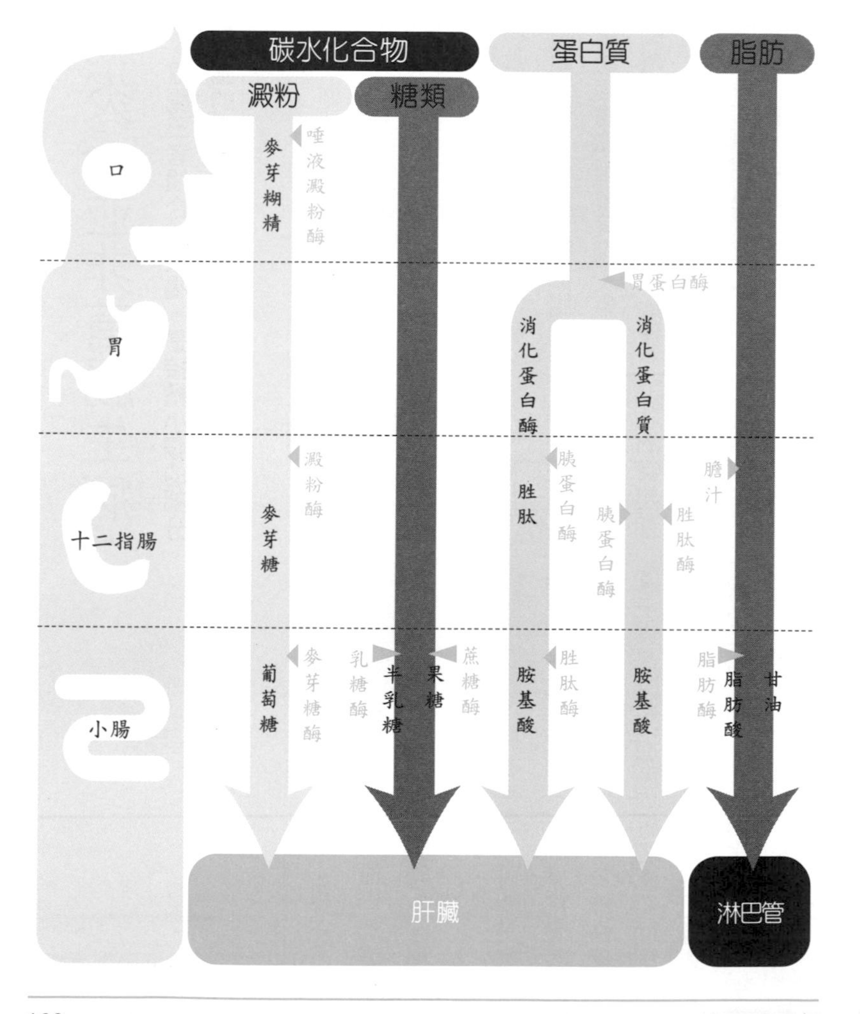

「盲腸炎」並非盲腸生病？

盲腸、結腸、直腸三者組合成大腸，是接續小腸的部分。大腸寬度約小腸的2倍粗，圍繞、包覆著小腸。

大腸是銜接小腸後，連接到肛門的管狀器官，成人大腸長度約為1.5－1.8公尺，因比小腸粗的緣故而稱為大腸。

大腸的主要功能為吸收食物殘留的水分，剩下的就成為糞便。大腸內部有許多種類的腸內菌，其中益生菌能夠幫助食物纖維發酵以及生成維他命，並擊退侵入的壞菌，甚至還有軟化糞便的作用。

小腸後半部的迴腸在右下腹部連接著大腸。大腸跟小腸的連接部分，看起來很像橫躺著的T型，在連接部位的下方還繼續延伸5－6公分，稱為盲腸。與小腸的交界有一稱為迴盲口的瓣膜，防止消化物逆流。盲腸下方有一突起物，稱為闌尾。

若右下腹部開始感覺疼痛的時候，可能是盲腸炎犯了。其病理名應為「闌尾炎」，闌尾是盲腸末端下垂的部分，長約7－8公分，為細長管狀的突起物。闌尾炎是闌尾內部因細菌感染而引起發炎的狀態，嚴重的話闌尾甚至會破裂而導致急性腹膜炎。闌尾是退化的器官，退化的意思即為現在並沒有任何功能，不過還是有人說它有集

▶組成大腸的三個部分

在外圍包覆小腸的是大腸，由盲腸、結腸、直腸所組成。大腸會吸收消化物的水分，接著成爲糞便。

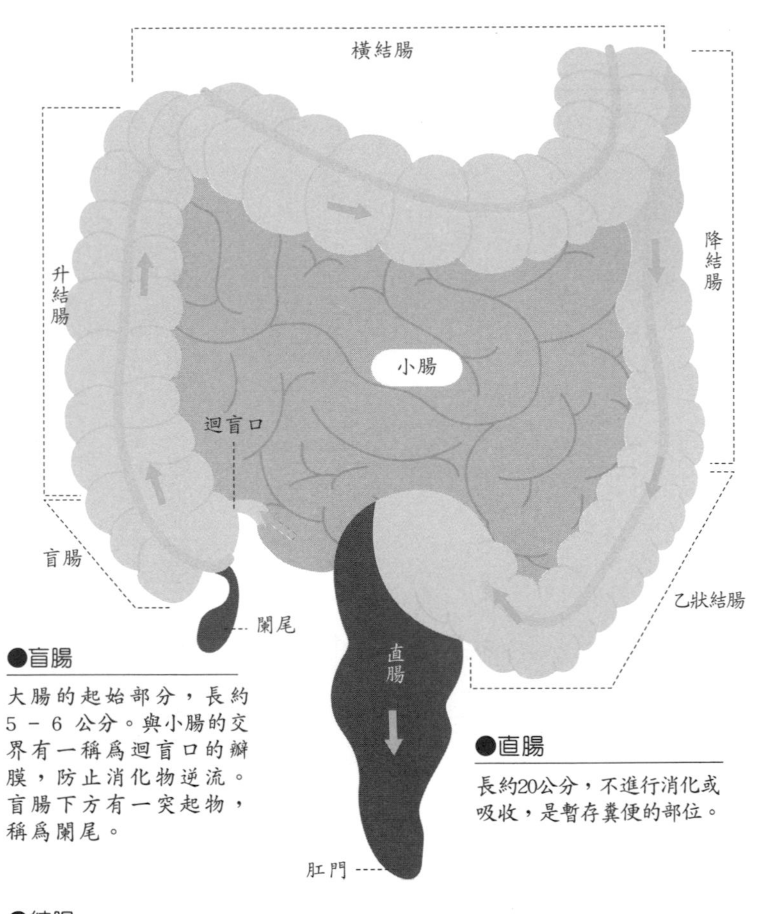

●盲腸

大腸的起始部分，長約5－6公分。與小腸的交界有一稱爲迴盲口的瓣膜，防止消化物逆流。盲腸下方有一突起物，稱爲闌尾。

●直腸

長約20公分，不進行消化或吸收，是暫存糞便的部位。

●結腸

結腸可分爲四個部分：長約13公分的升結腸、約40－50公分的橫結腸、約25－30公分的降結腸，以及約30－40公分的乙狀結腸，這些部位負責進行吸收水分的步驟。

→ 消化物的移動方向

大腸的組織

大腸是由盲腸、結腸、直腸三個部分所組成，內部有許多腸內菌，以益生菌最為特別，能幫助食物纖維發酵軟化糞便，還能合成維他命擊退入侵的壞菌，

合淋巴組織、生物防禦等作用。

大腸是由盲腸、結腸、直腸三個部分所組成。

結腸可分為四個部分，分別是長約13公分的升結腸、40-50公分的橫結腸、25-30公分的降結腸，以及30-40公分的乙狀結腸，差不多圍繞腹部一圈。

直腸連接乙狀結腸與肛門，長約20公分，是糞便排出肛門前暫時存放的場所。

大腸內壁分成黏膜、肌肉層、漿膜，並沒有像小腸一樣的絨毛分布其中。肌肉層內藉由平滑肌的蠕動運動，將食物殘渣往前方送出，也由於在黏膜內的腸腺會分泌腸液的關係，才能非常平順地在大腸內移動。

▶俗稱「盲腸炎」的闌尾炎

盲腸先端有一下垂袋狀的器官，稱爲闌尾。一般俗稱的「盲腸炎」正確說法應爲闌尾炎，這是由於闌尾發炎所引起的病症。

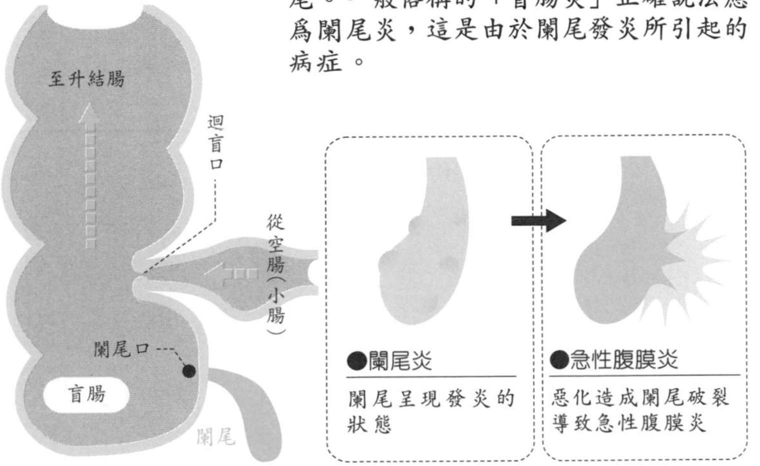

▶大腸的剖面圖

大腸從內側開始分成三層構造。黏膜上皮有從表面降下形成的腸腺，會分泌黏液。

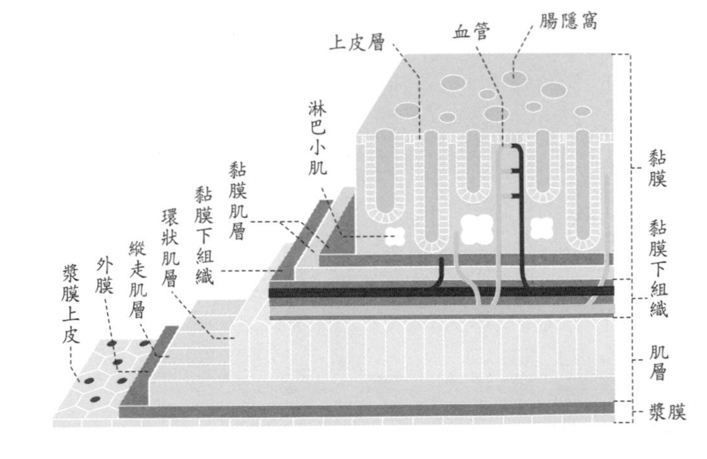

糞便在腸內形成的過程

從口腔到肛門約經過了10公尺、24－72小時的歷程，最後將食物消化、分解，形成糞便接著排出體外。

食物進入口中到最後成為糞便排出體外，需要經過一段相當長的歷程。

食物的路徑是由口腔開始，經過食道、胃、十二指腸、小腸、大腸，最後是終點肛門，這之間的路程像是一條長達10公尺的水管。在此長管中，身體一邊將食物磨碎、分解，一邊往前推進。

嘴巴咀嚼固體食物約30－60秒，若是液體只需約1－10秒就會通過食道到達胃部。在胃裡停留的時間約2－4個小時，視食物不同而有所差異，接著經由胃液消化成為黏稠的粥狀物。

已在胃中形成的粥狀物進入十二指腸後，混合膽汁、胰液、腸液再進入小腸。在小腸吸收食物大部分的營養素、水分後，營養素透過腸中的血管運送至擁有人體化學工廠之稱的肝臟，接著在一連串的化學處理後再運送到全身。小腸的消化、吸收時間可達7－9個小時。

營養素被吸收後的食物殘渣會被運送至大腸，接著吸收水分成為糞便。在排便之前都會先被存放在直腸。因此，一般飯後約24－72小時左右，糞便才會從直腸末端的肛門排泄出來。

順便一提，糞便的味道是由於腸內細菌分解

▶食物消化的途徑

身體的消化管是從食道、胃、十二指腸、小腸、大腸，最後到肛門，總長約10公尺。從下圖介紹各器官消化及吸收所耗費的時間。

1 食道

成人的食道長約25-30公分。藉由蠕動運動將食物運送至胃部。

●通過時間：固體約30-60秒，液體約1-10秒

2 胃

食物與胃液攪拌混合並消化成粥狀。

●消化時間：固體食物約4小時，液體約1-5分鐘

3 小腸

消化後的食物再由胰液、膽汁及腸液分解、吸收。

●消化及吸收時間：7-9小時

4 大腸

吸收食物殘渣的水分，剩下的即成爲糞便。

●通過時間：10小時以上

5 肛門

排便。進食後約24-72小時左右，直腸會暫存糞便，直到排出體外。

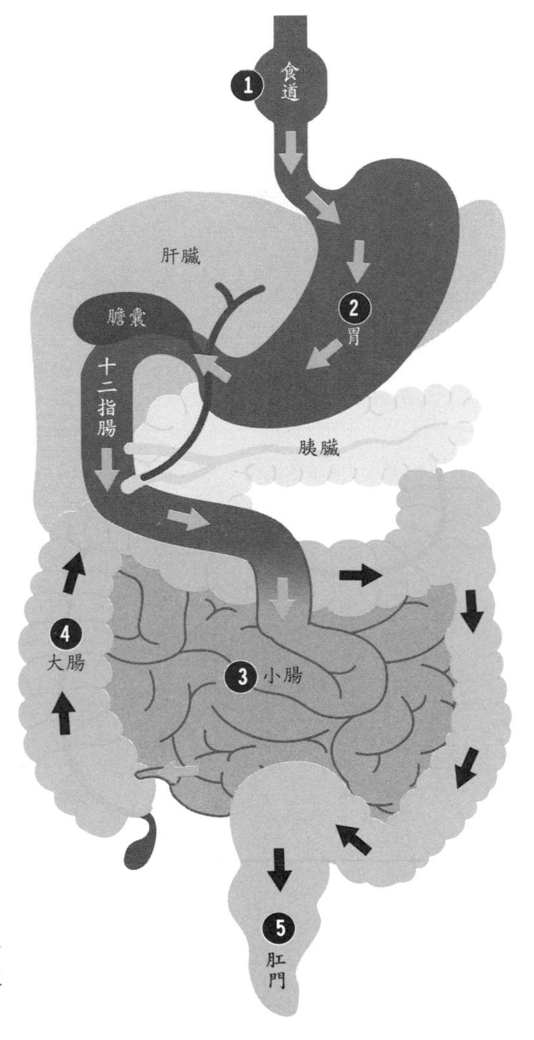

糞便的味道

糞便的味道是由於腸內細菌分解氨基酸時產生的吲哚及糞臭素所造成。

氨基酸時產生的吲哚[註]及糞臭素所造成的。

大腸在一天中約會接收1.5 - 2公升左右從小腸運送過來的食物殘渣。雖然說是殘渣，但在這個階段幾乎為液體狀。經由大腸的蠕動運動，在往肛門移動的過程中，水分會被大腸吸收才變成硬度適中的糞便。

食物殘渣在進入大腸後，水分馬上會被升結腸吸收，液狀的殘渣漸漸成為半液狀，接著在橫結腸內再成為粥狀、降結腸內則是半粥狀，最後在乙狀結腸內繼續吸收水分成為半固體狀。藉由這段歷程，容量會減少至最初的四分之一，到了直腸的時候，已經成為硬度適中的糞便。

在小腸與大腸內因不明原因，或大腸太激烈的蠕動運動，導致食物只停留短暫時間就通過，未能完全吸收水分造成水分過多的時候，就會導致「下痢」。

反之，如果腸蠕動太緩慢，或是大腸有異狀使得通過腸道的時間拉長，殘渣留在大腸內的時間過久，水分因此被過度吸收，糞便就會過硬，容易造成「便秘」。

▶糞便產生的過程

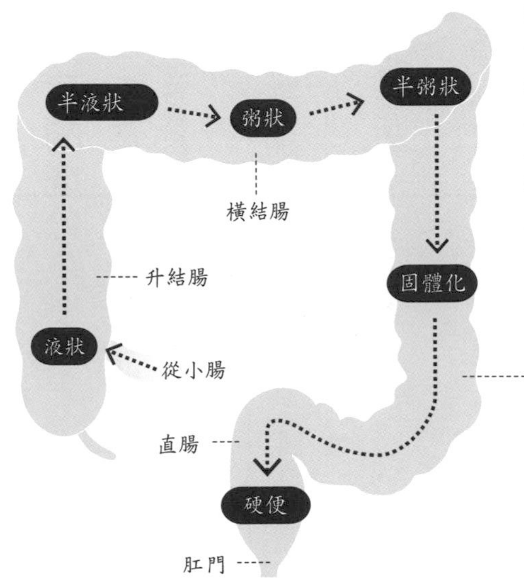

消化完成的食物，由小腸進入盲腸時幾乎是呈現液體狀態。在大腸內的水分被吸收之後，就會像左圖般慢慢地變成硬塊狀的糞便。

▶軟便、下痢的原因為何？

如下ABC圖所示，腸內的水分由於吸收不完全，糞便會變得較稀軟即爲下痢。反之，如果水分過度吸收，則糞便會變得過硬造成便秘的症狀。

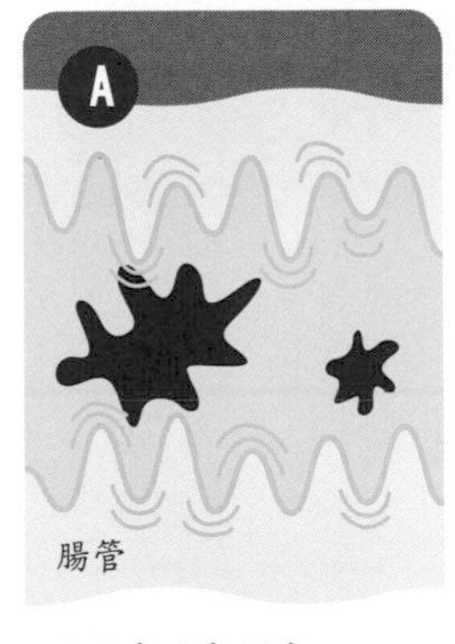

腸過度蠕動運動

B
水分分泌
腸管

腸的水分分泌增加

腸內水分吸收功能太弱

屁的成分

主要成分為阿摩尼亞、甲烷、硫化氫、吲哚及糞臭素等。
普遍認為臭味是由於腸內所含壞菌所致。

如果長期有便意卻一直忍住，則直腸會釋放出糞便儲存的訊息給大腦，即會減少刺激，最後可能變成慢性便秘。

與糞便同樣進出肛門的還有屁，成人一天可製造約四百至一千兩百毫升的屁。

腹部中累積的氣體有許多來源，有從口進入的、有因為胃液和胰液中和產生的，或是腸內細菌分解食物時所造成的多餘氣體。

這些氣體有部分會被血液吸收，再經由肺部呼吸作用時吐出，其餘未被吸收的氣體，則會由放屁的方式排出體外。食道或胃中累積的氣體如果從嘴巴排出，就是我們熟知的打嗝。

臭屁的主要成分為阿摩尼亞、甲烷、硫化氫、吲哚及糞臭素等，普遍認為臭氣是因為腸內所含壞菌所致。

註：吲哚 (Indole) 是一種含苯環的氮化合物，吲哚在常溫下呈結晶狀。吲哚存在於人類的糞便之中，並且有強烈的糞臭味。然而，在很低的濃度下，吲哚具有類似於花的香味，是許多花香的組成部分，例如橘子花；吲哚也用來製造香水，煤焦油也會有吲哚。
資料來源：維基百科

▶打嗝與放屁是一樣的東西？

在腹中累積的氣體有很多種，一是從口腔進入的，或是腸胃中產生的氣體。大部分的氣體都會由血液吸收，通過肺部後藉由吐氣排出，其他剩餘的則由放屁，或是打嗝的方式排出體外。

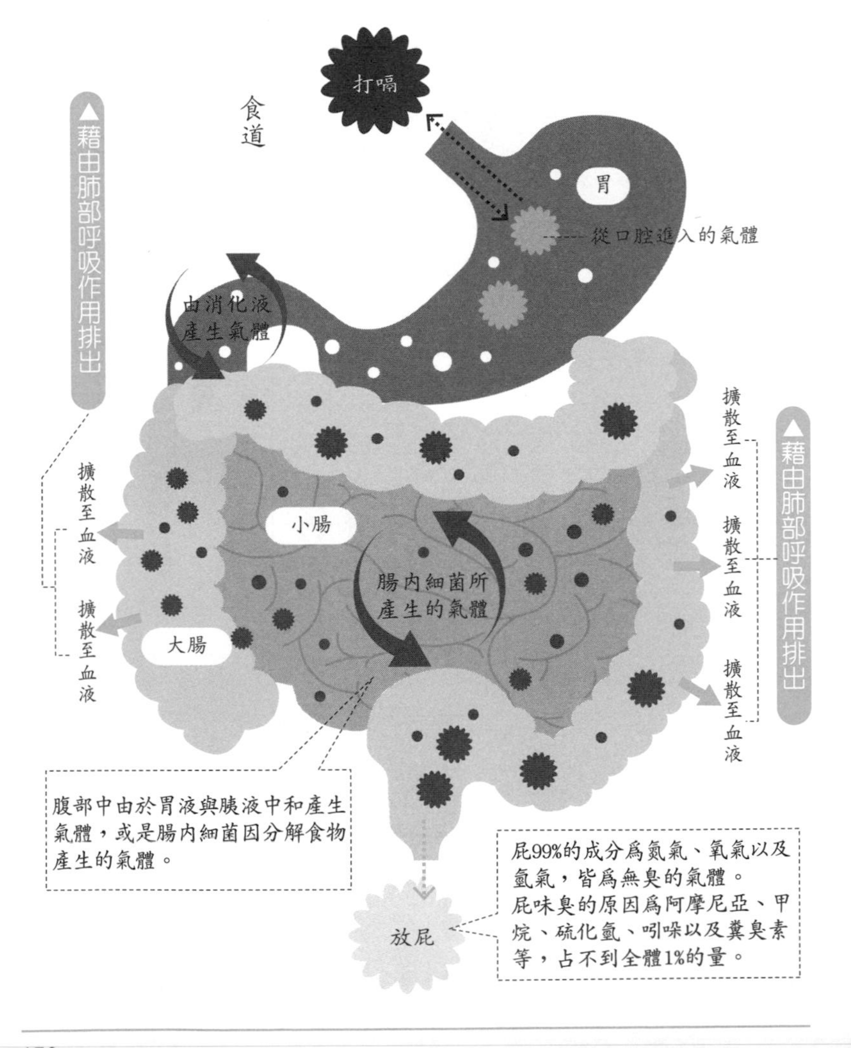

為什麼女性較容易罹患膀胱炎？

腎臟產生尿液會暫時存放在膀胱中，再經由尿道排出體外。尿道的長短因性別不同而有非常大的差異。

身體的細胞經由不斷地排泄去除老舊廢物，才不至堆積體內造成身體的損害。血液中的老廢物質經由過濾排出變成尿液，將尿液排出體外的器官稱為泌尿器。泌尿器官有製造尿液的腎臟、運輸尿液的尿管，以及儲存尿液的膀胱，最後還會經由尿道排出體外。

橫膈膜的下方，由背骨包覆左右各一個腎臟。腎臟是長約12公分，寬約6公分，厚度約為3.5公分，形狀像蠶豆的內臟，具有排除血液中的老舊物質、多餘鹽分及水分的功能。

心臟送出的血液，會經由大動脈左右的腎動脈流入腎臟。腎臟內的血液約占全身血液的四分之一，約一千兩百毫升的血液量。血液在腎臟內會分成無數個小血管，接著會有更多稱為腎絲球的微血管分布整個腎臟。腎絲球的一部分血液被過濾後會再流至腎小管，這就是尿液形成的經過。

人體一天約會製造出一百五十公升的原尿，但並不是全部都會轉換成尿液。腎小管會再吸收必要成分後，約1%（1.5公升）剩餘不要的部分

▶女性的尿道比男性短

男女的泌尿器官中，腎臟、尿管，以及膀胱幾乎一樣。不過，男女的尿道與其周邊生殖器的形狀則有非常大的差異。

●男性泌尿器官

連接膀胱的尿道首先被前列腺包圍，接著會通過一個稱作陰莖的長形海綿體。因此全長大約有16-25公分，比女性長得多。

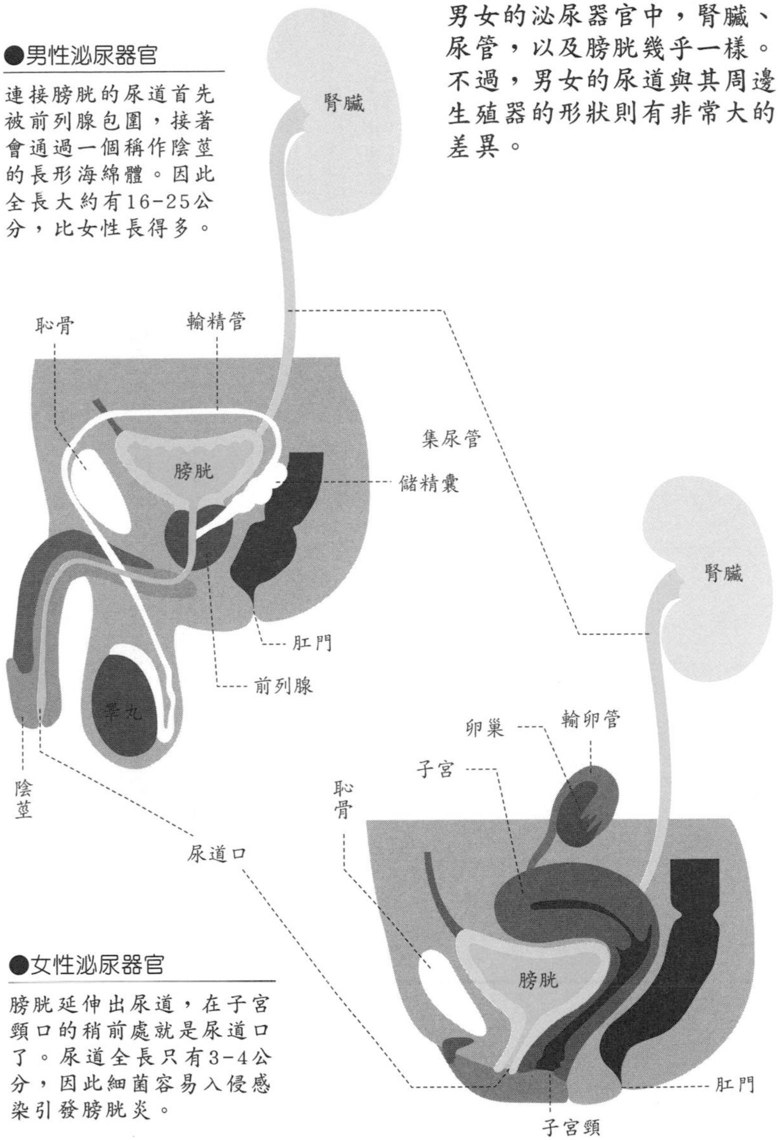

●女性泌尿器官

膀胱延伸出尿道，在子宮頸口的稍前處就是尿道口了。尿道全長只有3-4公分，因此細菌容易入侵感染引發膀胱炎。

排尿機制

人體一天約製造出一百五十公升的原尿，但並不是全部都會轉換成尿液。腎小管會再吸收必要成分，約1%（1.5公升）剩餘不要的部分成為尿液，再著排出體外。

成為尿液，再排出體外。

膀胱因為負責儲存尿液而呈現袋狀，膀胱壁的外側是具有伸縮性的平滑肌組成，膀胱中空的時候約有1公分的厚度，一旦儲存尿液後會因膨脹而變薄，其延伸度可變薄至3公釐。成人的膀胱容量約三百至五百毫升，通常約儲存兩百至三百毫升後就會產生尿意。

男性的尿道是用來排出尿液，以及射精時精液通過的功能。反觀女性的尿道就單純多了，只是排出尿液而已。男性尿道的長度約16－25公分，女性大約只有3－4公分，長度上有很大的差異。

也因為女性尿道較男性的短，細菌很容易從尿道口入侵，也就容易感染膀胱炎等因細菌入侵造成的發炎症狀。

▶排尿機制

膀胱內儲存約200-300毫升的尿液後，就會開始產生尿意。排尿過程有一部分並非自由意志，另外一部分則可由意志控制。

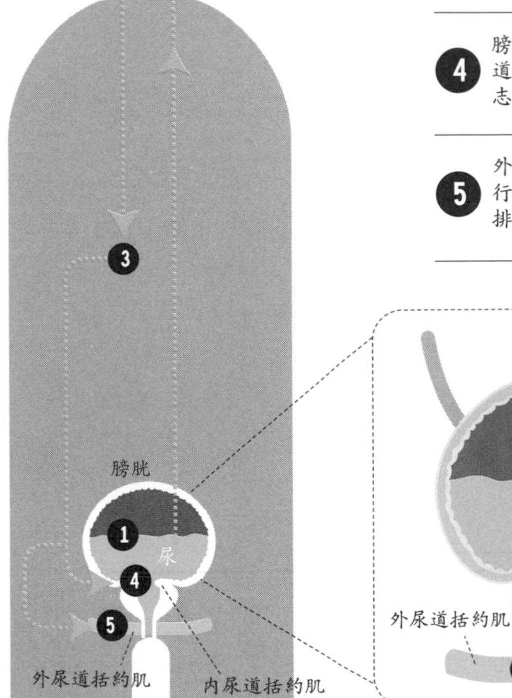

1. 儲存在膀胱的尿液壓迫膀胱壁。
2. 向大腦傳遞尿液累積的訊息。
3. 大腦會下達排尿指令。
4. 膀胱壁的平滑肌收縮，內尿道括約肌開啟。（非自我意志控制）
5. 外尿道括約肌鬆弛後則可進行排尿。（由自我意志控制排尿與否）

Column 3

為何睡眠時不太需要上廁所？

健康的成人一天大概會上廁所 5 - 8 次，白天約 4 - 6 個小時即要上廁所一次。但在睡眠時，即使經過 8 小時也不會想上廁所，也不會有膀胱很脹的感覺。難道「腎臟在晚上也會休息所以不產生尿液」嗎？其實，腎臟在睡眠中也是會持續活動。

人在睡覺的時候，腦下垂體會下達指令至腎臟，釋放出抗利尿的荷爾蒙。一旦分泌此荷爾蒙，則尿液會減少，尿濃度就會提高。也就是說，睡覺時還是會製造出尿液，只是量比白天少許多。

出生約 6 個月左右的嬰兒，一天中都是睡睡醒醒，並沒有日夜區別，也由於膀胱很小的關係，一旦有尿液便會反射性的排尿。不過6個月後開始，就會有白天、晚上的生理區別，因此也會在夜間增加分泌抗利尿的荷爾蒙了。為了能夠減少晚上排尿量，膀胱也開始成長變大，大約 4、5 歲即能發展出和成人相同的機制，夜間也能夠控制排尿了。

Chapter

4

血液在心臟內如何流動？

【循環器官】

血液循環的路徑有兩條

從心臟送出的血液會透過血管在體內循環，最後再回到心臟，除此之外還有另一個循環路徑。

人全身存有許多血管，若將這些血管全部連接一起，成人體內的血管長度居然長達10萬公里，可以繞地球約2.5圈。

全身血管約有5公升的血液循環流動，提供細胞所需的氧氣及營養素。皮膚表層可看到的血管只占全身的5％而已，剩餘95％的血管則位於看不見的深處。

血液循環的路徑有兩條。一為體循環，藉由心臟的收縮將血液由左心室送往大動脈中，再依中動脈、小動脈、細動脈、微動脈等的順序流向分支，最後到達微血管得以全身循環。

微血管內的氧氣與營養素在供給細胞後，也同時接收細胞活動後產生的二氧化碳及廢棄物，接著再從微靜脈、細靜脈、小靜脈、中靜脈、大靜脈等順序流回心臟內的右心室。

另一循環稱為「肺循環」。流回心臟的血液會繼續往肺部流動，從右心房至右心室，通過肺動脈進入肺部，將二氧化碳與氧氣交換之後，再持續地將含有新鮮氧氣的血液送往肺靜脈，最後回到心臟的左心房。

體內的血液循環是以心臟為起點，接著由體

▶體循環與肺循環

血液的循環可分成兩個路徑。一是從心臟流向全身，再流回心臟的「體循環」，另一則由心臟流向肺部再回到心臟的路徑。

●體循環

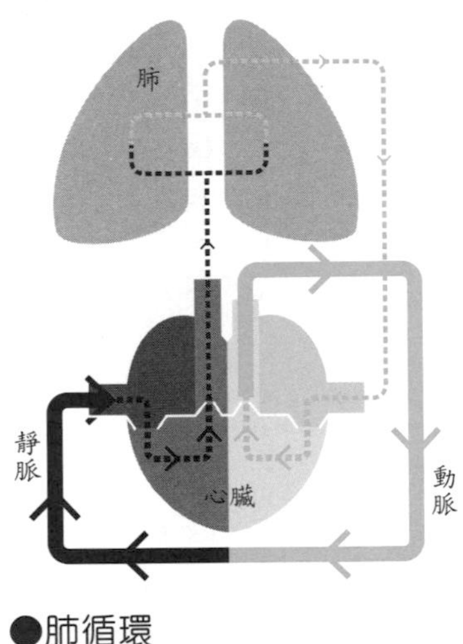

●肺循環

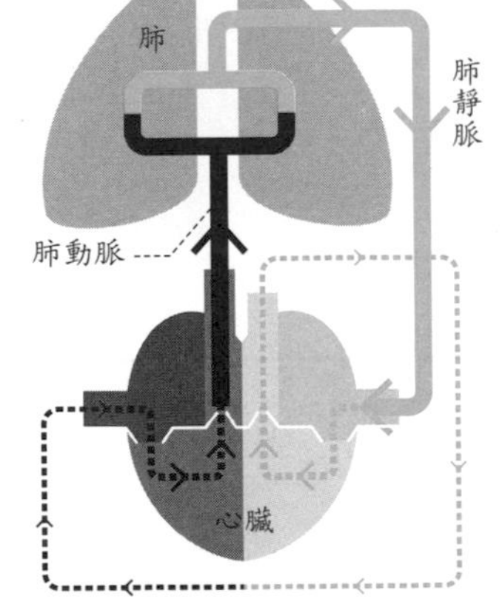

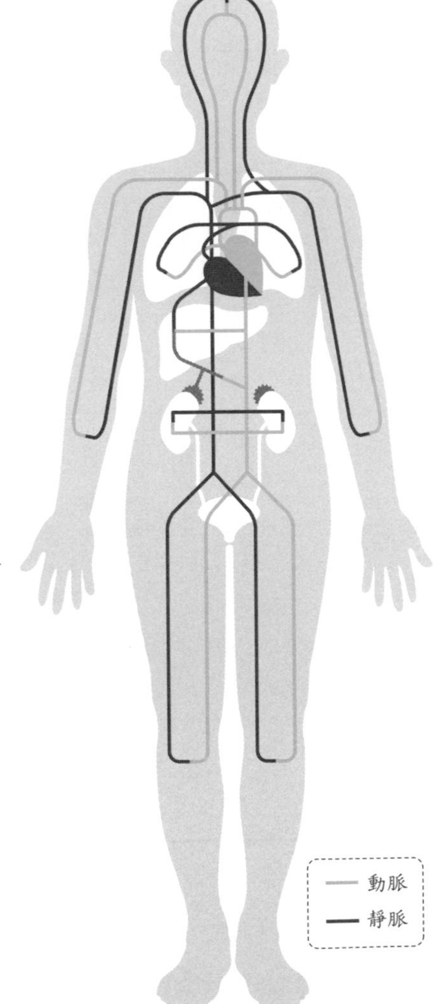

血管構造

動脈與靜脈的基本構造都有內、中、外膜三層，
動脈因具有從心臟強力送出血液以及收回血液的作用，較需要彈性佳與韌性強的血管。

循環及肺循環的交互運作，形成血液流動的路徑。

動脈內流動的是含有豐富氧氣的血液，從心臟送往全身各處，靜脈則相反，將消耗完氧氣的血液送回心臟（肺循環動、靜脈功能則相反）。

動脈和靜脈的基本構造都有內、中、外膜三層，動脈因具有從心臟強力送出血液以及收回血液的作用，較需要彈性佳與韌性強的血管，因此內壁比較厚實。

此外，靜脈為蒐集微血管內血液的關係，比起動脈較為薄也沒有彈性，為了固定血流方向，內壁各處含有靜脈瓣膜，能使血液不倒流。

微血管是一直徑約百分之一公釐的超細血管，連骨頭內部都會循環，遍布全身。人體中不含微血管的部位只有軟骨組織、眼角膜，和水晶體而已。

▶動脈與靜脈的構造

動脈與靜脈從內側往外有三層，分別爲內、中、外膜。血管越變越細則各層也會隨之變薄，接著以中膜、外膜的順序消失不見。

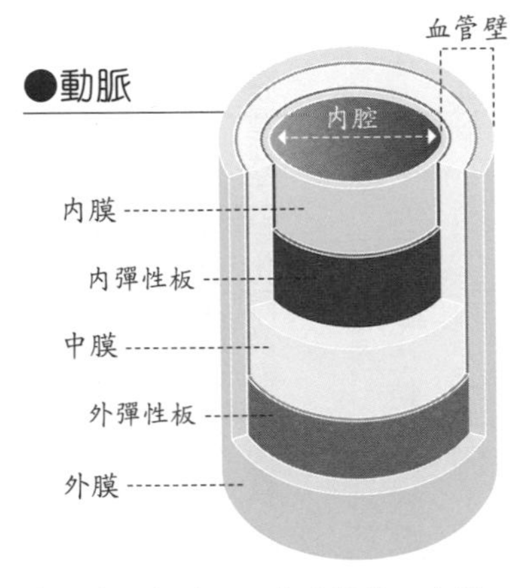

內腔空間較狹小，內膜很薄、中膜最厚，外膜則極具彈性。

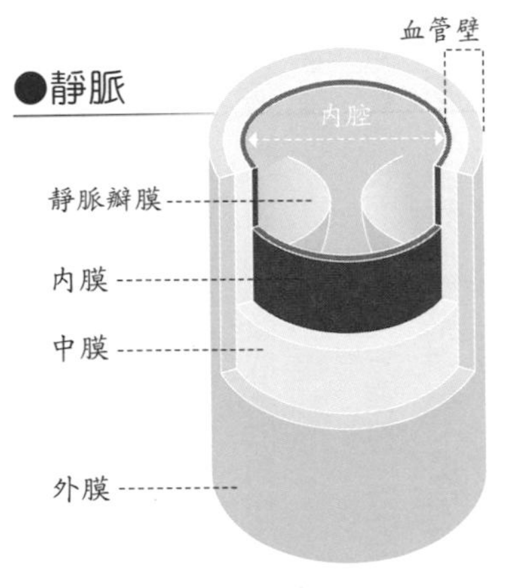

內膜與中膜都很薄且缺乏彈性，內壁有瓣膜可防止血液逆流。

▶微血管的構造

微血管的血流是由前微血管括約肌來調整的，括約肌鬆弛則血液流動，收縮則血液流動量減少。

前微血管括約肌
鬆弛、收縮
血液流動方向
細動脈
血液流動方向
細靜脈

…括約肌鬆弛則血液呈流動狀態

…括約肌收縮則血液流量減少

動脈與靜脈血液的流動方向不同？

動脈與靜脈的主要差異為，前者是運送氧氣與營養物質，後者則是運送二氧化碳及廢棄物質。除此之外，兩者還有構造上的差異。

血液是如何在血管中流動的呢？動脈與靜脈的血液流動方向與機制，可以說是完全不同。

首先，來看看動脈內的血液流動情況。從心臟送出的血液，會經由動脈通往全身的微血管，不過血液流動不光只靠心臟的力量而已。動脈血管內壁非常厚實且極具彈性，血液進入血管後就會膨脹，接著馬上收縮，藉由不斷收縮的動作，能幫助血液不斷地向前流動。

動脈會隨著年齡增長而漸漸失去彈性、逐漸變硬。因此，血壓容易導致血管壁損傷，膽固醇也會從傷口入侵內膜造成堆積，形成粥狀的團塊，此現象為脂肪瘤造成血管阻塞，即是我們耳熟能詳的「動脈硬化」。

接著，再看看靜脈內血液流動的情況。靜脈的血管壁並不像動脈那麼厚，也較缺乏彈性。因此，血管無法像動脈一樣能夠憑藉本身的力量將血液送出，高於心臟的部位如脖子、頭部等，則是利用重力自然地向下流回心臟。

低於心臟的血液是由後方向前緩慢地推進。血流方向是固定的，為了防止逆流，血管內壁中

▶動脈與靜脈的血液如何流動？

雖然同樣是血管，但因動脈與靜脈的構造與運作不一樣，使得血流方向也截然不同。

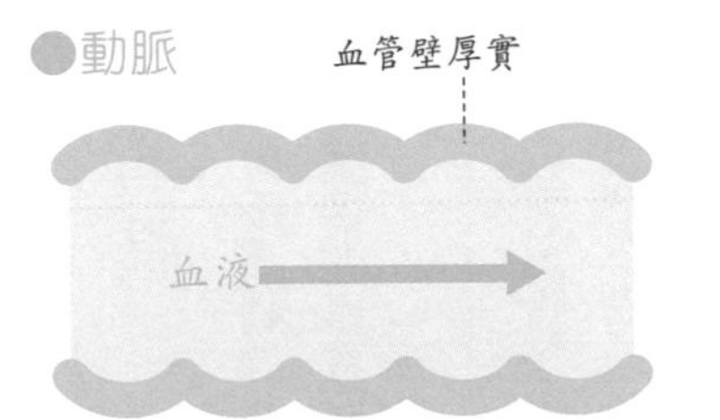

動脈的血管壁較厚，且富有彈性。利用此彈性與心臟的力量來運送血液。

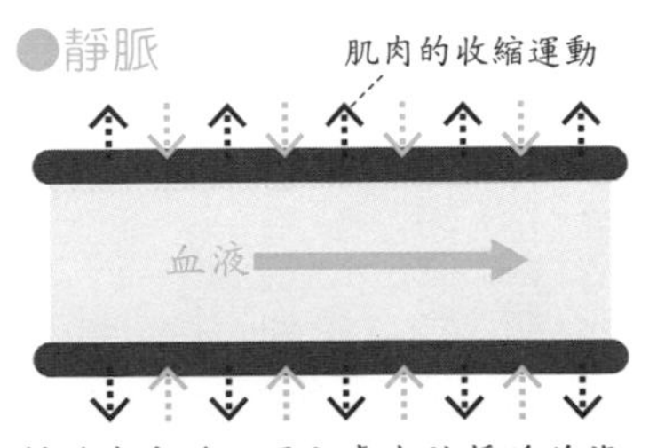

靜脈與動脈不同之處在於靜脈並沒有彈性。因此，血液運送是藉由重力以及肌肉的收縮運動，另外還有瓣膜防止血液倒流。

▶動脈硬化是什麼病？

動脈硬化是由於血管受膽固醇阻塞導致血管狹窄(通道變窄)或閉塞(血管阻塞)的狀態。狹心症、心肌梗塞、腦中風等都是由於動脈硬化的緣故。

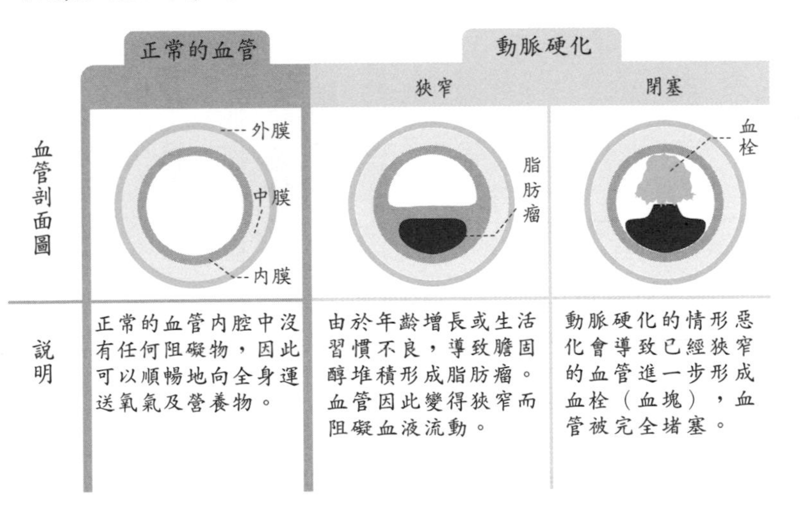

正常的血管
動脈硬化
狹窄
閉塞
血管剖面圖
外膜
中膜
內膜
脂肪瘤
血栓
說明
正常的血管內腔中沒有任何阻礙物，因此可以順暢地向全身運送氧氣及營養物。
由於年齡增長或生活習慣不良，導致膽固醇堆積形成脂肪瘤。血管因此變得狹窄而阻礙血液流動。
動脈硬化的情形惡化會導致已經狹窄的血管進一步形成血栓（血塊），血管被完全堵塞。

靜脈曲張

手腳如果不運動的話，則靜脈容易循環不良，進而瓣膜壞死導致血液逆流，這時血管內就會產生靜脈瘤（靜脈曲張）。

含有一靜脈瓣膜。離心臟較遠的四肢中的血液，則是靠著肌肉收縮的力量流回心臟。肌肉收縮變粗則會擠壓旁邊的靜脈，肌肉鬆弛壓力減輕則會變細。藉由不斷地反覆此動作，使得血液能夠順利返回心臟。

由此可知，手腳如果不運動的話則靜脈的循環不良，瓣膜壞死會導致血液逆流，血管內就會產生靜脈瘤（靜脈曲張）。

此外，送往下肢的血液大部分都還會再往返心臟的靜脈，稱為深部靜脈。如果下肢長時間維持同一姿勢，則可能會造成血栓。一部分的血栓甚至有可能會回流到肺部，肺部血管就會因栓塞而有呼吸困難的危險，例如：過去也曾被稱作經濟艙症候群的深層靜脈血栓症。

▶靜脈瓣膜損傷會導致靜脈曲張

靜脈曲張形成的原因是因下肢的血液長時間停留於靜脈中，造成血管產生瘤狀膨脹的狀態。遺傳、肥胖，或長時間的站立工作都是發病的主因。

●正常的靜脈

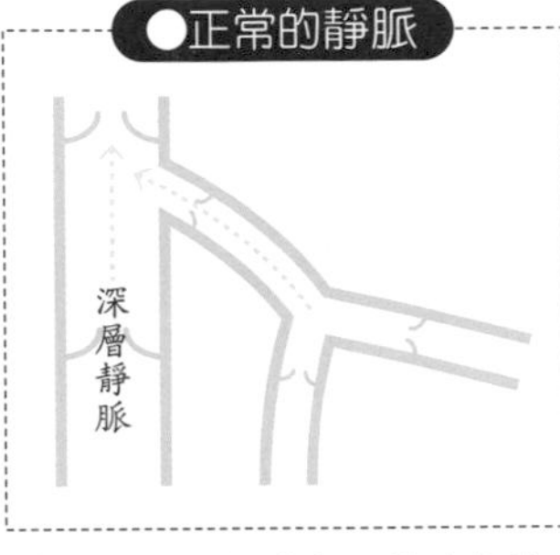

爲了防止血液逆流，靜脈內的瓣膜正常運作的狀況是血液會流動回心臟。

●靜脈曲張

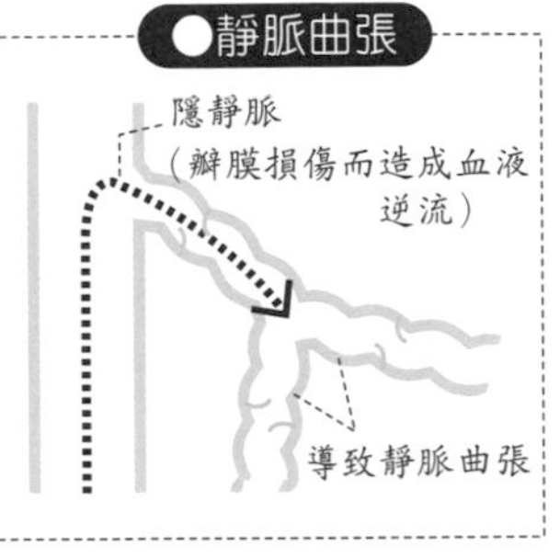

不明原因使得靜脈瓣膜損壞導致血液逆流，下方靜脈擴張後形成瘤狀。

▶搭飛機時引起的「深層靜脈血栓」是什麼？

深層靜脈血栓症也被稱爲「經濟艙症候群」。下肢靜脈產生的血栓移動至肺動脈堵塞血管，引起呼吸困難，嚴重的話甚至會造成死亡。

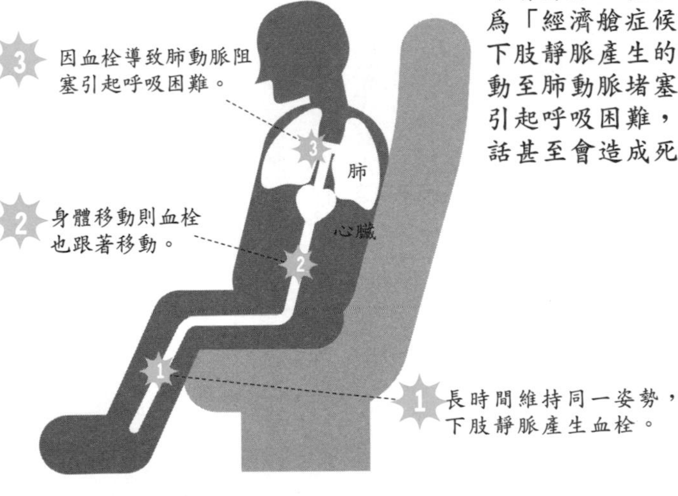

身體自行止血的秘密

血液中含有紅血球、白血球，以及血小板，各擁有不同功能的物質。

血液是血管中流動的液體，總重量約為體重的7－8％，例如：體重60公斤的人約有5公升的血液量，也就是兩瓶2.5公升保特瓶的量。

分析一下血液中的成分。血液是由細胞及血漿組成，其中約45％是紅血球、白血球、血小板，而液體的血漿成分約占55％。

血液中的有形成分大部分為紅血球。紅血球為一中央凹陷的圓盤狀細胞，直徑約6－9微毫米，主成分為含有血紅素的蛋白質分子。

血紅素是用來運送肺部從空氣中獲得的氧氣，接著在微血管內將氧氣分離由二氧化碳取代再運送回肺部。動脈的血液看起來為鮮紅色的原因，即是由於血紅素的鐵質和氧氣結合的關係。反之，靜脈的血液呈現暗紅色則是因為血液和二氧化碳結合的緣故。

白血球是無色的，形狀與功能會調整變化的顆粒球、淋巴球、無顆粒球三種。人體以淋巴球為中心掌控全身的免疫機能，對抗從體外入侵的細菌或病毒等外敵。

血小板是血管的修理工人，由骨髓內的巨核細胞脫落的斷片形成的細胞，通常呈現圓形，不

▶血液的成分與功能

血液是由有形成分的紅血球、白血球等，與液體成分的血漿所組成的。爲了維持生命機能而擁有多功能的血液，來看看其成分。

●血漿

是約占血液55%的液體成分，呈微黃透明色，主要負責運送營養物、荷爾蒙，以及回收廢棄物質。

●紅血球

呈一中央凹陷圓盤狀，直徑約6-9微毫米。其主成分爲鐵與含血紅素的蛋白質，能運送氧氣到全身後，再將二氧化碳收回。

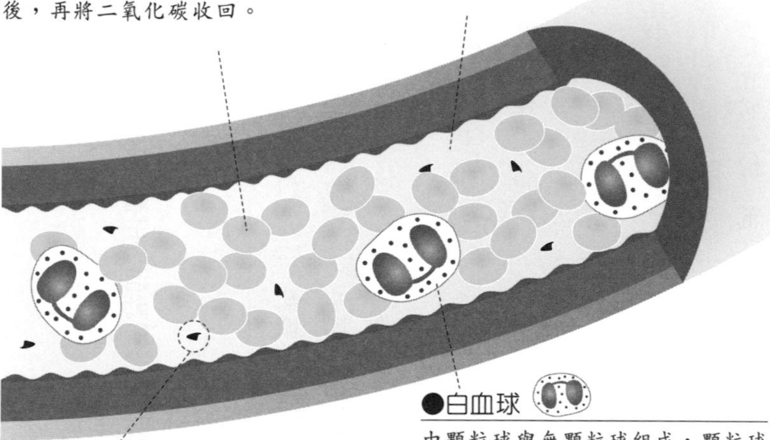

●白血球

由顆粒球與無顆粒球組成，顆粒球中又含有嗜酸性、嗜鹼性及嗜中性淋巴球，具有免疫機能，能擊退入侵的外敵。除了血液外，淋巴結與脾臟等全身組織皆含有白血球。

●血小板

當血管破裂出血時，就需要血小板的止血功能。直徑約2-5微毫米，通常爲圓形，不過在運作時會變形突起。

●成分比率

液體成分		細胞成分
血漿　約55%	白血球　約0.1% 血小板　約4.9%	紅血球　約40%

血漿的作用

血漿負責運載血細胞，運輸維持人體生命活動所需的物質和體內產生的廢物等。

過一旦運作時就會突起變形。血管一旦有傷口，血小板會傾向覆蓋受傷的地方，遇到出血時會釋放出凝血活酶與血漿中的纖維蛋白原反應作用，成為纖維素後再將傷口覆蓋。

血球的總數，一微毫升中約含有四百五十萬至五百萬個紅血球，白血球約有四千至九千個，血小板約為十五萬至四十萬個。

血漿是偏黃色的液體。其中約有90％為水分，剩下的為調整血液滲透壓的血清蛋白，以及凝固血液的纖維蛋白原等蛋白質，和胺基酸、葡萄糖、脂肪，以及無機鹽離子等。其功能為運送身體所需的必要物質，以及去除新陳代謝後的老廢物質。

▶止血機制

當血管因受傷破損時，血液就會流出。雖然因血管的粗細不同而影響出血量，不過通常約幾分鐘之內就會凝固，防止血液不斷流出，這都是血漿內所含的纖維蛋白原與血小板的功勞。

1

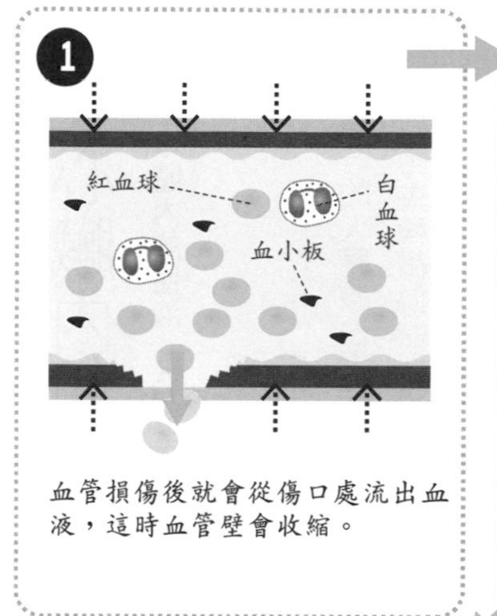

血管損傷後就會從傷口處流出血液，這時血管壁會收縮。

2

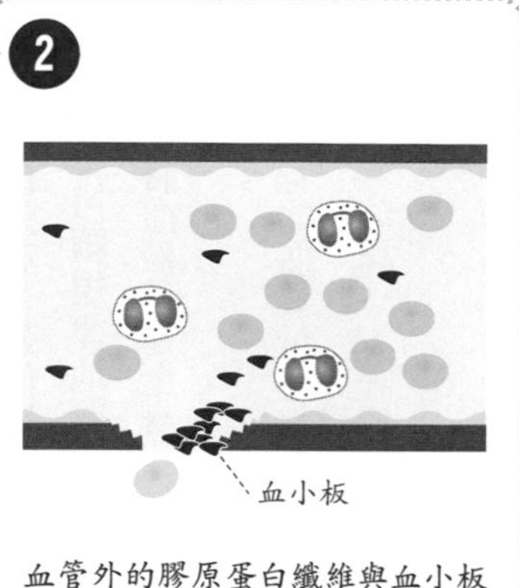

血管外的膠原蛋白纖維與血小板接觸後會活化血小板，血小板間也會開始聚合。

3

血小板會集合在傷口處，釋放凝血活酶。血漿中的纖維蛋白素會成爲纖維素。

4

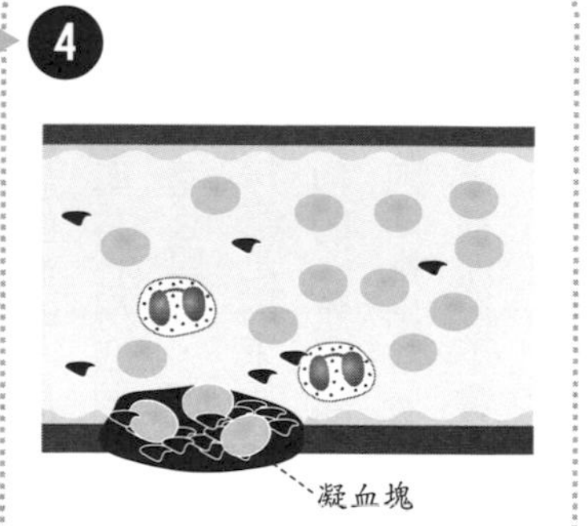

纖維素會開始製造凝血塊，含有血小板與紅血球（血栓），以加速血液凝固幫助止血。

血液在心臟內如何流動？

心臟會接收循環體內的血液，然後再送出，是維持生命不可欠缺的精密「幫浦」

認為「心臟位於左胸」的人應該占大多數，但事實上心臟是位於胸部中央稍微偏左而已，左胸大部分為肺部所佔據。

心臟重量約兩百至三百公克，是個比拳頭再大一點點的肌肉袋。心肌持續規律地收縮與擴張，而且一秒也不休息地將血液送達全身。

藉由心臟運動送至全身的血液量，每次約70毫升、一分鐘約5公升、一天可高達七千兩百公升。

心肌的表面充滿血管，即為冠狀動脈，提供心肌氧氣及營養素。冠狀動脈如果被血栓堵塞，血液的供給則會因停滯而造成心肌梗塞。

心臟內左右半部皆有將血液送出心臟外的心室，以及暫時存放血液的心房，分別為左心室、左心房、右心室與右心房四個部分。特別是左心室的心肌相當發達且厚實，約右心室的3倍厚。

右邊的兩個房室是用來接收流通全身後含有二氧化碳等廢棄物的「骯髒血液」，左邊兩個房室則用來接收肺部排出含有氧氣的「新鮮血液」。為了使這兩種血液不會混合在一起，左右心室有著很厚的內壁做為分隔。

▶心臟的構造

心臟由稱爲心室間隔的內壁分成左右兩邊，再分上下，因此有右心房、右心室，左心房與左心室四個空間。成人的心臟重量約爲200-300公克。

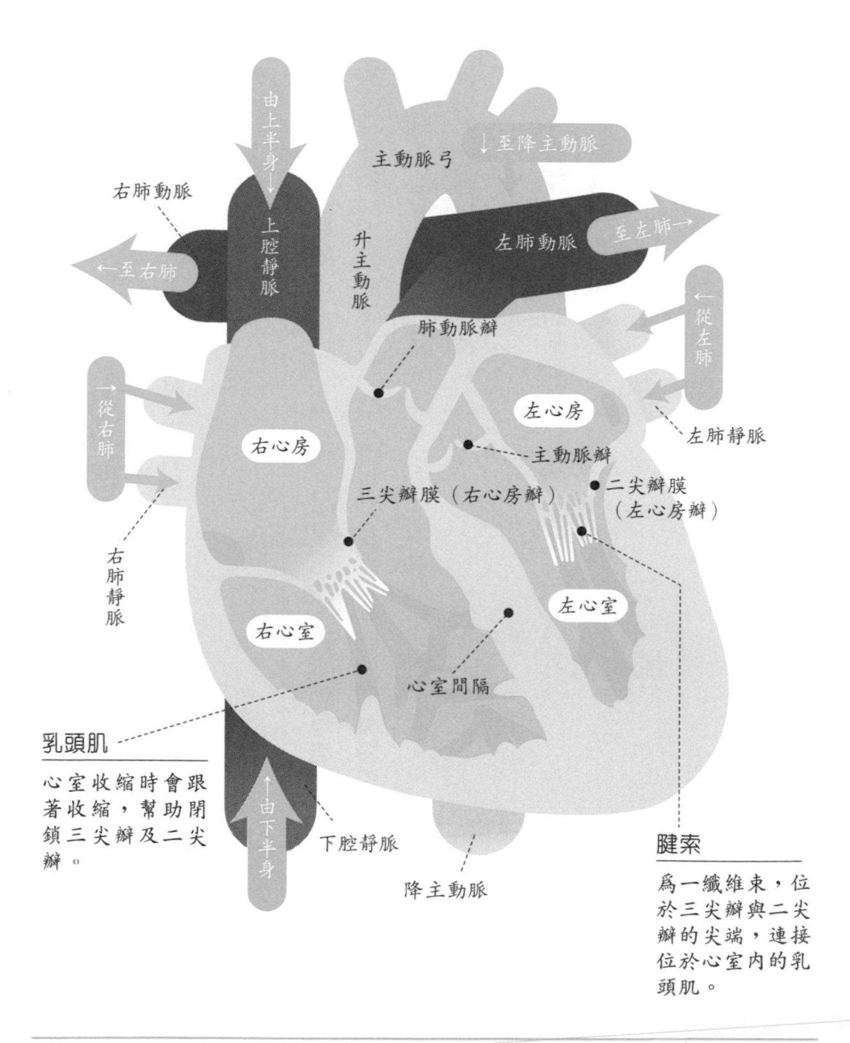

心肌梗塞

心肌梗塞是由於心臟冠狀動脈突然阻塞，導致供給心肌血流中斷，心肌缺血缺氧而壞死。

血液在這四個心房室內如何流動？

右心房上部開始為上腔靜脈與下部開始的下腔靜脈連接，接收由全身回流心臟的靜脈血液。靜脈回流的血液首先會到右心房儲存後，再流向右心室。

右心室的肌肉收縮時，連結左右肺部的肺動脈會將血液送出，這時血液通過肺部的肺靜脈回到左心房存放，再由左心室至升主動脈、降主動脈後送至全身。

血液的流向即是如此調整的，因此在左右心房的中間，肺動脈以及主動脈的出口設有四個瓣膜。瓣膜配合心臟跳動規律開合，以防止血液逆流，以及調整正確的血流路徑。

▶輸送血液的循環

心臟就像是幫浦，接收行遍全身的血液，然後再將其送出。那麼，血液在心臟內是如何流動的？

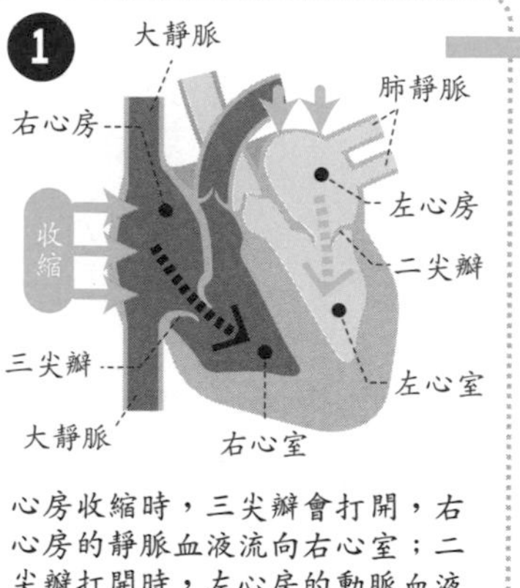

心房收縮時，三尖瓣會打開，右心房的靜脈血液流向右心室；二尖瓣打開時，左心房的動脈血液會流向左心室。

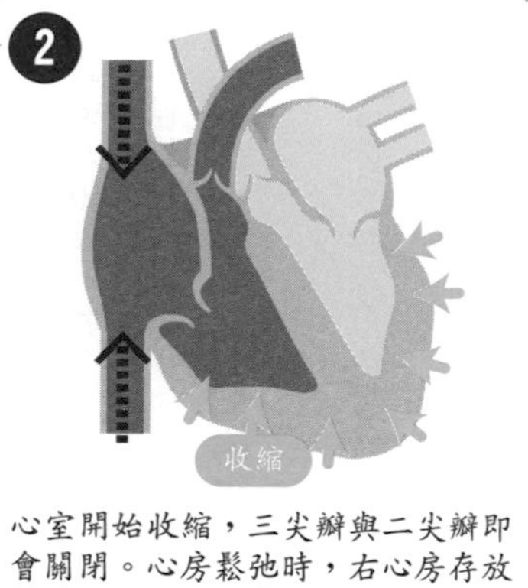

心室開始收縮，三尖瓣與二尖瓣即會關閉。心房鬆弛時，右心房存放靜脈血液，左心房內部則開始儲放動脈血液。

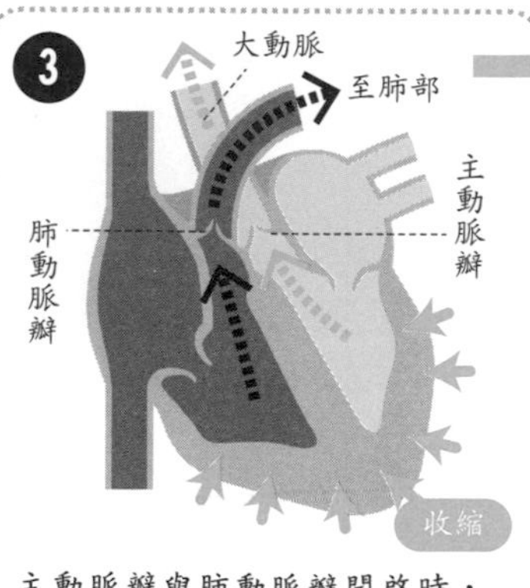

主動脈瓣與肺動脈瓣開啓時，右心室的血液流向肺部，而左心室的血液送至主動脈。

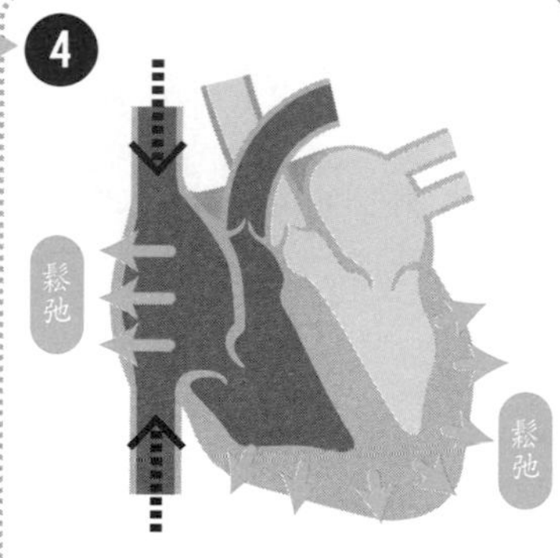

心室放鬆時，主動脈瓣與肺動脈瓣會關閉防止逆流。

心電圖電波所代表的意義

心臟為了要製造出收縮的節奏，會發出電氣信號。檢測心臟電氣信號傳動的圖即為心電圖。

右手放在左乳房下方，可以感受到心臟的左心室下部的心尖部分跳動的節律，此節律感即為心跳。

心臟一分鐘大約跳動60～80次，全年無休但也不會隨意跳動，而是依循規律的頻率跳動。這稱為「刺激傳導系統」，正是心臟跳動機制的由來。

刺激傳導系統開始於右心房上方的竇房結所發出「動作」的電氣信號。此電氣信號以每秒一公尺的高速傳達至心肌，而心臟就可產生收縮與擴張的動作了。

竇房結發出的電氣信號，會分別從三個路徑至左右心房使其收縮，之後會再傳至右心室邊緣附近的房室結會合。

接著電氣信號會再傳到房室束，此時再分為左右束，各自再通過右心室與左心室的內壁中隔後，最後傳達至柏金氏纖維（跳動刺激傳導的最終地點），心室會強烈收縮，血液便一口氣地輸送至肺動脈與主動脈。

由上述步驟可知，傳達至心房與心室的電氣信號會有時間差，此差異剛剛好造成心房與心室

▶電氣信號刺激心臟跳動

心臟為了維持收縮的節律，自己會產生電氣信號，這個信號由右心房的竇房結發送出來。

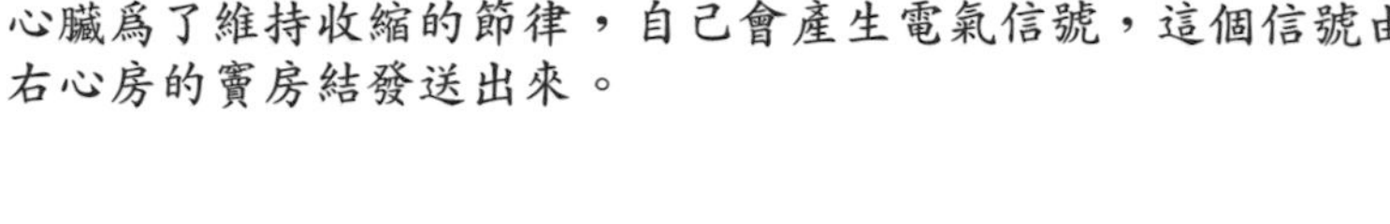

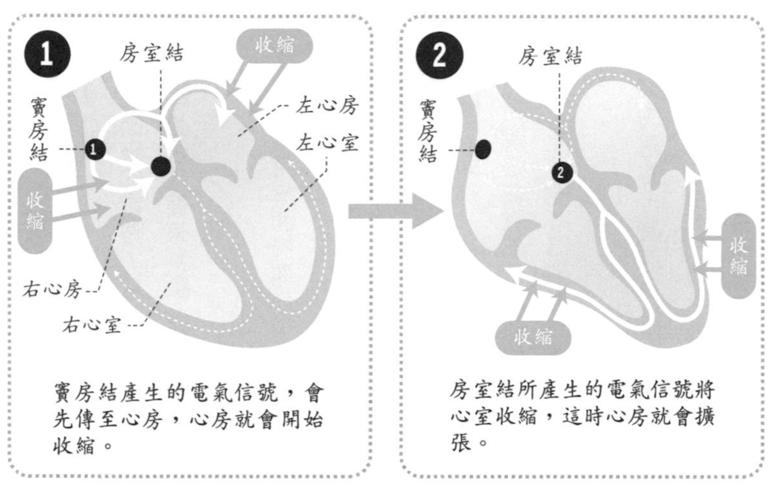

1. 竇房結產生的電氣信號，會先傳至心房，心房就會開始收縮。
2. 房室結所產生的電氣信號將心室收縮，這時心房就會擴張。

▶心電圖的運作機制

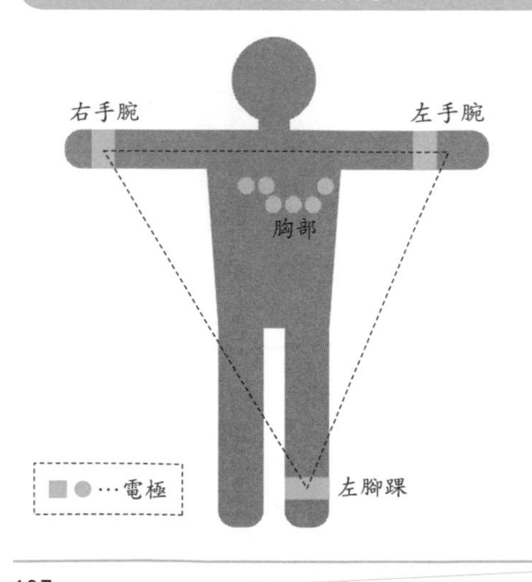

檢測並記錄心臟電氣刺激的即是心電圖。位於左右手腕以及左腳踝、胸部的電極，用電位差或各個單獨的電位等，以不同的角度來觀察。

心電圖的意義，

心電圖所呈現出來的電波，以 PQRST 波表示。可由電波頻率是否規律來判斷心臟健康與否。

收縮時間的差異，才得以維持幫浦機運作，使得血液循環順利。

在皮膚上設置電極片，檢視以及記錄心臟的刺激傳導系統的電氣信號，即為「心電圖」。檢查方法有很多種，一般來說是在胸部六個部位，兩手腕以及左腳踝設置電極，則可得到十二種資料及十二種誘導方法。

心電圖所呈現出來的電波，是以 PQRST 波的順序來命名。一開始較小的電波稱為 P 波是心房收縮，接下來幅度較大的為 QRS 波表示心室的收縮。最後緩和的 T 波則是心室興奮結束後準備下次收縮而產生的波型。

由這些電波的形狀和頻率的規律與否，來推測及發現刺激傳導系統或心肌是否正常。

▶心電圖中「電波」的涵義？

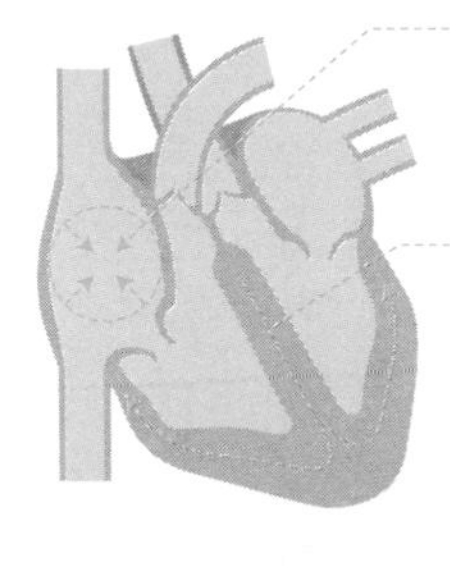

P波…最初的波型，可判斷心房因電氣刺激而興奮。

QRS波…可觀察出心室因電氣刺激而興奮。

T波…可看出興奮過後心室肌肉恢復情況。

由心電圖可看出心臟規律的收縮以及擴張情況，還能看出電氣信號如何傳導至全心臟，或氧氣不足等狀況都可由此得知。

●心電圖正常的波形

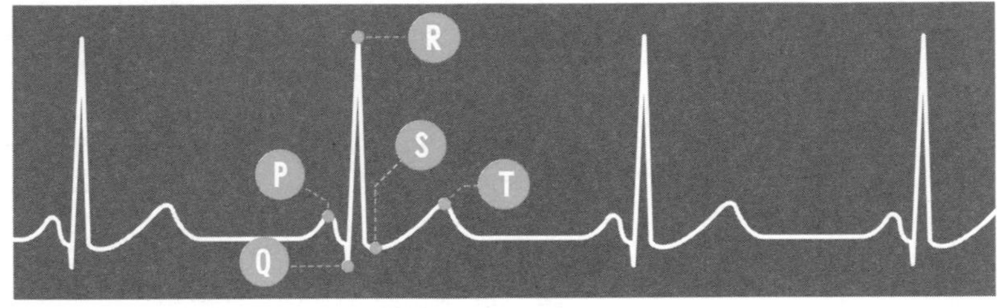

▶心電圖可觀察出心律不整

壓力或過勞等情形都有可能造成心臟不規則跳動的狀況，稱爲心律不整。心律不整時，P波、QRS波、T波的間隔會變長（脈搏變慢）的慢脈，或是間隔變短（脈搏加快）的速脈，或是脈搏在規律之外收縮等狀況。

●規律外收縮的心電圖

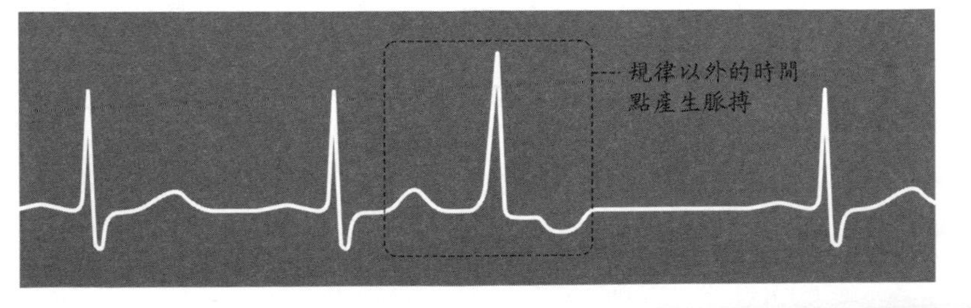

最高血壓與最低血壓

全日本約有30％的成人（約三千五百萬人）有高血壓，目前還在持續增加中。
然而，血壓到底是什麼呢？

進行健康檢查的時候，常聽見血壓的數值高低多少，其實就是在測量最高血壓與最低血壓。血壓到底是什麼，又是指哪裡的壓力？

血壓是根據心臟的收縮、擴張，血液流動造成血管壁的壓力，通常指的是動脈中的血壓壓力。

心臟並非像不斷流出自來水的水龍頭一般，以固定的力量使血液在體內循環，而是藉由不斷地收縮與擴張，以一定的節奏將血液送達全身。

心臟一旦收縮，血液則會送至血管內，這時血管就會產生壓力，稱為「最高血壓」，或稱「收縮壓」。反之，心臟擴張時全身的血液會蓄積在血管內，這時的壓力稱為「最低血壓」，或稱為「舒張壓」。

最高血壓與最低血壓並非固定的數值，會根據季節與身體狀況而變動。例如：夏天血壓會較低，冬天則會變高；光是一天之中血壓的數值就會不停變化。另外，緊張或壓力大的時候血壓也會升高。掌控血壓變動的是自律神經、腎臟，以及副腎臟所分泌的各種荷爾蒙。

▶ 血壓是什麼？

血壓，顧名思義爲「因血液的流動所造成的壓力」，也就是藉由心臟的收縮、擴張在血管壁內產生的壓力。血壓一般指的是動脈血管的壓力。

▶「最高血壓」與「最低血壓」

量血壓的時候，會測定「最高血壓」以及「最低血壓」的數值高低。這又是在什麼狀態下造成的壓力呢？

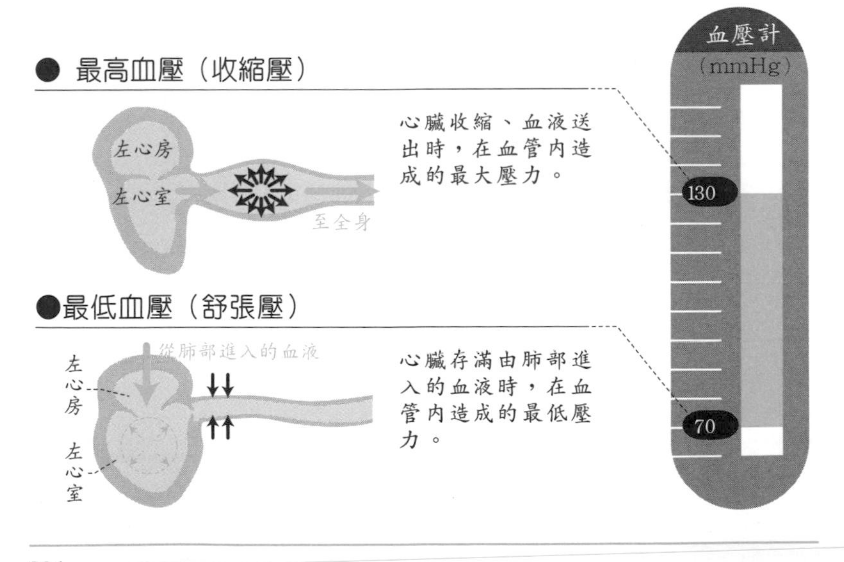

高血壓的大敵

高鹽分的食物讓人口渴。但喝太多水的話，循環的血液量會增加，心臟的負擔隨著增加。此外，鹽分中的鈉會造成血管的收縮，血壓因此上升。

當血壓超過標準值的時候，即為「高血壓」。長期的高血壓會導致腦血管障礙、腎疾或心臟病等等，甚至會引起腎臟功能不全或心臟功能不全等症狀。

此外，常有人說鹽分是「高血壓的大敵」，這到底是為什麼？

攝取太多高鹽分的食物時，會覺得口很渴想要喝水。這是因為人體有一定的滲透壓，鹽分濃度會經由水分稀釋。過濾血液還有製造尿液的腎臟想要將鹽分排出體外的話，就必須吸收大量的水分。

但攝取太多水分，體內循環的血液量也會增加，心臟送出的血液量也隨著增加。此外，鹽分中含有鈉含量，會造成血管的收縮，血壓因此上升。

▶ 血壓的判斷基準

長期高血壓會促使動脈硬化，導致罹患腦中風、心肌梗塞、狹心症等症狀的可能性提高。正常偏高血壓是高血壓預備群，第一級高血壓開始需要治療（生活習慣改善）的階段，至二到三級則需要藥物控制了。

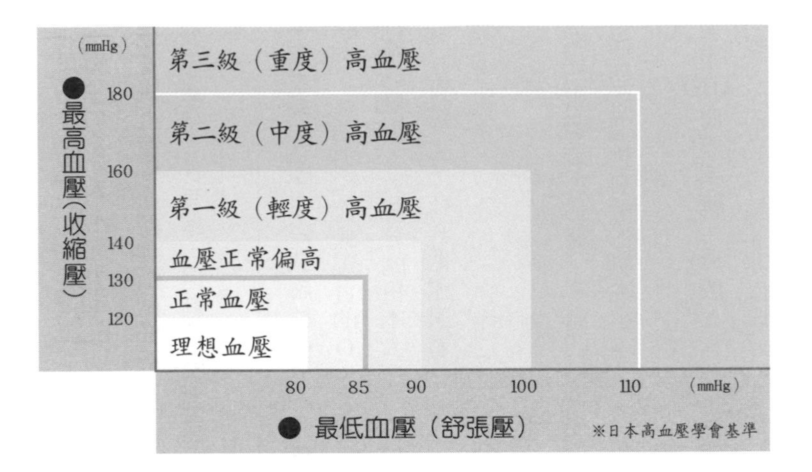

▶ 鹽分攝取過多為何會造成高血壓？

鹽分（鈉＝NA）攝取過多時，爲了不使血液中的鹽分濃度太高而需要攝取更多的水分，全身血液量也會跟著增加，因此血壓會跟著上升。鈉也會使血管收縮，這也是血壓升高的原因之一。

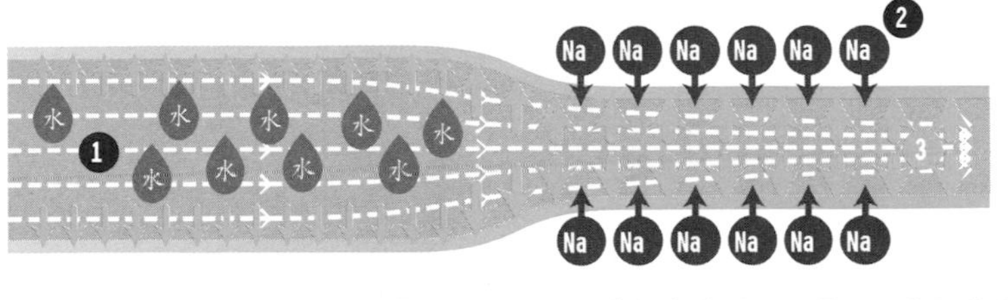

1 水分增加造成血液量也增加
2 鹽分中所含的鈉含量使血管收縮
3 血壓上升形成高血壓

「血型分辨性格」是胡說八道？

常在雜誌或電視上看到血型判斷個性的占卜。雖然有人覺得滿準、很有趣，但為什麼血型能夠決定性格？

堅定篤實、目標安定的A型；自我風格強烈、好奇心旺盛的B型；有活力也比較現實的O型，理性又有雙重性格的AB型。大部分的日本人認為血型和個性有關。實際上，在其他國家看來，這是非常奇怪的社會現象。

近年來，血型相關的書籍雖然佔據了書店的暢銷排行榜，但其實血型跟個性有關的論點根本沒有科學根據。

一般所知的血型由ABO血型系統，分成A、B、O、AB型四種類型。血型的分類並非以成分來區分而已，另外還有RH血型系統或是MN系統等等。光憑ABO系統就決定性格特徵這點就已經相當不科學了。

ABO血型系統的出現是為了找出輸血成功跟失敗的原因，由奧地利生物學家蘭德修泰納在二十世紀初發現A、B、O三種血型，之後他的學生又發現AB型。

A、B、AB、O四種血型，是因紅血球表面「醣鎖」的不同而決定的。醣鎖名稱的原由是因為醣分子為鎖狀連結的物質，在紅血球表面像鬍渣一樣突起，使細胞間能夠接受情報。

▶什麼是「A型」？

ABO系統血型是根據紅血球表面膜中的醣鎖抗原來分類。醣鎖抗原有分A型物質與B型物質兩種，只擁有A型物質的即為A型，只有B型物質為B型，兩者皆有為AB型，兩個都沒有即為O型。

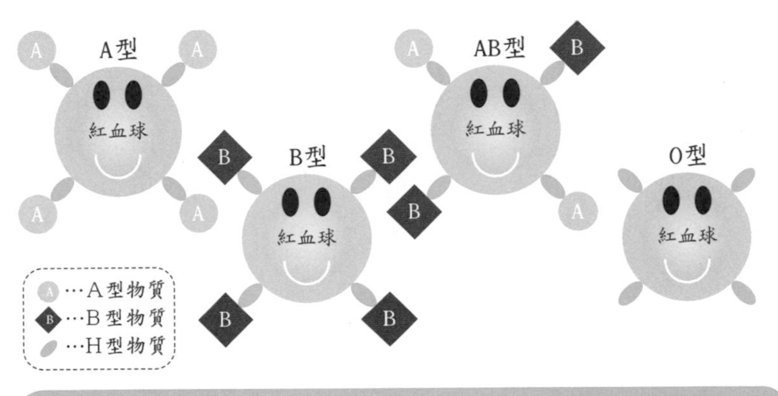

▶血型如何決定的？

我們的血型來自父母雙方各提供一個血型基因。A型的人會有AA與AO、B型的人會有BB與BO，擁有兩種血型基因。

母親的血型 \ 父親的血型		A (AA)	A (AO)	B (BB)	B (BO)	AB	O
A	AA	A	A	AB	A、AB	A、AB	A
A	AO	A	A、O	B、AB	A、B、AB、O	A、B、AB	A、O
B	BB	AB	B、AB	B	B	B、AB	B
B	BO	A、AB	A、B、AB、O	B	B、O	A、B、AB	B、O
AB		A、AB	A、B、AB	B、AB	A、B、AB	A、B、AB	A、B
O		A	A、O	B	B、O	A、B	O

血型來自父母

血液承襲自父母。由父母各提供一個基因組合而成。

血型是由父母的遺傳基因所決定。血液中A抗原會有A型基因，B抗原會有B型基因遺傳。O型則是只有H抗原，所以遺傳O型基因，AB抗原則會有相同的遺傳力。同時，O型基因是隱性的。

就像基因一樣，血液也是承襲父母，由父母各提供一個基因而成，例如：A型是因從父母親得到2個A型基因的「AA」，或是由A型基因與O型基因取得「AO」。同樣的，B型的人是得到了「BB」或「BO」，AB型是「AB」，O型則需要「OO」。

全部的紅血球膜都具由H抗原（H型物質）的醣鎖。如果只能與A抗原結合的話就是A型，只能與B抗原結合的為B型，兩者都有稱為AB型，AB抗原都沒有的即為O型。

日本人的血型比例，A型約占38％，O型約為31％，B型約為22％，AB型約占9％左右。

那麼只要與這些ABO系統相符的血型就能夠進行輸血了嗎？答案是否定的。紅血球如果含有RhD抗原，還會產生Rh+或Rh-血型，不符合的話也無法進行輸血。

▶ABO系統血型的判別方式

ABO系統血型的判別方法是在血型不明的血液內，混合抗A血清及抗B血清，觀察是否能凝固紅血球。只針對抗A血清凝固的話即是A型，混合抗B血清凝固者則爲B型，兩者都會凝固的是AB型，都不會的話即爲O型。

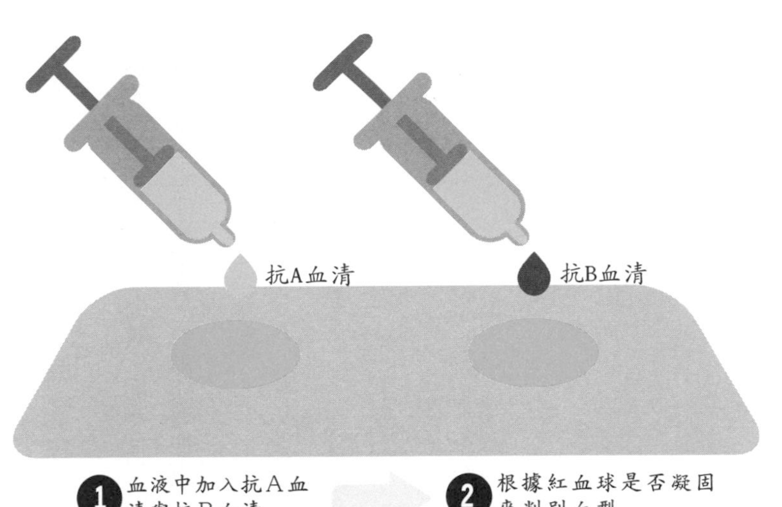

❶ 血液中加入抗A血清與抗B血清

❷ 根據紅血球是否凝固來判別血型

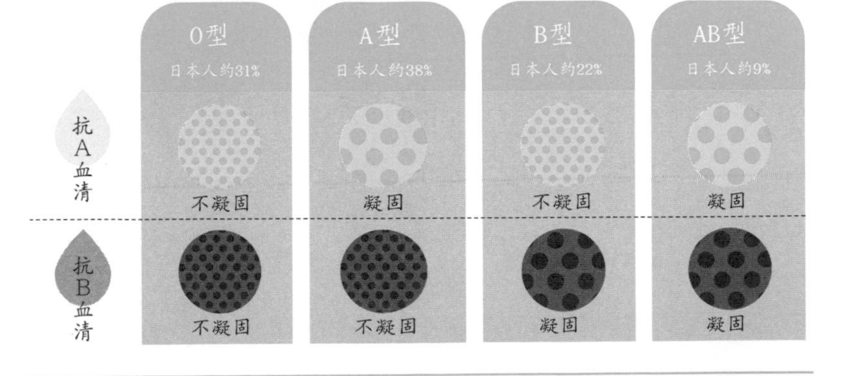

胎兒與母親不同血型有關係嗎？

胎兒藉由胎盤從母親身上得到氧氣與營養，而非直接經過血管。因此，母親與胎兒的血液並不會混合，也就沒有血型不同不能融合的問題。

也就是說，父母為「AO」與「BO」的基因，則小孩有可能會是A型、B型、AB型或O型，意即所有的血型組合都有可能。反之，如果是「AA」或「OO」時，則只會生出A型的小孩。

值得一提的是，血型還有另外一個奧妙之處。母親與胎兒有可能為相同血型，但亦有不同血型的可能。若與母親不同血型的話，胎兒要如何在母親腹中成長？其實胎兒是藉由胎盤從母親身上得到氧氣與營養的，並非直接經過血管。因此，母親與胎兒的血液並不會混合，也就沒有血型不同不能融合的問題了。

不過如果血型是Rh陰性的母親生出Rh陽性的小孩的話，在生產時小孩的RhD抗原會產生抗體，這對第二胎之後的寶寶會產生異常反應，因此需要採取適當的對應措施。

▶母親與胎兒的血型不一樣也沒關係

若母親血型爲AB型、父親是O型的話則有可能生出A型或B型的小孩。而母親與腹中胎兒的血型不同也不會產生排斥反應，則是因爲血管並非直接連接的關係。

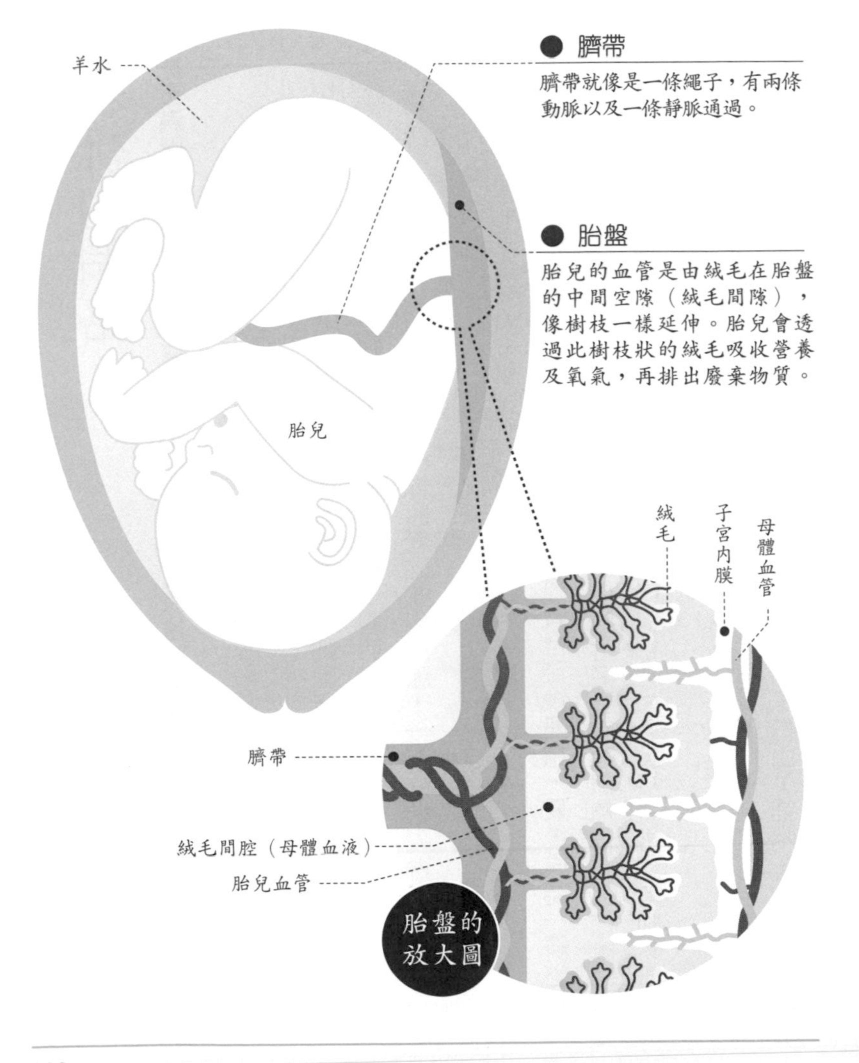

淋巴系統的網絡

人類的全身布滿與血管一樣的淋巴管，其中流動的淋巴球扮演著重要的免疫機能角色。

感冒的時候，下巴下方附近會覺得痛，甚至還會覺得有點腫脹，這時就是所謂的「淋巴腺腫大」，淋巴腺在醫學上稱為淋巴結。

人體內部有許多透明細長管子穿梭其中，即為淋巴管，在這之中的淋巴液為無色透明的液體。淋巴系統的網絡是用來對抗細菌及病毒等異物，也就是人體的免疫系統，是非常重要的角色。

從心臟送出通過動脈的血液，會再經由微血管輸送到人體各處。淋巴系統的源頭則是由這些微血管周邊組織細胞所滲出的組織液所組成。組織液為組織細胞與微血管間的物質仲介，一部分由微血管回收到靜脈，一部分進入淋巴管後成為淋巴液。

數條淋巴管合流後變粗，最後成為一條主管流入脖子左側附近名為「靜脈角」的部位。流入血管後的淋巴液會經由心臟接著再成為動脈血液送至全身。

淋巴液的成分有90％以上皆為水分，其中也含有淋巴球。淋巴球是由T細胞、B細胞，以

▶貫穿全身的淋巴管

人體布滿著數條細長又透明的管線，即爲淋巴管，內有淋巴液流動。這些淋巴管合流的部位，稱爲淋巴結。

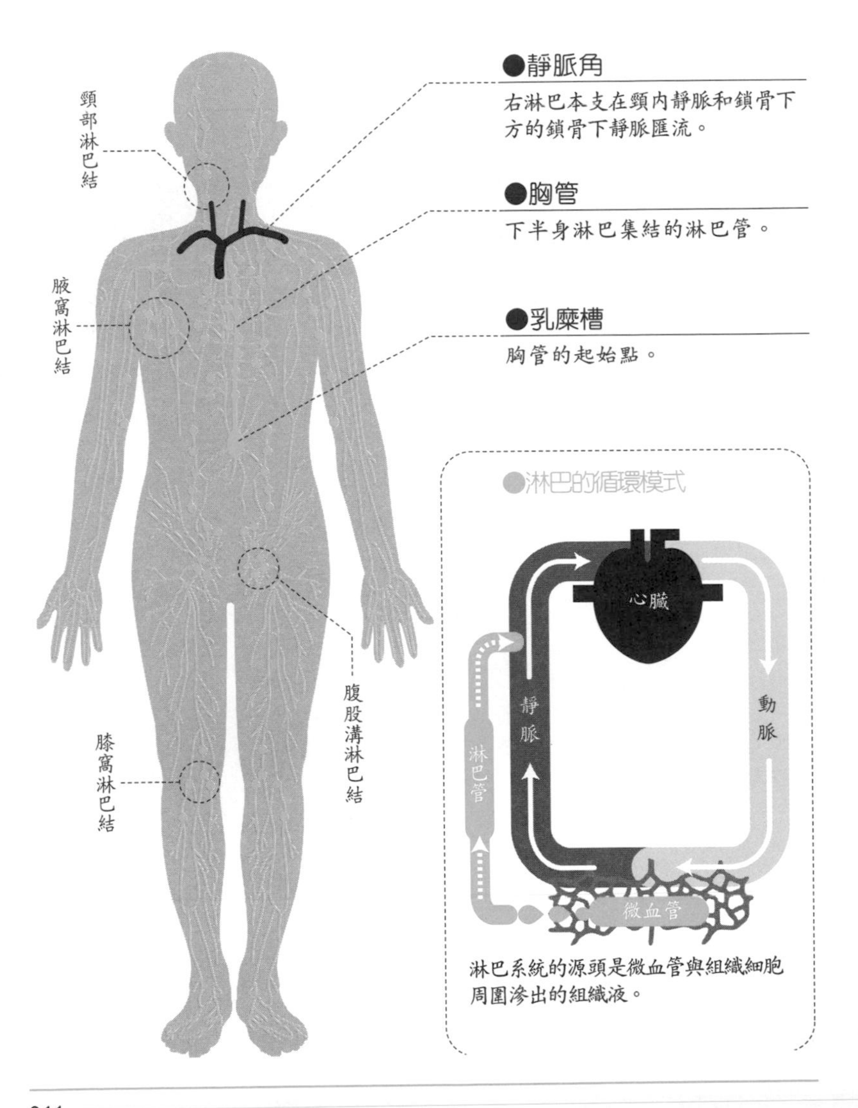

淋巴系統的防禦機制

淋巴結是免疫系統用來抵禦外敵的主要舞台，製造解決入侵體內的病毒或細菌的淋巴球，以及使用淋巴液來過濾細菌等異物。

及自然殺手細胞 (Natural killer cell) 組成，攻擊對象雖然各有所司，但都是用來對抗從外界入侵的病原體。

淋巴管匯流的部位，會有著像豆子般大小鼓起物，稱為淋巴結。人體淋巴結的數量約有八百個左右，集中於脖子、腋下、手肘、膝蓋、腳底，以及頭和四肢軀幹等關節結合的部位。

淋巴結是免疫系統用來抵禦外敵的主要舞台，製造解決入侵體內的病毒或細菌的淋巴球，以及使用淋巴液來過濾細菌等異物。喉嚨深處的淋巴結稱為「扁桃腺」，也就是為了阻擋細菌不再進入體內的關口，感冒時所引起的腫脹正是發揮其阻擋作用的現象。

▶免疫系統白血球的種類

免疫系統的主角是涵蓋淋巴球在內的白血球，接下來介紹其主要成員。

白血球

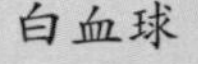

●嗜中性白血球

透過血液監視，如有異物入侵則會將其吞噬。

●巨噬細胞

將異物納入自身後消化，產生抗體並將情報傳達至T細胞。

淋巴球

●殺手T細胞

直接攻擊侵入異物的獵人。

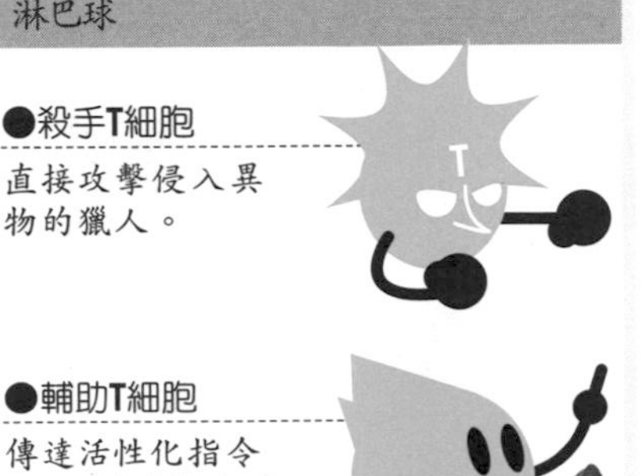

●輔助T細胞

傳達活性化指令至B細胞的傳令兵。

●B細胞

製造抗體並瞄準消滅異物的狙擊手。

▶感冒就會扁桃腺腫大的原因？

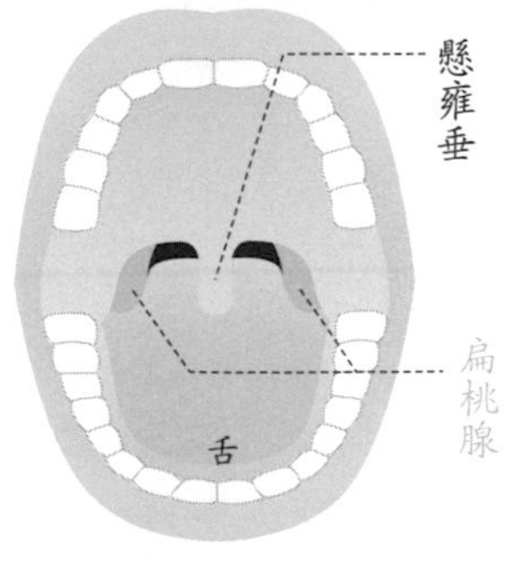

扁桃腺與咽頭黏膜位置有一稱爲「扁桃」的淋巴結集合處。因爲形狀似杏仁種子而得名。

嘴張開時可以看見兩側的扁桃腺，其他還有位於舌根下的舌扁桃。

花粉症的原因

每年都會有花粉預報，對此新聞預報亦喜亦憂的人應該不在少數。在日本，花粉症可稱為國民病，它到底怎麼產生的？

如果病毒或細菌等外來物（即為抗原）等入侵，人體就會自動出現攻擊的防衛機制，此機制即為「免疫」。

免疫系統的核心角色為白血球，在免疫的作用中將外部異物吞噬的巨噬細胞（吞噬後消化）的是T細胞、B細胞，與自然殺手細胞等淋巴球。T細胞可再由其功能分為輔助細胞和殺手細胞。

免疫大致上也分為兩種，「自然免疫」以及「後天免疫」。自然免疫主要是初期的防禦機能，當身體發現抗原的時候，巨噬細胞與顆粒球中的嗜中性白血球會開始吞噬抗原，接著由自然殺手細胞破壞抗原。

不過也有自然免疫無法對抗的時候，就會再發動淋巴球攻擊，這就稱為「後天免疫」。後天免疫還可再分為「體液型免疫」與「細胞型免疫」。

體液型免疫為B細胞活躍的舞台，抗原進入後，首先由巨噬細胞認知，接著輔助T細胞會將傳達情報給B細胞。而B細胞會開始製造大量的「抗體」與抗原結合，接著巨噬細胞再將抗原

▶體液型免疫的機制

淋巴球活躍時的後天免疫又可分爲「體液型免疫」以及「細胞型免疫」兩種。體液型免疫主要角色爲B細胞，製造「抗體」以對付抗原。

1 異物（抗原）入侵

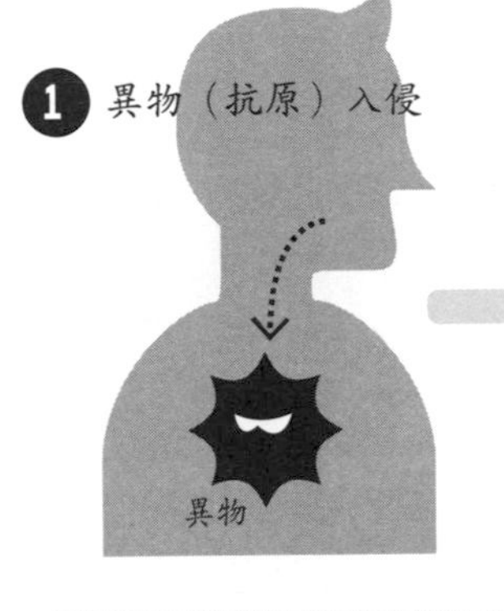

2 巨噬細胞吃掉抗原後，認知此物爲「敵人」。

3 巨噬細胞將異物情報傳達給輔助T細胞。

4 輔助T細胞下達指令給B細胞。

5 B細胞發出「抗體」附著至異物表面。

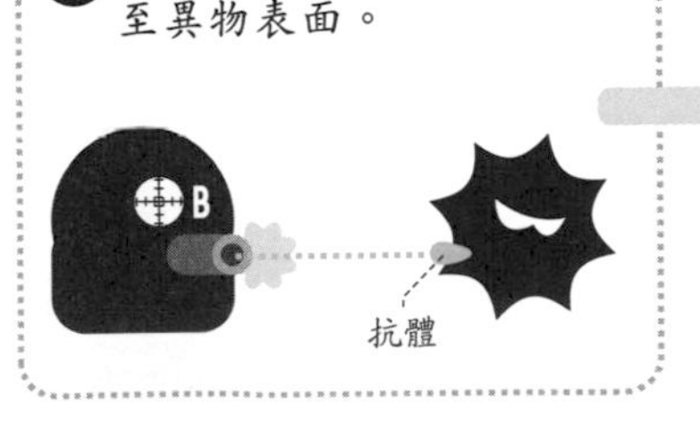

6 巨噬細胞吞噬附著抗體的異物。

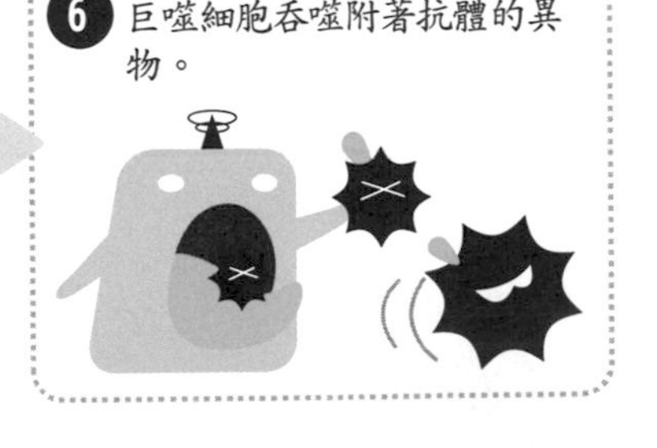

免疫系統的種類

免疫系統大致上也分為兩種，「自然免疫」以及「後天免疫」，後天免疫還可再分為「體液型免疫」與「細胞型免疫」。

一一吞噬。抗體就像是炸彈一樣得以排除抗原。這就像是鑰匙與鎖的關係，一種抗體只能與一種抗原結合。

就像是只要得過一次痲疹，就不會再得第二次，就是因為體內已經對該病毒產生抗體的緣故。

細胞型免疫則以T細胞為主角。異物入侵時，巨噬細胞首先認知到外敵，將情報傳達給輔助T細胞，接著輔助T細胞會分泌稱為細胞激素的化學物質，活化巨噬細胞與殺手T細胞。最後巨噬細胞會吞噬異物，殺手T細胞則會破壞抗原細胞。

經由上述過程可知，如果免疫系統過度反應的話，就會將無害的東西錯認為抗原而將之排除並製造抗體，這反而會引起人體的不良反應，這就是以「花粉症」為代表的過敏反應。

引起過敏反應的特定物質為「過敏原」，例如花粉、塵蟎、寵物的毛髮或黴菌、牛乳、蛋、大豆等等各式各樣的東西都有可能是過敏原。過敏的原因即是因為免疫機能誤認此物質為異物入侵的關係。

▶細胞型免疫的機制

細胞型免疫是由T細胞與巨噬細胞直接攻擊異物。由胸腺分化的T細胞成熟後再分成輔助T細胞與殺手T細胞。

❶ 異物（抗原）入侵

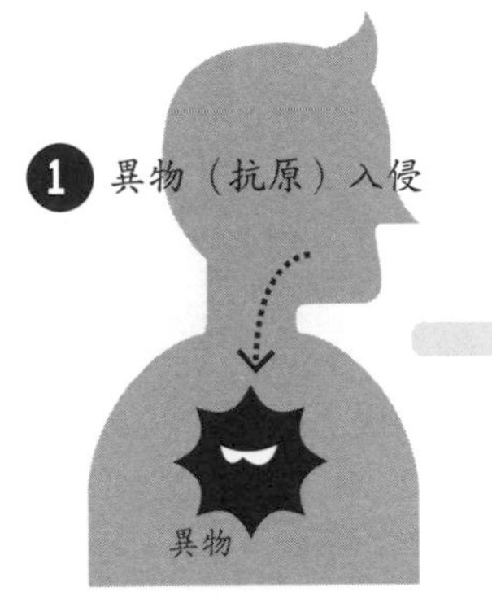

❷ 巨噬細胞吃掉抗原後，認知到此物爲「敵人」。

❸ 巨噬細胞將異物情報傳達給輔助T細胞。

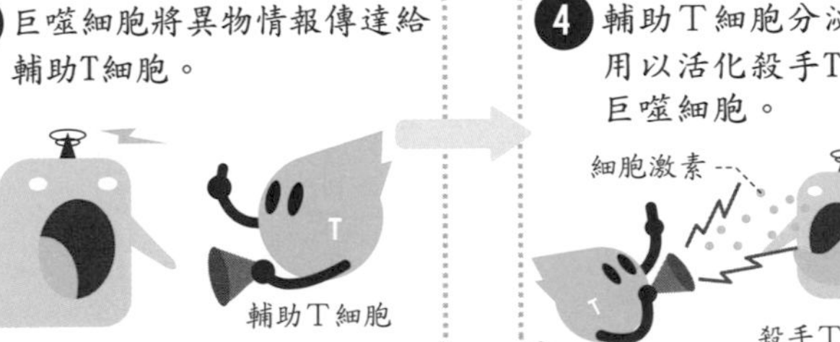

❹ 輔助T細胞分泌細胞激素用以活化殺手T細胞以及巨噬細胞。

❺ 巨噬細胞將異物吞噬，而殺手T細胞則是直接攻擊、破壞異物。

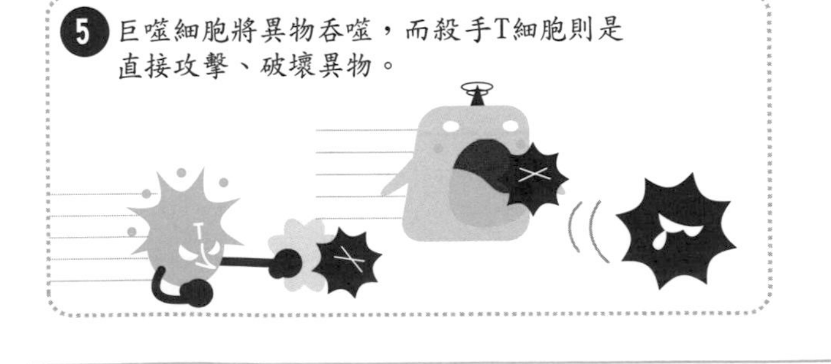

為什麼會過敏？

如果免疫系統過度反應的話，就會將無害的東西錯認為抗原，進而將之排除並製造抗體進行攻擊，這會引起人體的不良反應，也就是過敏。

分析引起過敏的原因，以花粉症為例：花粉症的過敏原即為花粉，當花粉進入體內後，由巨噬細胞發現異物，再將此情報透過輔助T細胞告知B細胞，B細胞即把花粉當作「入侵者」，開始產生IgE抗體。IgE抗體存在於鼻子的黏膜與眼結膜處，過敏發作時容易附著肥滿細胞，因此IgE抗體開始大量地與肥滿細胞結合。

在此結合狀態下一旦花粉再度入侵時，肥滿細胞會釋放出組織胺等化學傳達物質。這些物質會刺激神經，造成眼睛乾癢、打噴嚏以及流鼻水等症狀，若到達血管的話甚至會引起發炎，以上這就是所謂的花粉症了。

▶花粉症的由來

在日本，花粉症可說是過敏的代表，每四個日本人就有一人有此症狀，接下來說明造成花粉症的原因。

從眼睛或鼻子進入身體的花粉（抗原）被巨噬細胞吞噬，認知為入侵者。

巨噬細胞將花粉情報傳給輔助B細胞，再由其傳達給T細胞。

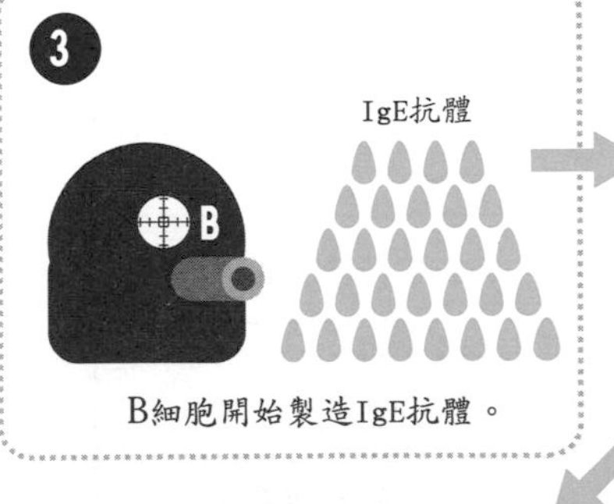

B細胞開始製造IgE抗體。

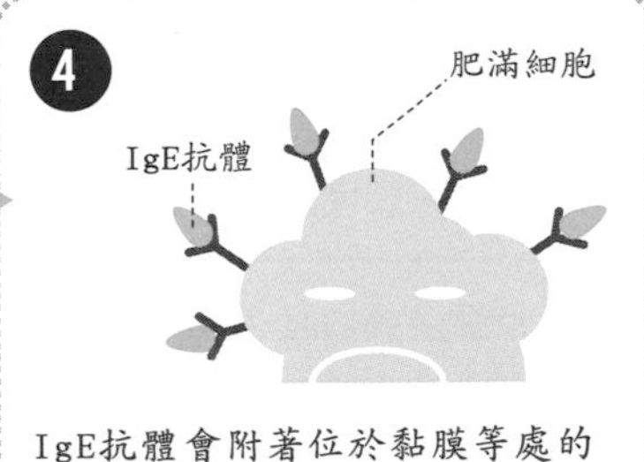

IgE抗體會附著位於黏膜等處的肥滿細胞。

再次入侵的花粉一旦與肥滿細胞上的IgE抗體結合，肥滿細胞會開始釋放出組織胺等化學傳達物質。

化學傳達物質刺激神經或血管，引起眼睛乾癢等不適症狀。

Column 4

血液檢查能夠診斷出什麼？

健康診斷通常都會進行血液檢測，抽血後由分析器來分析其成分。由檢測的數值能夠診斷出什麼問題呢？

項目	說明
紅血球數量 血紅素	數值太低則可能為貧血。
白血球數量	數值太高的話則有發炎、白血病的可能性。
尿酸	數值太高的話則有可能為痛風、腎、尿路結石。
血糖值	數值太高則有可能為糖尿病。
膽固醇、三酸甘油脂	數值太高則有可能為高血脂。
高密度膽固醇	數值太低則要注意動脈硬化的可能性。
低密度膽固醇	數值太高則要注意動脈硬化的可能性。
白血球增生、血清轉胺脢	數值太高則有可能為肝炎、肝癌或膽結石、膽囊發炎等膽道症狀。
血清膽紅素	數值太高則有可能為膽結石或膽道的病狀、肝炎或肝臟的問題等等。
肝功能指數	數值過高則有可能為肝臟、胰臟等異常。
乳酸脫氫脢 LDH	數值太高則有可能為肝病或心肌梗塞，各種癌症的可能性。
血清總蛋白	數值過低有可能為腎臟病、肝病，太高則有可能有多發性的骨髓瘤等病狀。

Chapter

5

思考與維持生命的中樞系統

【腦與神經】

腦部的構造與運作機制

操作身體活動，以及維持生命機能中樞的就是大腦。
大腦、小腦和腦幹三者共同控制、操作身體，以及提供思考能力。

希臘與埃及等許多古文明人，相信人有意識的部位是心臟而非大腦。不過現今眾所皆知，控制身心活動及接收情報的司令塔就是大腦。

人腦像豆腐般的柔軟，稍微受到衝擊就會受到損傷。幸好有堅硬的頭蓋骨與硬腦膜、蜘蛛膜、軟腦膜三者構成的脊髓硬膜保護大腦。另外，蜘蛛膜與軟腦膜的中間還有流動的腦脊髓液可使腦部呈現浮動狀態，藉這些液體吸收緩衝震度及外力的衝擊。

腦部分為大腦、小腦、腦幹三個部位。其中，大腦約占腦部80％左右；大腦的下方為小腦，由中心部分再往下為腦幹，與脊椎相連。

腦的重量約為體重的2％，成人的話約為一千兩百至一千六百公克。腦的表面積約為一張報紙的大小，約兩千至兩千五百平方公分。

負責處理龐大情報的是覆蓋著大腦的「大腦皮質區」，此為一皺摺區域，使得表面積再擴大，約有一百四十億個神經細胞(Neuron)在此聚集。為了供應龐大數量的神經細胞氧氣與營養，心臟送出的血液約有20％都會送至腦部。

▶腦的構造

腦是控制身體活動，以及維持生命機能的「人體的司令塔」。基本上分爲大腦、小腦、腦幹等部位，相互合作控制人體的運作。

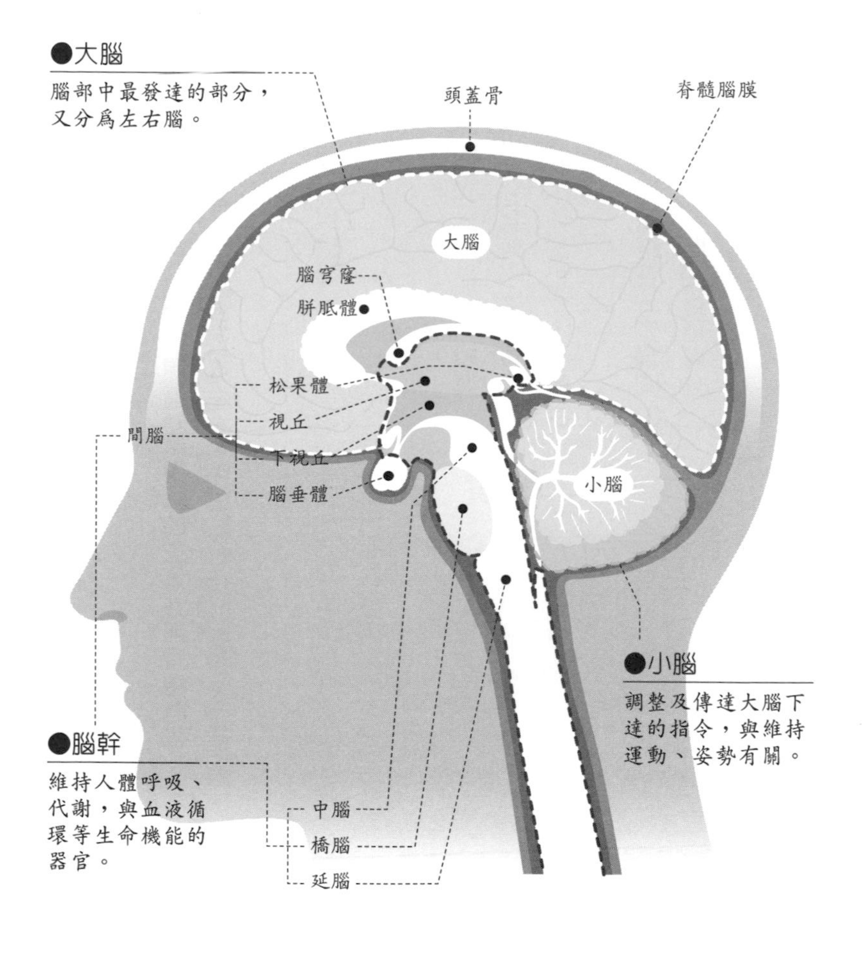

腦越重越聰明？

腦的重量因男女和個人而異，而且頭腦好壞與腦的重量並無直接關聯，愛因斯坦的腦重量只有一千兩百公克左右，比男性平均的腦重量還要輕。

此外，腦的重量因人而異，但重量的多寡並不等於聰明與否。

小腦重量約占腦部的10％，成人約為一百三十五公克。其中，可區分為新小腦與舊小腦兩個部分，主要調整由大腦下達的指令，再轉送到身體各部位。

腦幹是腦與全身連接的神經纖維管，包含間腦、延腦、中腦、橋腦四個部分，間腦可再區分為視丘、下視丘等部位。

腦幹與自律神經中樞關係密切，因此稱為生命中樞，負責調節呼吸、心跳、體溫等，是維持生命機能非常重要的運作器官。

▶頭腦好壞與腦重量成比例嗎？

腦的重量因男女和個人而異，而且頭腦好壞與腦的重量並無直接關聯，例如愛因斯坦的腦重量只有1230公克，比男性平均的腦重量還要輕。

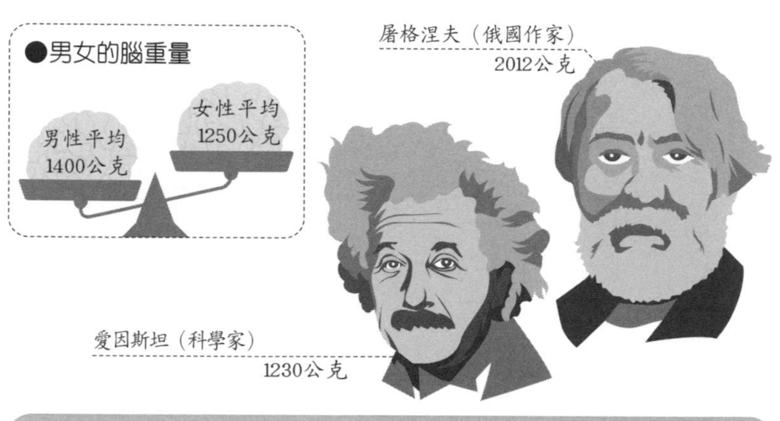

▶腦死與植物人的區別？

以「腦死」與否判斷是否能夠進行器官移植常造成社會問題。聽起來好像與「植物人」一樣意思，兩者到底有何不同？

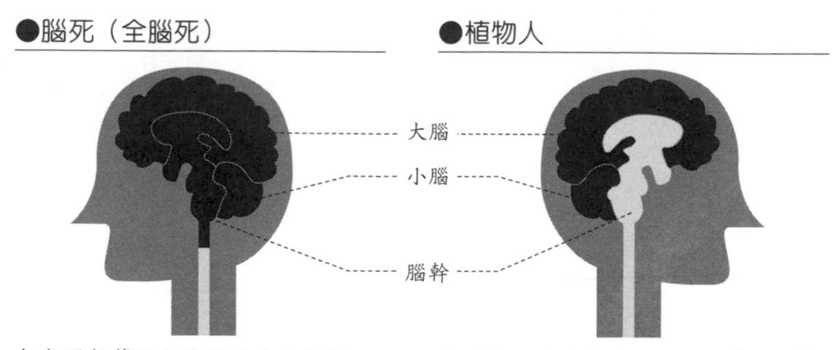

包含腦幹等腦部機能已完全停擺，即使裝上維持生命機能的人工心肺等裝置，也無法維持太長的生命跡象。

大腦與小腦的機能雖然已經停止，但是腦幹還維持生命跡象，因此能夠自行維持心肺機能，對於痛感等也會有所反應。

超級大腦的功能

腦的不同區域負責掌管各種不同功能。

腦中風是因為腦某區塊發生障礙，而產生不同的症狀，這是因為各司其職的緣故。

人在進化的過程中獲得了精密功能的大腦。不只是腦容量變大而已，在演化之後，從外側開始還有許多高度機能。

大腦皮質中最外側的部分稱為大腦新皮質。負責語言、記憶、創造力等高度知性活動的區塊，主司複雜的喜怒哀樂等情感。新皮質是人類與靈長類等腦部發達的動物才擁有的特別的器官。

與此相對的為內側的腦中心部分，又稱為古皮質與舊皮質，也就是進化的歷史過程中留下來的產物。古皮質與舊皮質包含有海馬體、中隔區、扣帶迴等，構成大腦邊緣系統，是擁有及支配本能慾望的食慾、性慾、開心、生氣與恐懼等動物最原始的情感。

從古皮質的機能共通性也稱為「爬蟲類的腦」，舊皮質亦稱為「舊哺乳類的腦」，以及新皮質為「新哺乳類的腦」。人類的大腦從胎兒時期開始到成人為止的發育順序也是一樣從古皮質、舊皮質、到新皮質。

大腦皮層由位置區分可分為額葉、頂葉、枕

▶大腦正中央為爬蟲類的腦？

大腦皮層又分爲新皮質與古、舊皮質，分別掌管不同的功能。人類的腦發展歷史被認爲是由古、舊、新的順序發展而成，從胎兒開始到成人爲止也是以同樣的順序發育。

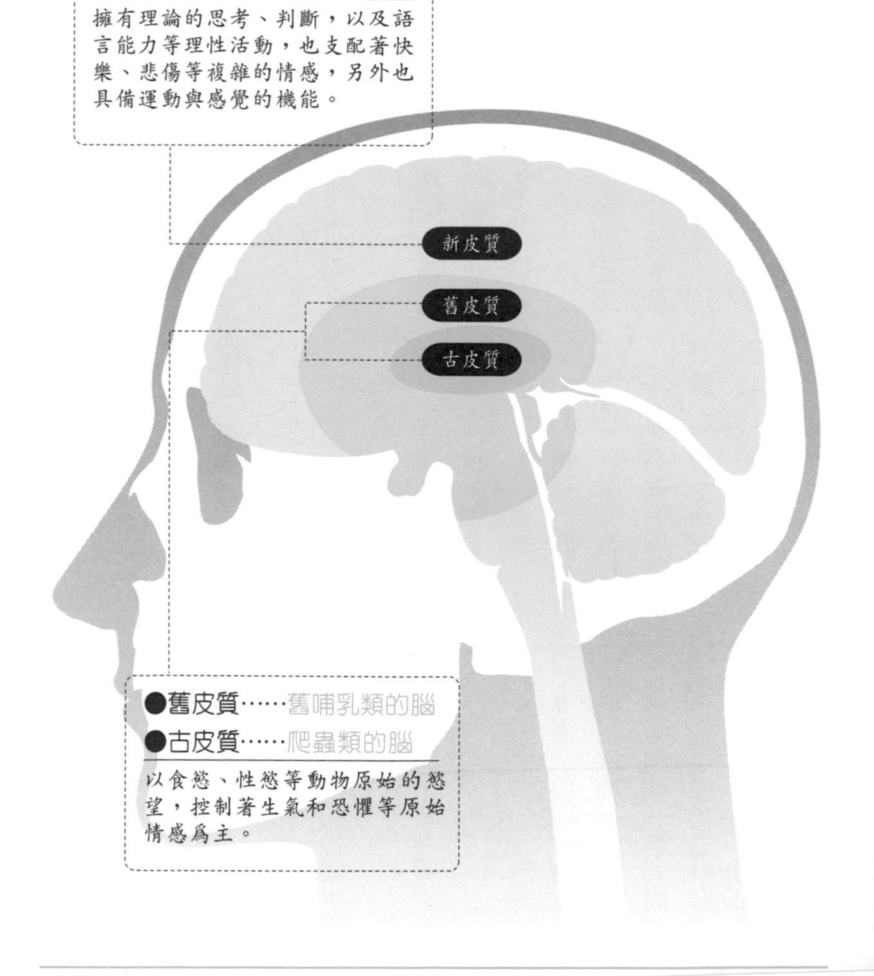

大腦的構造

大腦有一前後縱走的中央溝，將腦分為左右腦。
左右腦的中間由神經纖維束連接，稱為胼胝體，能夠交換、互補左右腦的情報。

葉及顳葉四個區域，專門負責不同的領域的皮質區。

額葉的前半部稱為前額葉，掌管創造、感情、意志、決定等。後方的為後額葉，為運動性語言皮質區，也就是能夠傳達運動指令至全身，以及會話（發音）的能力。

頂葉為感覺運動區，也就是能夠感受痛及溫度、皮膚上的壓力等。皮膚與肌肉感覺到的情報會送回到頂葉處理整合，再賦予感覺的定義。

顳葉的上側為聽覺區，能夠判別聲音大小及高低；下方為顳葉聯合區，用以判斷形狀、顏色以及記憶的部分；上後方為理解語言的言語中樞的韋尼克區。

枕葉為視覺區，處理從眼睛接收到的情報後，分析其顏色、形狀、大小等功能。

大腦有一前後縱走的中央溝，將腦分為左右兩邊，右側稱為右腦，左側稱為左腦。

左右腦的中間由神經纖維束連接，稱為胼胝體，能夠交換互補左右腦的情報。連接全身各部位的神經也在延腦集合交叉，右腦是控制左半身，左腦支配右半身。右腦與左腦基本上功能相

▶大腦的運作與分類

腦皮層依位置區分可分爲額葉、頂葉、枕葉及顳葉四個區域，專門負責不同的領域的皮質區。

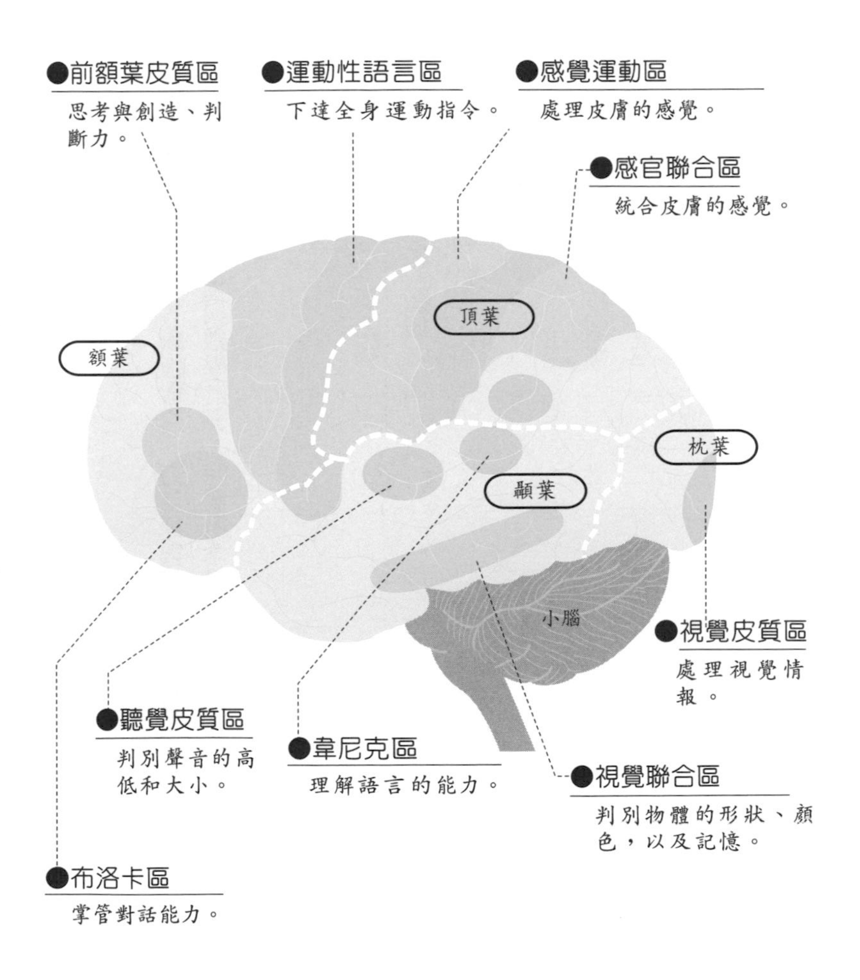

左右腦各司其職

右腦為直覺理解力，繪圖與音樂等創造聯想、方向感與空間感等知覺與感性的區域。
左腦則負責聽說讀寫等語言處理與數學計算、時間概念等推理思考性的區域。

同，不過負責的部分還是有個別的差異。

右腦為直覺理解力，繪圖、聽音樂等創造聯想、方向感與空間的認識等知覺與感性的區域。左腦則負責聽說讀寫等語言處理與數學計算、時間概念等偏思考推理性的區域。

我們在無意識間都會使用到左右腦，右腦比發達的人比較富有創造力，可稱為右腦人；而左腦發達的人理論思考較強，稱為左腦人。

▶右腦與左腦的差異

大腦分爲左右腦，分別負責不同機能，來看看其差異爲何。

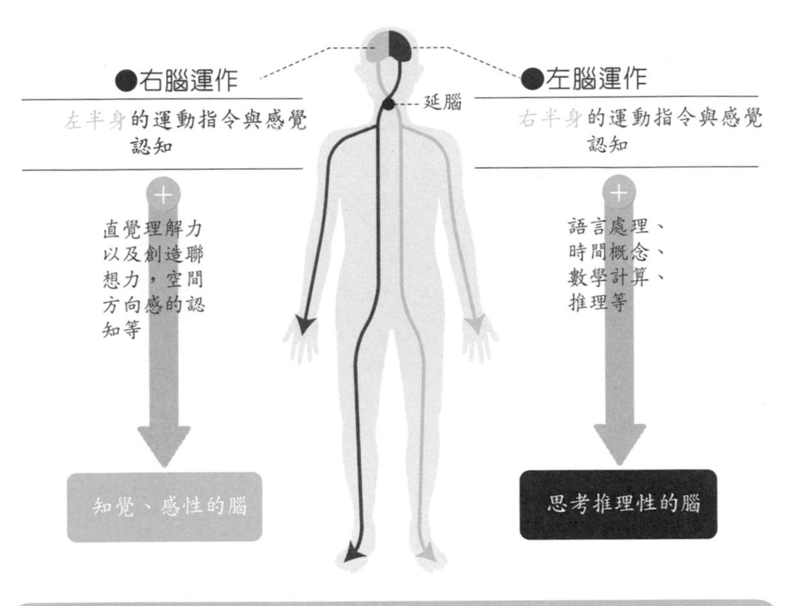

▶慣用腦與手和手臂的交叉方向有關聯？

右腦與左腦，到底哪一邊比較常使用呢？這個問題可以用交叉手臂或雙手來判別。左手大拇指或左手臂在上時，即爲圖案優先的藝術家型；右手大拇指或右手臂在上的人則爲左腦型，慣用言語及理論思考。

●雙手交叉時

●手臂交叉時

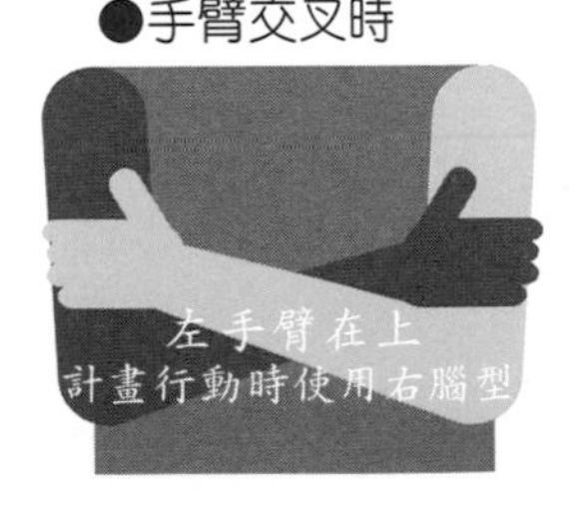

腦部創造出的兩個睡眠循環

睡眠根據其深淺程度分成「非快速動眼期」及「快速動眼期」，這些睡眠期各有它的功能存在。

人體具有恆常性機能，例如體溫與血壓等維持生命跡象的各種機能即具有恆常性，睡眠也是一樣。醒著的時候會累積睡眠物質，等到儲存一定的量後，就會覺得想睡覺。

另外，睡眠為什麼都是在夜間進行呢？這是因為製造出睡眠循環的器官是位於稱為上視交叉核的部位，也就是我們熟知的「生理時鐘」。

生理時鐘是依據太陽光照運作決定日間活動時間（交感神經優先），和夜間休息時間（副交感神經優先）。但人的週期原本為25個小時，為了與24小時吻合，因此需要每天重新開機、設定一次。因此，起床後一睜開眼睛，進入視網膜的光線即會將生理時鐘往前撥快一個小時。

進入夜晚後，生理時鐘受到指令，由腦內的松果體分泌褪黑激素，這是用來促進睡眠的一種荷爾蒙，在睡眠中會達到最高分泌量。

睡眠是有規律性的，約90分鐘為一循環，分成深度睡眠的「非快速動眼期」與淺度睡眠的「快速動眼期」。此兩種睡眠期交替循環，直到接近醒來的時間。特別是經過了3小時後的睡眠

▶早晨的光線會重新設定體內的「生理時鐘」

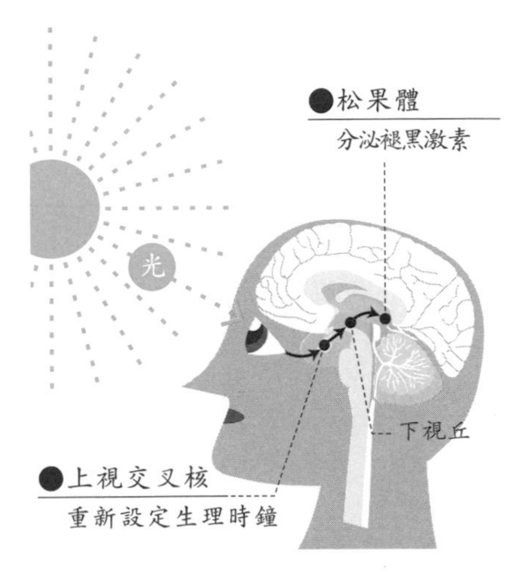

生理時鐘位於腦下視丘的上視交叉核內。起床後視網膜接觸到光線，會將生理時鐘往前一小時。

能促進睡眠的褪黑激素是一種荷爾蒙，在夜間休息的時候開始分泌，睡著時達最大值。之後越接近起床時間則慢慢減少分泌，等到早晨的那道光線進入體內時，生理時鐘重新設定後即會停止分泌。

▶快速動眼期與深層睡眠期

快速動眼期（淺層睡眠）會整理感情與記憶，讓身體進入休息模式。非快速動眼期（深層睡眠）時則是讓腦部休息，防止腦部過度運作而過勞。

一暝大一寸是真的

與孩子成長關係最密切的成長荷爾蒙會在睡眠時分泌，特別在深層睡眠期的時候分泌最多。

時間，會進入最深度的深層睡眠期。

非快速動眼期的深層睡眠是身體細胞修復的黃金時期。腦部會降低體溫至休息模式，開始修復白天活動期間遭受壓力而受損的神經。新陳代謝與細胞修復會促進分泌成長荷爾蒙，在深層睡眠期的時候分泌最多。

另外一方面，快速動眼期是在培養睡眠的氣氛，整理清醒時的感情與記憶，分類需要記住以及需要忘記的記憶。

肌肉在睡眠時也是呈現休息狀態，不過腦部還是會繼續活動，因此眼球也會跟著活動。快速動眼期即為 Rapid Eye Movement（REM）的意思。

在淺眠的狀態下很容易被驚醒，也就是說快速動眼期時會設定一個鬧鐘讓眼睛睜開醒來，此時起床會感覺神清氣爽。

▶睡眠的一次循環約為90分鐘

就寢後，最初進入的是非快速動眼期，在其之後的60-120分鐘爲快速動眼期，之後會漸漸地進入兩者同時出現在同一睡眠循環中，在90分鐘週期内交互出現。睡著後的3小時左右，進入最開始深層睡眠期。

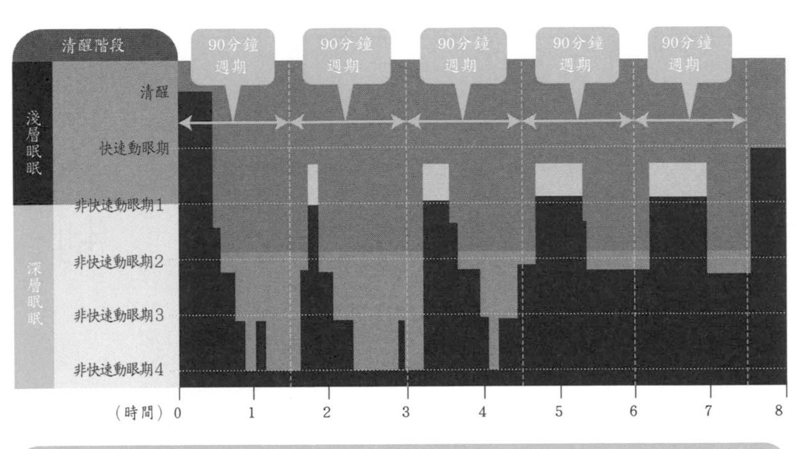

▶成長荷爾蒙在睡眠時會分泌最多

與孩子成長關係最密切的成長荷爾蒙會在睡眠時分泌，特別在深層睡眠期的時候分泌最多。因此，「一暝大一吋」是有科學根據的。

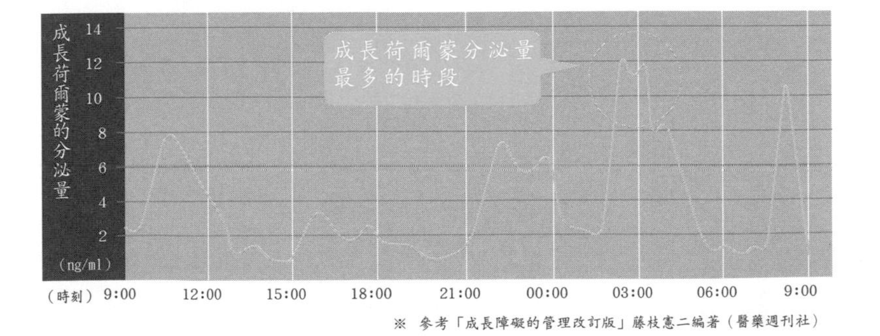

※ 參考「成長障礙的管理改訂版」藤枝憲二編著（醫藥週刊社）

腦的記憶機制

記憶會收納在腦的哪個部位呢？答案就是「記憶的中樞」海馬體。

考前一天，熬夜也要拼死記得越多越好，但是一旦考完了，記憶就好像突然消失了，大家應該都有類似經驗。

記憶是什麼？將新的經驗、情報登錄腦中保存，之後能夠藉由意識或行動來讀取一連串的回想。記憶分為兩種：「短期記憶」以及「長期記憶」。短期記憶的時間約為一分鐘以上到數天之內，在此之後稱為長期記憶。

記憶並非是在腦部的某個地方被刻劃下來的。這些斷片記憶會集合於記憶中樞的海馬體，之後再將其拼湊起來，構築成一個記憶。

由五感中獲得的情報，首先經過大腦送至海馬體，然後與海馬體周圍的神經連接，暫存為短期記憶。在海馬體內會挑選、取捨記憶情報，特別是沒有意識到、看得、聽到的，幾乎不太會記憶起來，也就是只存在短期記憶，之後就會消失。

不過，如果是發生好幾次的情報或刺激，就會再送回到海馬體周圍的記憶迴路中，會篩選成為長期記憶，也就是會被傳送到長期記憶的顳葉皮質區保存收藏。

▶腦中記憶相關的部位

海馬體為記憶的司令塔，是用來暫存記憶，接著轉送至其他部位。

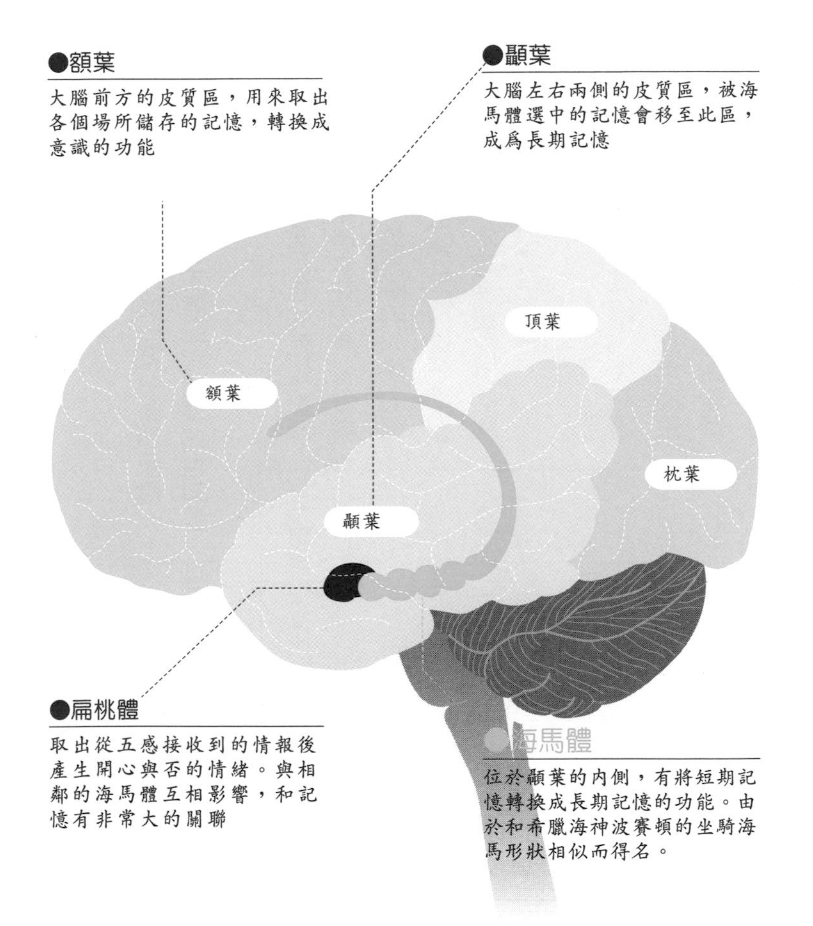

長期記憶與短期記憶

記憶分為兩種：「短期記憶」及「長期記憶」。

長期記憶又分為要回想才能記起的陳述性知識，以及無意識想起的非陳述知識。

長期記憶又分為要回想才能記起的陳述性知識，以及並無意識想起的非陳述知識。前者是經由學習而得到與自己沒有直接關聯的知識的記憶，或是由體驗等得到的故事性的「情節記憶」；後者則是經由運動或開車等身體記得的程序記憶，或是無意識進行的「習慣記憶」。

此外，在前面有提到睡眠中會分泌成長荷爾蒙，實際上睡眠較足夠的孩童也會使得海馬體跟著發育成長。二〇一二年，根據東北大學的瀧靖之教授的研究成果發現，睡眠時間較長的孩童海馬體體積會比睡眠時間短的孩童來得大。

▶記憶的運作機制

由五感得到的情報會先送至海馬體，選擇必要的保存下來當作短期記憶，更重要的記憶則會由海馬體篩選後成爲長期記憶。

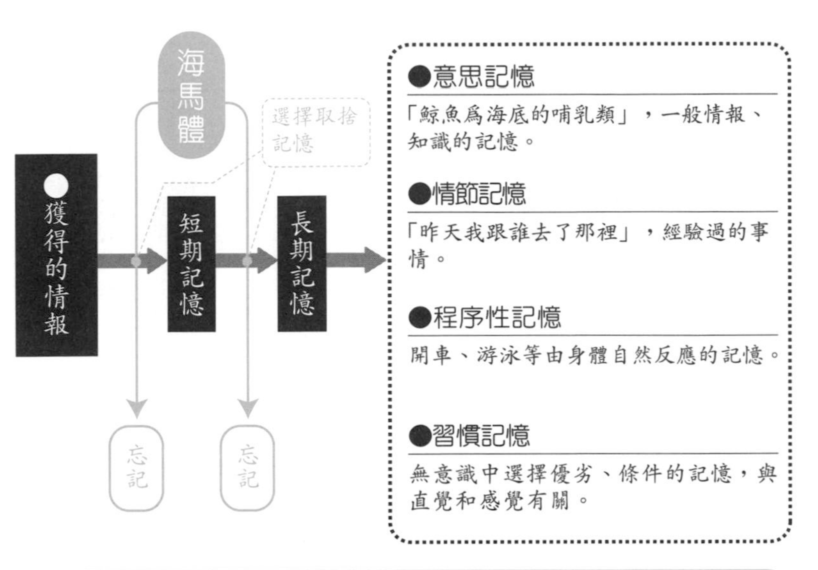

▶睡眠時間與兒童的海馬體發育

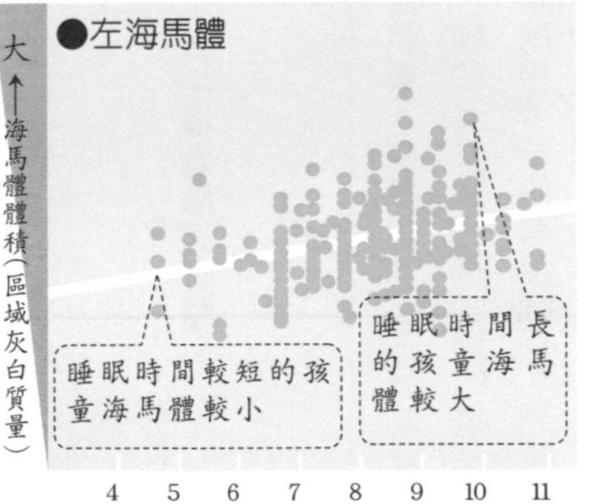

※取自雜誌NeuroImage 60號第473頁，經瀧靖之教授許可引用、改編。

2012年東北大學的研究團隊發表的研究成果顯示，睡眠時間越長的孩童，與記憶力有關的海馬體體積也會較大。睡眠時間超過10個小時以上的孩童比睡眠時間只有6小時的海馬體體積大概大了一成左右。

「運動神經」是哪種神經？

人體是經由神經控制的一張情報傳達網，遍布全身的神經，其中樞為腦與脊髓。

當人想著要走路或是將手舉高時，馬上就能夠依照想法行動。這些全部都是因為全身布滿了神經的關係。人就是由這張神經情報網支配身體所有的活動。

身體的內側與外側都有負責傳達情報、相互堆疊的組織，稱為神經。神經系統約由幾十億個神經元（Neuron）構成，這些神經元由神經衝動發出高速的電氣信號，因此能夠構築如此壯大的神經網絡。

神經元為神經的基本單位，神經元之間有些微的縫隙，稱為突觸。神經元分成三個部分，細胞體、樹狀突、軸突。樹狀突接受到的電氣信號會經由神經細胞體接著再傳導至軸突。到達軸突末端後，帶狀的突觸小泡開始分泌神經傳導物質再將信號傳至下一個神經元，速度最高可達秒速一百二十公尺。

人體的司令台中心到底在哪裡呢？答案是「腦」與「脊髓」，兩者稱為中樞神經，而與身體各部位連接的地方稱為末梢神經。

末梢神經包括腦神經分出約12對，由脊髓再

▶中樞神經與末梢神經

神經的中心是腦與脊髓的中樞神經。中樞神經與全身連接的地方為末梢神經。由腦神經開始共有12對、脊髓神經開始則有31對的末梢神經延伸至身體各部位。

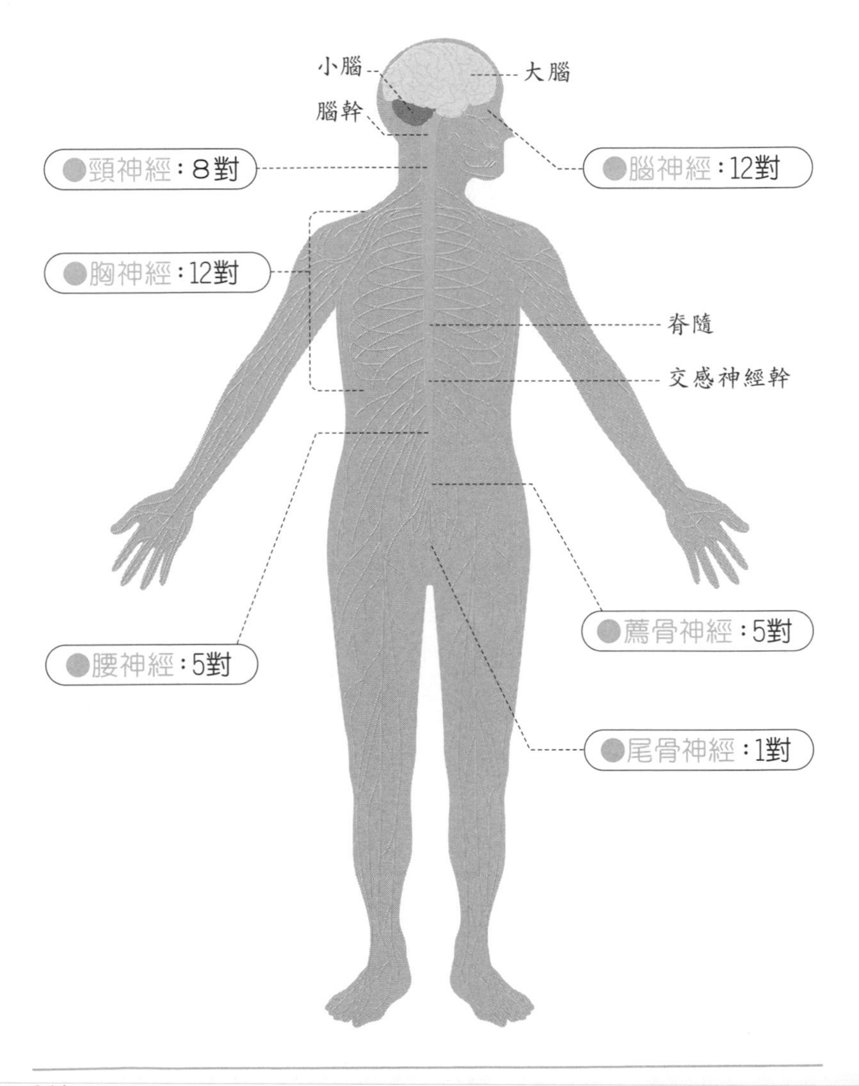

神經元的功能

主要為接收身體各部位傳送之電氣信號。神經元由一長條軸突與小分枝的樹狀突延伸，這些突起與其他個別的神經元連結，形成錯綜複雜的神經網絡系統。

分出31對延伸到全體。中樞神經接受從末梢神經傳來的訊息後，再對身體內部約60兆個細胞發出指令，支配控制全身運作與思考。

由末梢神經傳達的情報種類可分為體性神經與自律神經兩種。

體性神經是由意識能夠知覺或運動的控制神經，又再細分為知覺神經與運動神經。知覺神經是將包括視覺、聽覺、觸覺、味覺等電氣信號情報傳達至腦（中樞神經），再由腦傳達指令予運動神經後，由其傳達給各部位的肌肉而產生運動功能。

另外，自律神經則是擁有交感神經與副交感神經，是用來維持生命機能的無意識控制神經。

▶神經系統的基本單位：「神經元」

神經元具有接收身體各部位傳送之電氣信號的功能。神經元由一長條軸突與小分枝的樹狀突延伸，這些突起與其他個別的神經元連結，形成錯綜複雜的神經網絡系統。

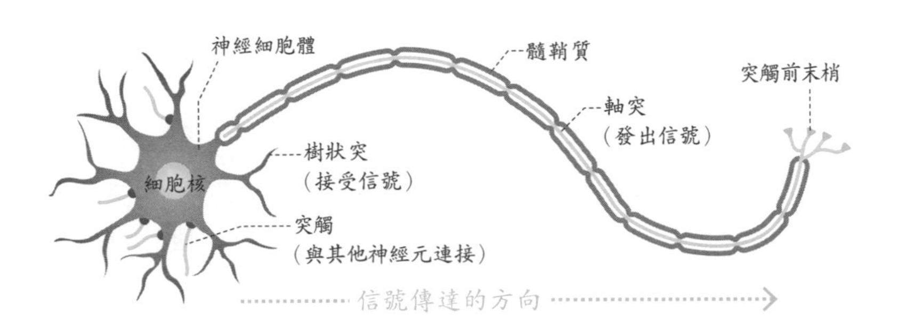

▶「運動神經」是什麼？

運動神經爲傳送腦下達命令之神經。「運動神經好」的意思並非是指運動神經的數量很多，而是由腦下達指令至神經接受後身體反應的速度快慢決定。

●末梢神經

- ●體性神經：由意識控制知覺與運動的神經
  - ●運動神經：傳達從中樞神經接收到的指令給肌肉，然後運動
  - ●感覺神經：將感覺器官接收到的刺激傳到中樞神經
- ●自律神經：並非自由意志可控制，用來維持生命機能的神經
  - ●交感神經：促進身體活動時運作的神經
  - ●副交感神經：抑制鬆弛人體活動時運作的神經

自律神經失調會怎麼樣？

體性神經與自律神經是怎麼樣的運作機制呢？
常聽到的「自律神經失調」又是怎麼一回事？

進一步說明有關於體性神經的情報傳達如何運作。舉例來說，當我們想要觸摸貓狗的時候，大腦首先會開始思考，接著傳達訊息給腦部的運動區，而運動區會刺激手以及手臂的肌肉使其活動。如果是右手的話會由左邊的運動區下達命令至延腦後，右側的脊髓則會接收反應。

那麼如果不小心碰到了熱燙的罐子，為什麼手會反射性收回？接觸到近乎燙傷溫度的物體時，知覺神經的刺激會直接傳達至脊髓，脊髓的運動神經就會接收到「好燙」的訊息。這時不必經由腦部就能夠傳達命令至手臂，手臂也能迅速做出收回的動作。由於腦部下達命令會花一點時間，因此這種反射動作是為了避免危險所產生的防衛機制，稱為脊髓反射。

用小鎚子輕敲膝蓋或手肘時，小腿與手臂會無意識地向上抬，這就是脊髓反射的一種。在敲打的瞬間肌肉伸縮的情報是由脊髓反射所引起的，因此肌肉會收縮，這也稱為肌腱反射。這是用來檢查腦、脊髓與末梢神經的神經傳達狀態是否正常的方式之一。

▶脊髓是神經重要的聯絡路徑

有脊髓通過的背骨是神經系統的中繼點。末梢神經傳達由脊髓神經傳來的情報至腦部，再將腦的指令傳送至身體各部位使其運作，這裡將介紹脊髓中介的傳達路徑。

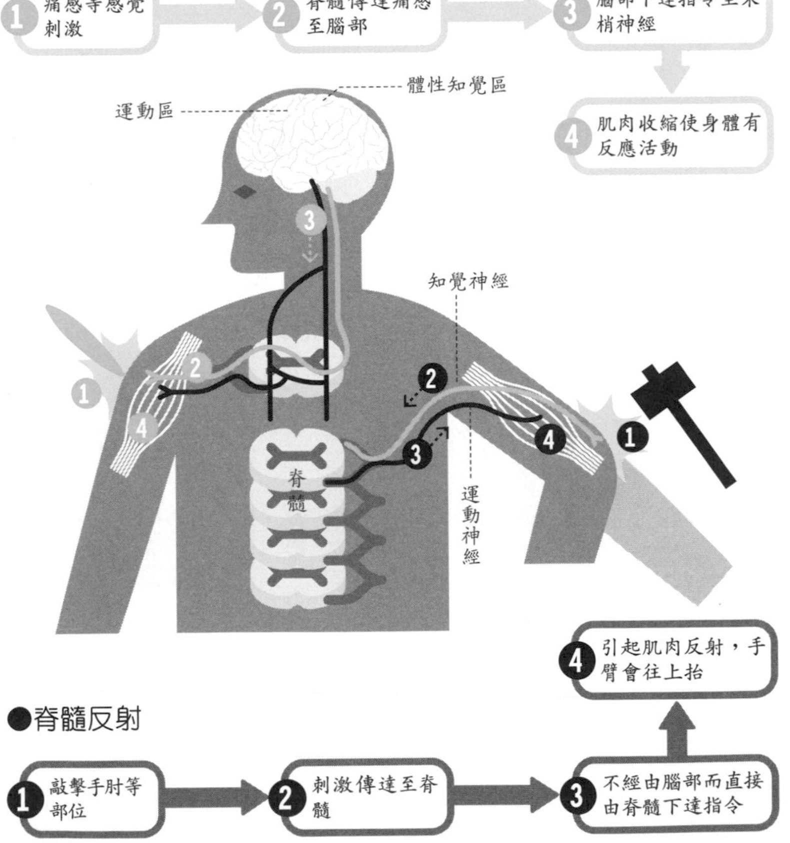

交感神經與副交感神經

交感神經是所謂的「白天的神經」，會在身體日常活動的時候優先運作。
副交感神經被稱為「夜晚的神經」，是在身體較安靜的時候運作的神經。

其次，來思考一下關於自律神經的機制。自律神經是由兩個運作相反的交感神經與副交感神經所構成。

交感神經是所謂的「白天的神經」，也就是在身體日常活動的時候優先運作。交感神經處於優位的時候，瞳孔會放大、心跳數加快、血管收縮引起血壓升高、唾液分泌較黏膩等狀況會產生。

另外，副交感神經則是被稱為「夜晚的神經」，在身體較安靜的時候運作的神經。副交感神經優先運作時，瞳孔會收縮、心跳減緩、血壓降低、分泌較為水狀的唾液等。

在交感神經與副交感神經的交互活動運作下，身體各部位的器官也會自動調整適應狀況。

如果自律神經失調的話，則可能會產生頭痛、目眩、心悸、食慾不振、月經失調等症狀。原因雖然不是很明確，但是這些不順的狀況統稱為「自律神經失調症」。

▶自律神經系統的運作

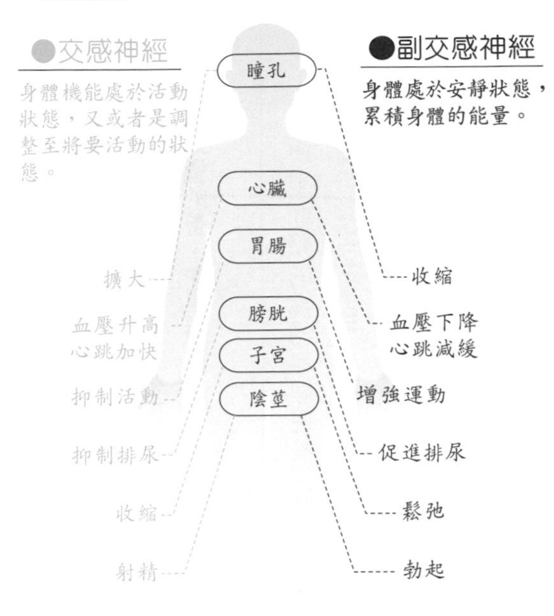

自律神經是由「交感神經」與「副交感神經」互相協力合作而組成的。

他們擁有截然不同的運作機制，藉由這些互補的機能使得身體能夠保持微妙的平衡。

▶自律神經失調是什麼？

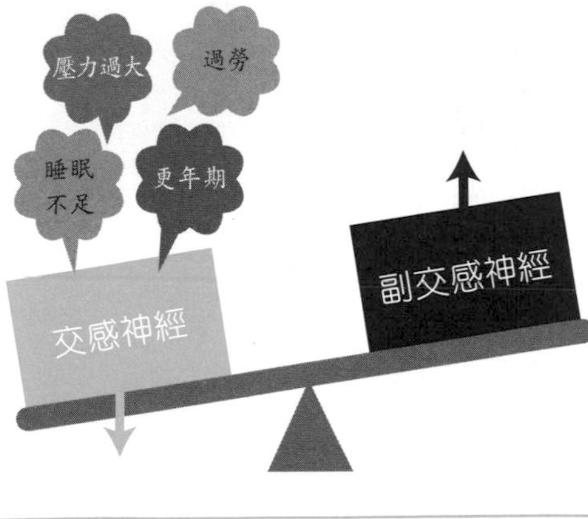

不規律的生活習慣或壓力太大會導致自律神經錯亂，有可能會產生頭痛、耳鳴、心悸、目眩及失眠等症狀。這些症狀統稱爲「自律神經失調症」。

「荷爾蒙」究竟是什麼？

常聽到荷爾蒙這個名詞，但到底是什麼？

可以知道的是，它是維持身體正常狀態必要的化學傳導物質。

在日本，使用牛或豬內臟的料理會被稱為「荷爾蒙」（日文發音 Horumon）。這個名稱的由來是因為早期內臟是會被丟棄的部位（日文讀音 Horumon 與丟棄發音相似）。

不過由大正時期醫學用語的荷爾蒙開始，則有滋養強壯的料理之意。因此，有滋補養身概念的料理全部都被稱為 Horumon，也因為內臟含有「豐富的荷爾蒙」，才稱為 Horumon。

荷爾蒙存在血液中，血液流動時會到達特定的器官，因而可調整機能，是身體保持其恆常性的化學傳導物質。

分泌荷爾蒙的器官稱為內分泌腺。內分泌腺又包含甲狀腺、副甲狀腺、胰臟、副腎臟、腎臟、性腺（卵巢、睪丸）等。調整這些內分泌的是位於間腦的下視丘與腦下垂體，兩者也各自分別為內分泌的一員，本身也有其機能運作。

例如，甲狀腺荷爾蒙還有促進新陳代謝的功能；腎上腺皮質有抵抗壓力的荷爾蒙分泌；性腺的荷爾蒙則是在發育期會開始發展第二性徵（區別男女的特徵），並將生育機能準備妥當；胰臟為了代謝醣類會分泌多樣荷爾蒙。

▶主要內分泌腺以及荷爾蒙

對特定器官產生作用的物質稱爲荷爾蒙，分泌荷爾蒙的器官爲內分泌腺，以下將會介紹一些代表性的內分泌腺及其分泌的荷爾蒙功能。

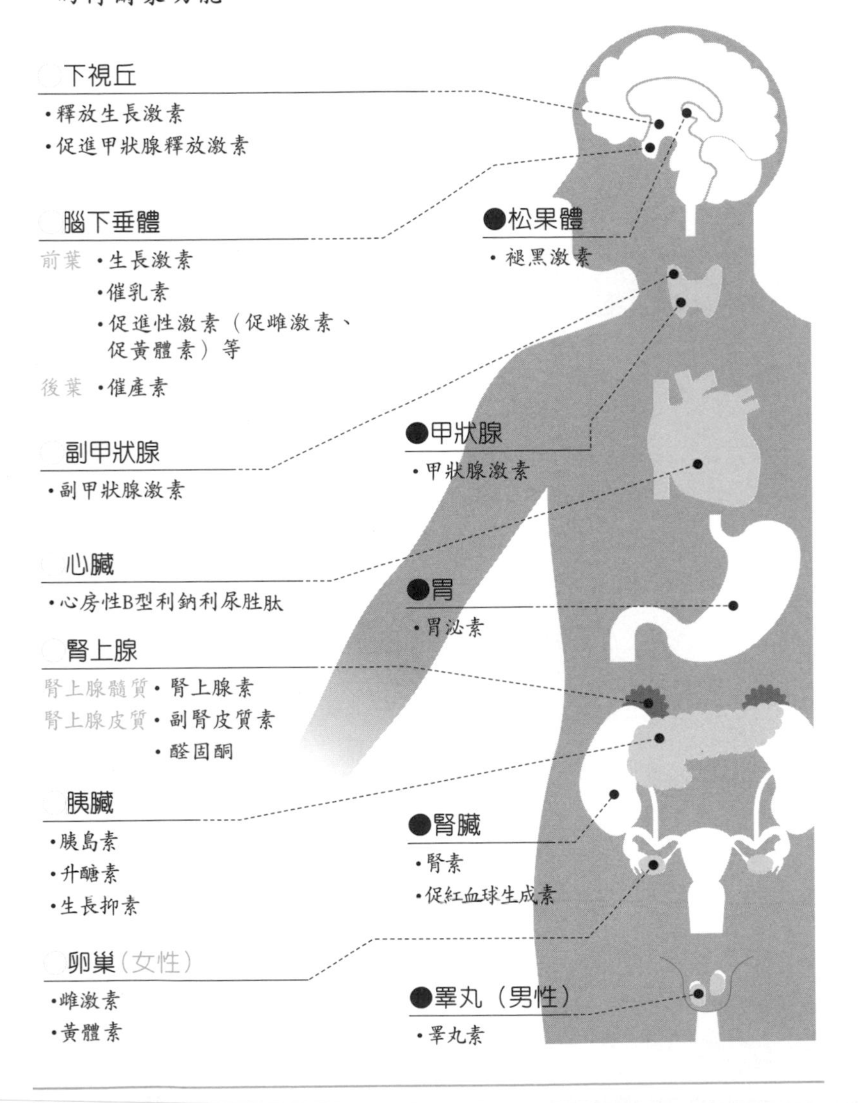

荷爾蒙分泌量由手指的長度決定？

有研究指出，食指與無名指的長度決定性荷爾蒙的差異。在子宮內如果接觸到大量的男性荷爾蒙則無名指會較長。反之，則是食指較長。

荷爾蒙分泌量過與不足都不行，因此目標器官的機能如果不足則會增加分泌，機能亢進時則會減少分泌。

這種會自我調整的機能稱為回饋機制，會促進分泌為正回饋；抑制荷爾蒙分泌的則稱為反饋機制。

荷爾蒙與自律神經有非常密切的關係，過度的壓力會使得自律神經失調，造成荷爾蒙分泌不平衡，其中一方的失衡必然會影響另外一方。

▶荷爾蒙是由「回饋機制」控制調整

以甲狀腺荷爾蒙影響代謝爲例，說明調整荷爾蒙分泌量機能的運作機制。下視丘會反應甲狀腺荷爾蒙的濃度，開始製造甲釋素(TRH)。再由其刺激腦下垂體釋放出促甲狀腺激素，受到刺激的甲狀腺則會開始分泌甲狀腺激素了。

●反饋機制

1 甲狀腺激素分泌過多

2 反饋機制運作

3 甲釋素分泌量減少

4 使甲狀腺激素的分泌量減少

●回饋機制

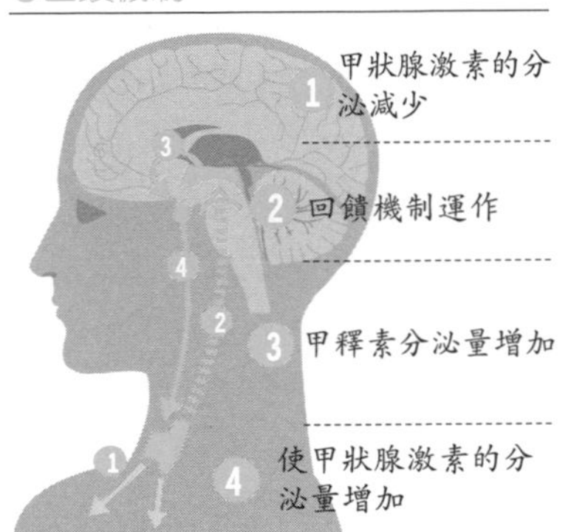

▶荷爾蒙分泌多寡由手指的長度決定？

近年有研究報告指出，食指與無名指的長度決定性荷爾蒙的差異。在母親的子宮内如果接觸到大量的男性荷爾蒙時，則無名指會較長。反之，女性荷爾蒙較多則食指會較長。

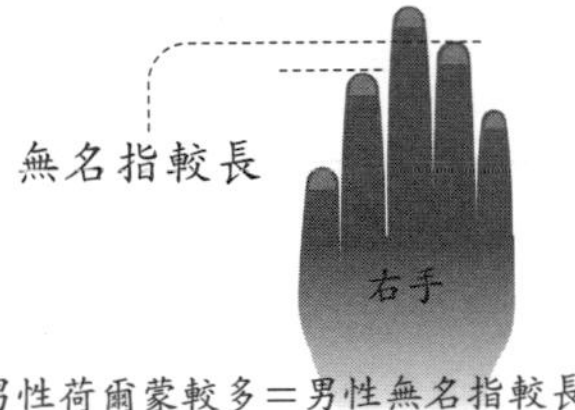

男性荷爾蒙較多＝男性無名指較長的人占大多數。

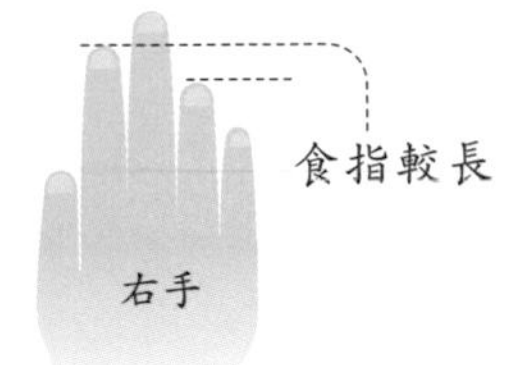

女性荷爾蒙較多＝女性食指較長的人占大多數。

Column 5

夢原來是在「整理記憶」？

我們睡醒時還能記得的夢大約只占不到全體的 1%。話說回來，到底是為什麼會做夢呢？雖然還沒完全解開謎底，不過有一種說法是，夢是為了要整理、整頓平日接觸的各種情報，因此腦部會開始製造一些故事。

近代研究夢的開端是心理學家佛洛伊德的「夢的解析」(1900 年)。佛洛伊德認為，夢是人心裡的深層面，或是沒有被滿足的內心深處所表現出來的東西。1953 年發現淺層睡眠後，又將夢的研究向前跨越了一大步。

故事鮮明的夢通常都是出現在快速動眼期。淺層睡眠時，腦部掌管記憶的海馬體與扁桃體等稱為大腦邊緣系部分，會活化枕葉視覺區的視覺機能部分，將這些片段記憶畫面組合成連續性的故事。因此，大腦邊緣系統又稱為記憶箱。

夢裡有時候會出現非現實的畫面，就是因為不是由理論的左腦進行，而是由非理論、感性的右腦中做夢的關係。

Chapter

6

從生到死

【生殖器官與細胞】

射精的運作機制

男性的生殖器官負責製造精子、分泌精液，以及射精。那麼這是怎樣的運作過程呢？

男性的生殖器中有被稱為「陰莖」的器官。陰莖是用來進入女性的陰道內做為交接器官的一種。露出於身體的外部，其內部具有尿道，是尿液及精子的通道。陰莖本體為一海綿體，其根部為骨盤固定在體內。

陰莖的兩側有陰囊，陰囊中有睪丸是製造精子的部位，為男性生殖器核心。陰囊也是露出體外的，由於溫度太高的話會導致精液機能低下，因此露出在外部才能夠保持低溫狀態。

睪丸用來培育精子的適當溫度是大約低於體溫2-3度左右。因此沒有放置在較為安全的體內，暴露在體外的原因即是為了要維持一定溫度的緣故。

陰囊的皺摺也具有重要意義，能夠在溫度高的時候膨脹，冷的時候收縮，熱漲冷縮導致表面積改變而能維持溫度的重要功能。

睪丸的內部有細精管，在睪丸內呈現折疊的形態，此細精管負責製造精子以及分泌荷爾蒙。由睪丸製造出來的精子會被運送至副睪丸中待其成熟，接著再經由副睪丸上方的輸精管輸出。

▶男性生殖器的構造

男性生殖器官也兼作尿道使用。睪丸是用來製造精子以及分泌荷爾蒙，被陰囊袋包覆。

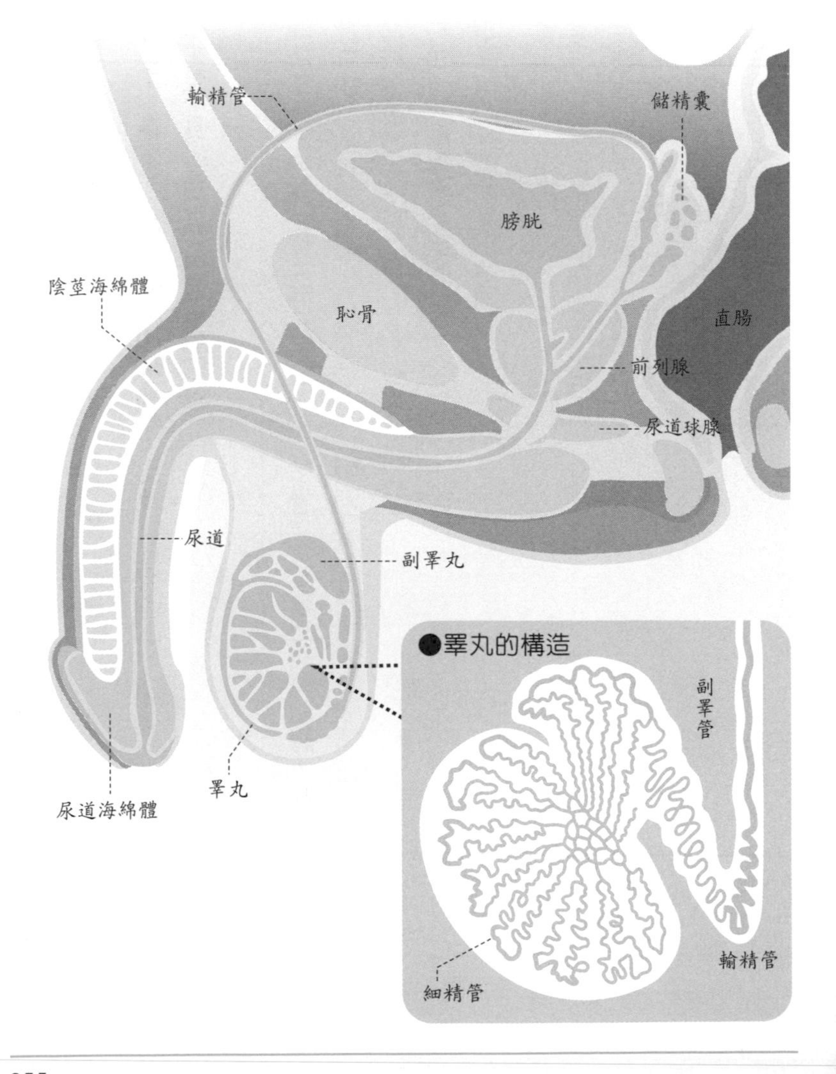

人體最小的細胞是？

答案是精子，精子的長度約50-70微毫米，比頭髮直徑還小，肉眼幾乎看不見，是身體內最小的細胞。

尿道包圍住的位置為前列腺，是一個約栗子大小的器官。由此分泌的前列腺素與儲精囊分泌的精囊腺素混合而成精液。

精子的長度約50-70微毫米，比頭髮直徑還小，肉眼幾乎看不見，是身體內最小的細胞。

陰莖在一般安定的情況下是呈現鬆弛下垂的狀態，一旦受到性興奮的刺激，則陰莖海綿體的動脈會變粗，且流入的血液會使其勃起。常聽到的勃起障礙幾乎都是由於血管本身有動脈硬化的問題，因此動脈不會變粗，血液無法大量流通的結果是陰莖無法充血勃起，其原因有可能是因為壓力或是年紀變大、生活習慣或手術的影響。

▶精子是人體最小的細胞

精子外型爲一前端突起狀的球體，分成頭部、橢圓形的中間部，以及線狀的尾巴三個部分。頭部內含有23個染色體的細胞核，其中包含了父親的基因。

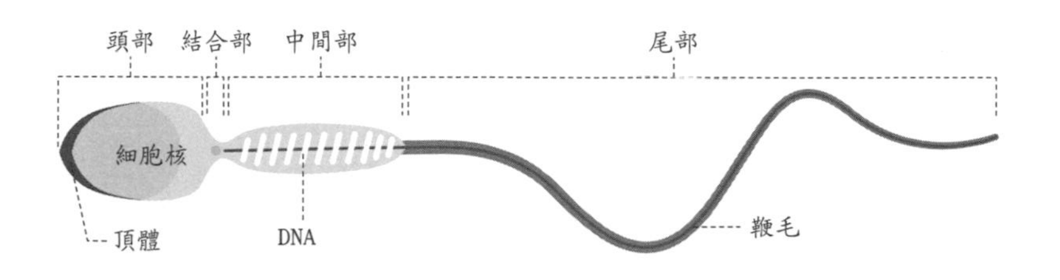

●精子個人檔案

大小：50-70微毫米/生產量：3千萬個/日
射精後可能生存時間：24-48小時（37度C情況下）
能到達卵子的數量：50-200個

▶精子射出的路徑

由睪丸製造的精子，與精液混合射出。精液的成分大多數是精漿等分泌液，精子占不到1%。

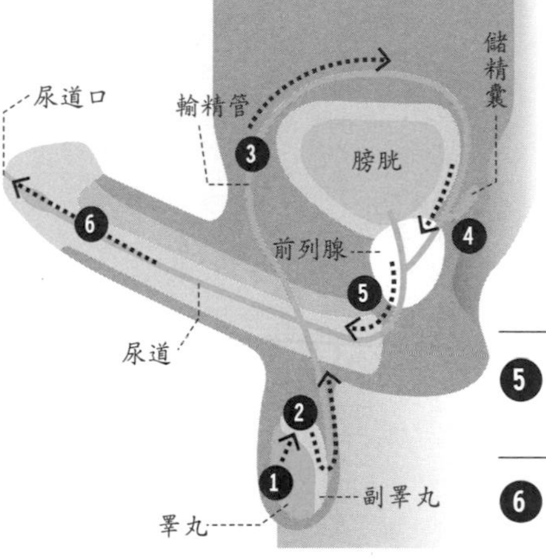

1. 睪丸製造精子
2. 儲存於副睪丸內
3. 通過輸精管
4. 與儲精囊中的精漿混合
5. 前列腺會收縮，並在射出前與前列腺素混合，成爲精液
6. 精液因性興奮通過尿道，最後由尿道口射出

女性生殖器官構造

主要包含了生產卵子的卵巢、運送卵子到子宮的輸卵管、接收受精卵孕育胎兒的子宮，以及在體外的交接器官外陰部。

相較於男性有體內外的生殖器官，女性幾乎全部的生殖器官都在體內，包含了生產卵子的卵巢、運送卵子到子宮的輸卵管、接收受精卵孕育胎兒的子宮，以及在體外的交接器官外陰部。

子宮是一個長得像西洋梨的袋狀器官，長度約7-8公分，寬約4公分，厚度約3公分。其內側壁分別有黏膜層、肌肉層、腹膜三層構造。黏膜的部分又稱為內膜，是受精卵著床的地方；肌肉層是由平滑肌組成，懷孕時能夠因應孕育胎兒成長而延展變大。

子宮左右兩側分別有一個卵巢，具有製造卵子與合成雌激素的功能。輸卵管則為一與子宮連接的細長管，輸卵管壺腹則為一較粗的部位，在此處進行受精。

子宮的下方為長型的陰道，陰道口是對外的開口。子宮與外陰部連接的陰道長度約8-10公分，內部由堅固的黏膜覆蓋著，陰道壁為平滑肌。性交的時候，男性的陰莖會進入陰道，也在此射精，生產的時候胎兒也會經由陰道出生，因此，也稱為產道。

▶女性生殖器的構造

女性生殖器官包含子宮、卵巢、輸卵管、陰道等。其中又以子宮爲主，從懷孕開始到生產之前，會在此孕育胎兒。卵巢與輸卵管同樣都是左右成對的器官。

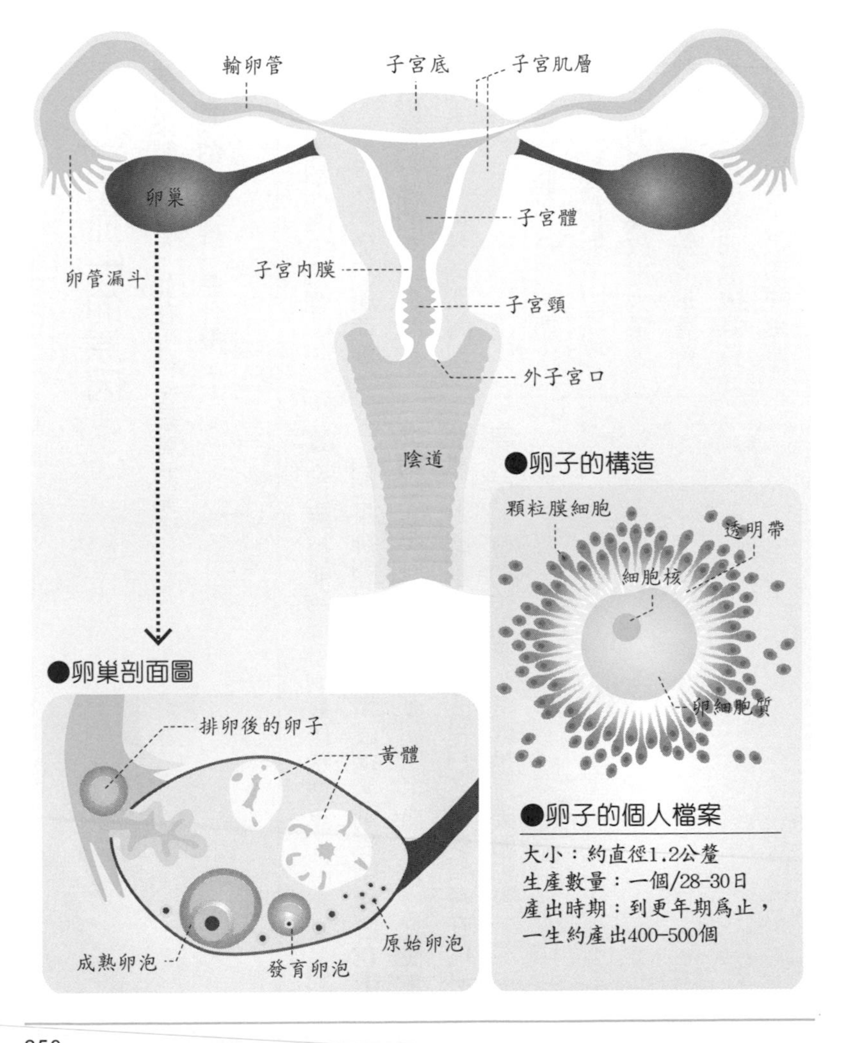

每個月一次「出血」的原因

女性的生殖器用來製造卵子，並在受精後孕育胎兒。那麼每個月都會來的「月經」是什麼？

女性有一固定性的出血週期即為「月經」，約28－30天左右出血一次，卵巢內的卵子與荷爾蒙、子宮內膜等變化都會影響月經的週期時間，這也是身體為了準備懷孕而反覆出現的正常現象。

發生月經的期間稱為月經週期，在此週期途中，卵巢會將卵子釋放出來，稱為排卵。

月經開始到排卵之間，卵巢會釋放出大量動情激素（estrogen）使得卵子趨向成熟，接著會促使子宮內膜變厚方便著床。排卵後卵泡成為黃體，會釋放出大量的黃體素使得子宮內膜更厚實，以維持能夠懷孕的最佳狀態。

如果排卵時剛好受精成功，則受精卵會在子宮內膜著床即表示懷孕成功。不過只要沒有懷孕的話，已經準備好的子宮內膜就沒有存在的必要，因而會開始剝落，這就是月經的由來。

▶月經週期的運作機制

生殖器官成熟的女性，每28至30天會有一次「排卵」和「月經」的週期，這是身體爲了懷孕所做的生理準備。此週期是由卵巢内的卵子、女性荷爾蒙、子宮内膜等變化而連動影響的一個生理週期。

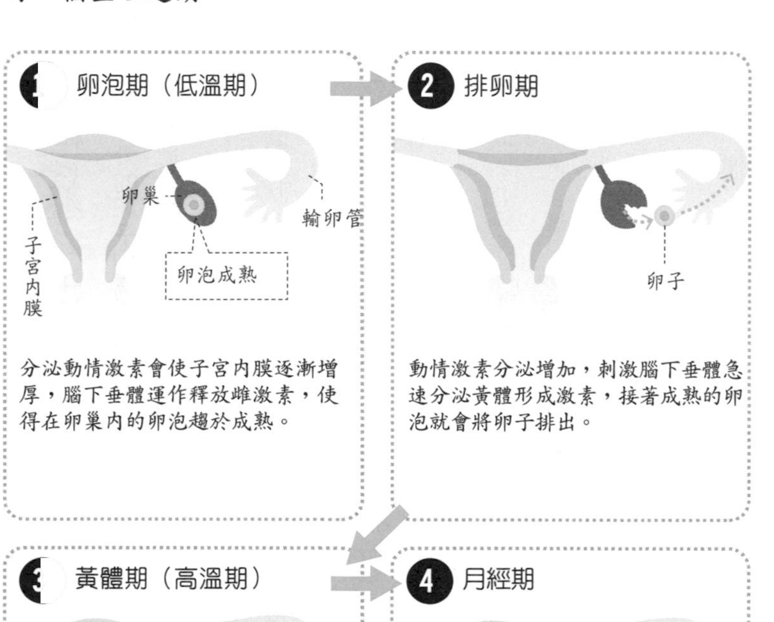

1 卵泡期（低溫期）
卵巢
輸卵管
子宮内膜
卵泡成熟
分泌動情激素會使子宮内膜逐漸增厚，腦下垂體運作釋放雌激素，使得在卵巢内的卵泡趨於成熟。
2 排卵期
卵子
動情激素分泌增加，刺激腦下垂體急速分泌黃體形成激素，接著成熟的卵泡就會將卵子排出。
3 黃體期（高溫期）
卵泡成爲黃體
内膜變柔軟
變成空殼的卵泡成爲黃體，開始分泌黃體素。爲了準備良好的孕育環境會使得子宮内膜變得柔軟。
4 月經期
黃體退化
内膜開始剝落
卵子如果沒有受精成功，則黃體就會開始退化成爲白體。由於黃體素與動情激素急速減少，子宮内膜剝落造成出血，即爲月經。

受精到懷孕的過程

能夠與排出卵巢外的卵子相遇受精成功的只有唯一的一個精子而已。

到底受精與排卵是怎麼運作的？

卵巢內有許多小小的圓球狀的細胞聚合體，稱為卵泡，被卵子的前身卵母細胞所包覆。女性剛出生的時候約有80萬個卵泡，隨著年齡成長，數量也會跟著銳減，到青春期的時候約只剩下一萬個左右。

在月經週期約有15～20個卵泡一同發育，但只有一顆會成熟並且衝出卵泡，即為排卵。被排出的卵子由輸卵管出口的房狀突起包覆住，接著由輸卵管內部的纖毛推進至子宮。

卵子到達子宮的途中，通常會在輸卵管壺腹部與精子相遇成為受精卵。排出的卵子壽命約0.5～1天，而精子的壽命約為2～3天，如果錯過這個時機就無法受精成功。射出的精子數量約有1億到4億個，到達卵子等待的壺腹區需要游約15公分以上的距離，能順利與卵子相遇的約只剩下數十個到一百個左右，接著一齊接觸卵子，最後留下來的一個精子才能順利與卵子結合成為受精卵。成功之後會一邊重複卵分裂一邊到達子宮內膜，成功著床後就代表懷孕。

著床時，受精卵（此時被稱為胚胞），是由

▶受精到懷孕的過程

懷孕是指精子與卵子受精後成爲受精卵，接著在子宮內膜上著床，下圖即爲受精過程。

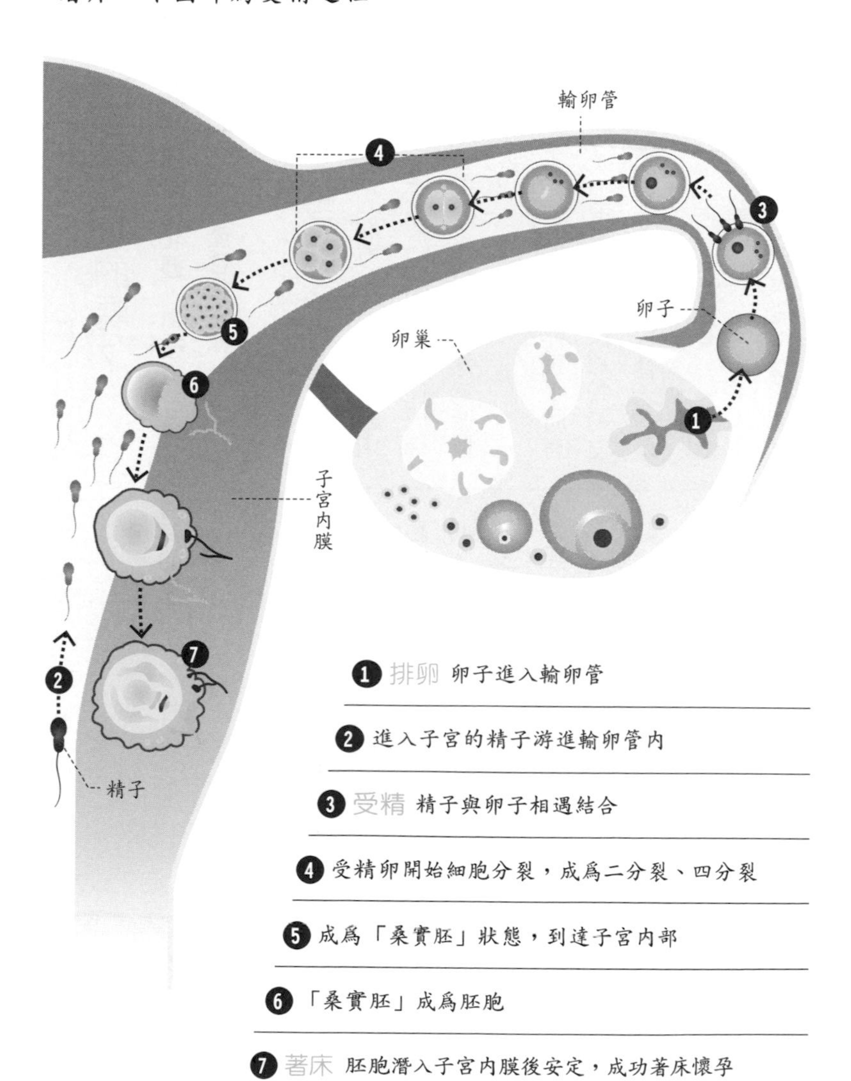

一個中空球狀開始成長，胚層的內側有一厚實部分會成為胎兒的胚芽，薄的地方則會潛入子宮內膜成為胎盤。胎盤的一部分會將胎兒包覆住成為一層薄膜，內部會充滿羊水。而母體會透過胎盤提供營養素與氧氣給胎兒。

受精約8週後，除了腦和脊髓以外幾乎所有的內臟都已經發展完成，再繼續成長到40週左右，胎兒會在子宮內以螺旋方式一邊旋轉一邊產出體外。

懷胎十月是真的嗎？

實際的懷孕期間為40週，前後也會有2個禮拜的差距，因此38－42週內生產都很正常。

常有人說懷胎10月，因此讓人覺得懷孕期就是10個月，也就是說總共是30＊10＝300天。但實際的懷孕期間為40週，前後也會有2個禮拜的差距，因此38－42週內生產都很正常。實際上40＊7＝280天，除以30實際上只有9個月，並非是大眾所認知的10月懷胎。懷孕前的最終月經始算起才是實際的懷孕期。

▶胚胎的變化

懷孕成立後，2-8週的胎兒稱爲胚胎。隨著時間經過，頭會開始變大，接著呈現眼睛、鼻子嘴巴等形狀。手腳的指頭在一開始雖爲蹼狀，但指頭間的皮膚裂開後就會成爲人類指頭的形狀。

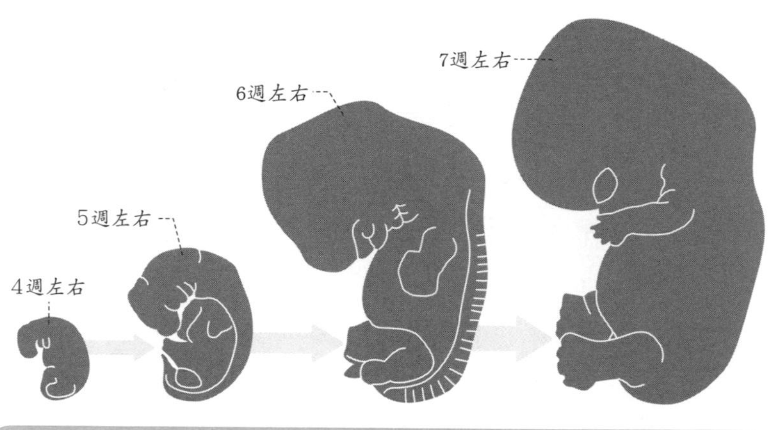

▶胚胎上看到的「鰓」是從魚類時代留下的名稱？

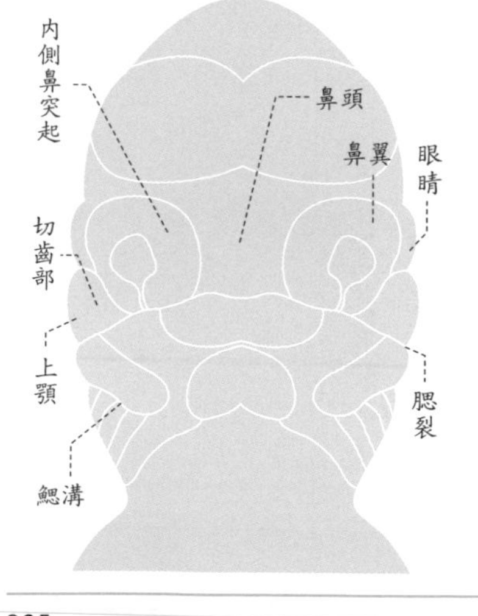

6週左右的胚胎頭部(如左圖)，喉嚨附近有幾個團狀的東西。所有的脊椎動物的初期胎兒都會看得到的鰓弓，溝的部分爲鰓溝。這是在幾億年前，人類的祖先還是魚類的時候留下來的名稱。鰓弓是魚類的鰓，在人類身上則會成長變成從頭部到喉嚨中間的各個器官。

同卵、異卵雙胞胎怎麼產生？

在母親體內的胎兒是被胎盤包覆保護著生長。
那麼如果是雙胞胎的話，又如何在母親的體內成長？

精子與卵子合體之後會成為一個細胞，短時間內就能夠發展出複雜的器官然後變成人形。

胎兒在母體內的成長過程到底如何呢？

受精後第一週，在子宮內膜著床的受精卵會開始製造胎盤，一邊吸收母體的氧氣和營養一邊發育。有了羊水後就會進入羊膜中，與胎盤一起在子宮內部漸漸變大。懷孕3週左右就會產生尾巴和鰓，也開始長出些微的腦部雛形，不過這時還看不出人形。接著會開始出現眼睛、心臟、手腳等，母體約在8週左右會發現自己懷孕了，此時人類應有的器官差不多都已經形成。

發展至12週左右，肌肉會逐漸成長，而臉型也會明顯呈現出來；到了30週左右，已經成為一個完整的人形，接著到40週左右就開始準備誕生寶寶囉！

排卵通常一次只會有一顆，懷孕一次也只會有一個胎兒。但有時候也有雙胞胎的情況發生，甚至是多胞胎（多胎妊娠）。

雙胞胎究竟是怎麼在體內發育的？

雙胞胎又可分為同卵與異卵雙胞胎。同卵是

▶胎兒的成長

胎兒是在充滿名爲羊水的透明液體的子宮內成長，透過胎盤獲得生長必要的氧氣與營養，才能漸漸地茁壯。

❶ 8週左右

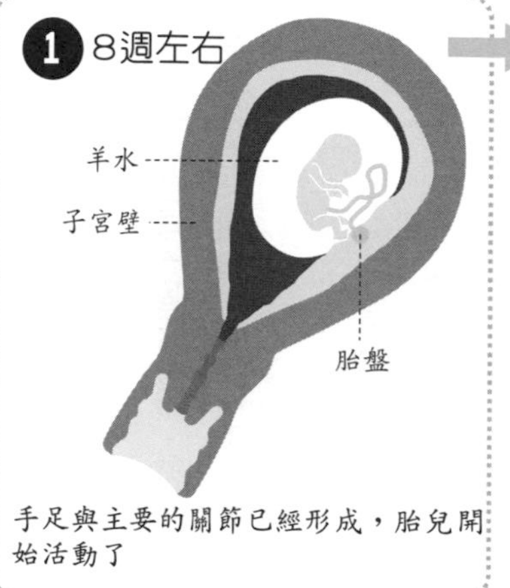

手足與主要的關節已經形成，胎兒開始活動了

❷ 12週左右

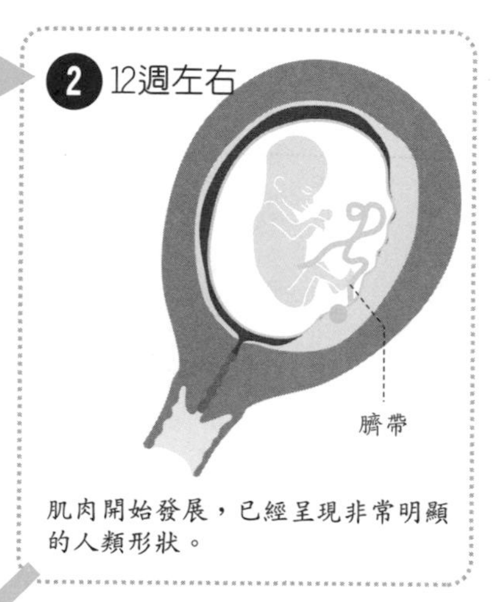

肌肉開始發展，已經呈現非常明顯的人類形狀。

❸ 24週左右

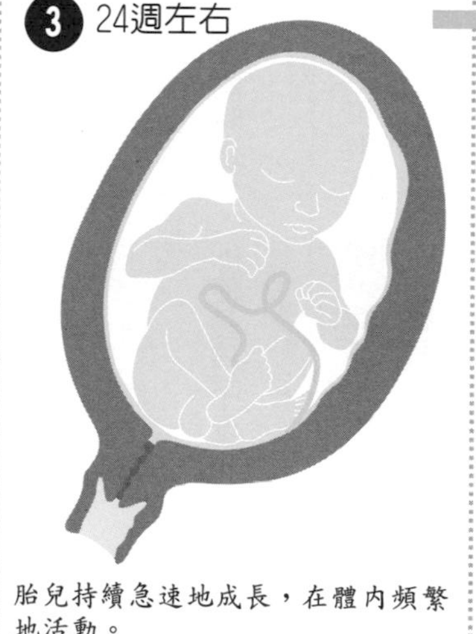

胎兒持續急速地成長，在體內頻繁地活動。

❹ 40週左右

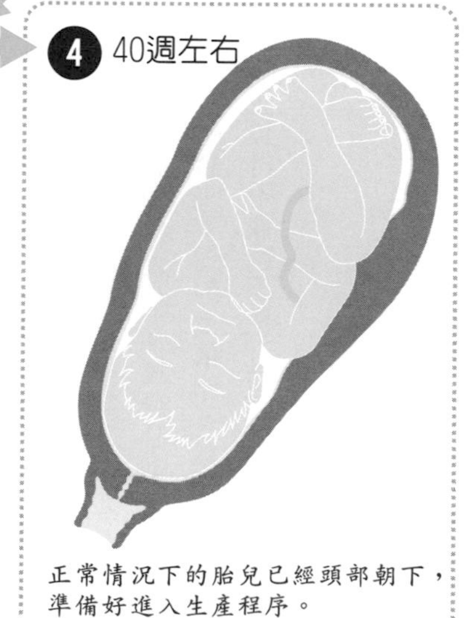

正常情況下的胎兒已經頭部朝下，準備好進入生產程序。

雙胞胎長得像？

同卵雙胞胎來自同一個受精卵，因此本來就有同樣的基因與血型。異卵雙胞胎是分別由不同的精子、卵子結合，只是同時懷孕，即使長得不像也很正常。

只有一個受精卵（一個精子與一個卵子），在分裂過程中變成了兩個受精卵；異卵雙胞胎則是一開始就有兩個受精卵，也就是兩個卵子分別與兩個精子結合成為兩個受精卵。

異卵雙胞胎基本上是由兩個不同的羊膜及胎盤包裹住。同卵的受精卵則依形成兩個受精卵的時機，會有幾種不同狀況的可能性。70％的情況是有兩個羊膜，但是胎盤只有一個；其他只有一個胎盤和一個羊膜的狀況也是存在的。

普遍都有「雙胞胎長得很像」的想法，我們常見的臉和體格很像，性格也相似的情況大多是同卵雙胞胎，而異卵雙胞胎的臉跟個性都不同的例子很常見。

同卵雙胞胎本來就是同一個受精卵發展而來，因此本來就有同樣的基因，血型也是一樣的。然而，異卵雙胞胎其實是分別由不同的精子、卵子結合成不同的受精卵，只是同時懷孕成長，即使長得不像也不是奇怪的事情。

▶同卵與異卵雙胞胎的差別

雙胞胎又可分爲同卵和異卵雙胞胎。同卵是由同個受精卵分裂成兩個，異卵則是分別由兩個不同的精子與卵子受精而成的受精卵。子宮內的胎盤和羊膜的數量則是分爲下圖的幾個情況。

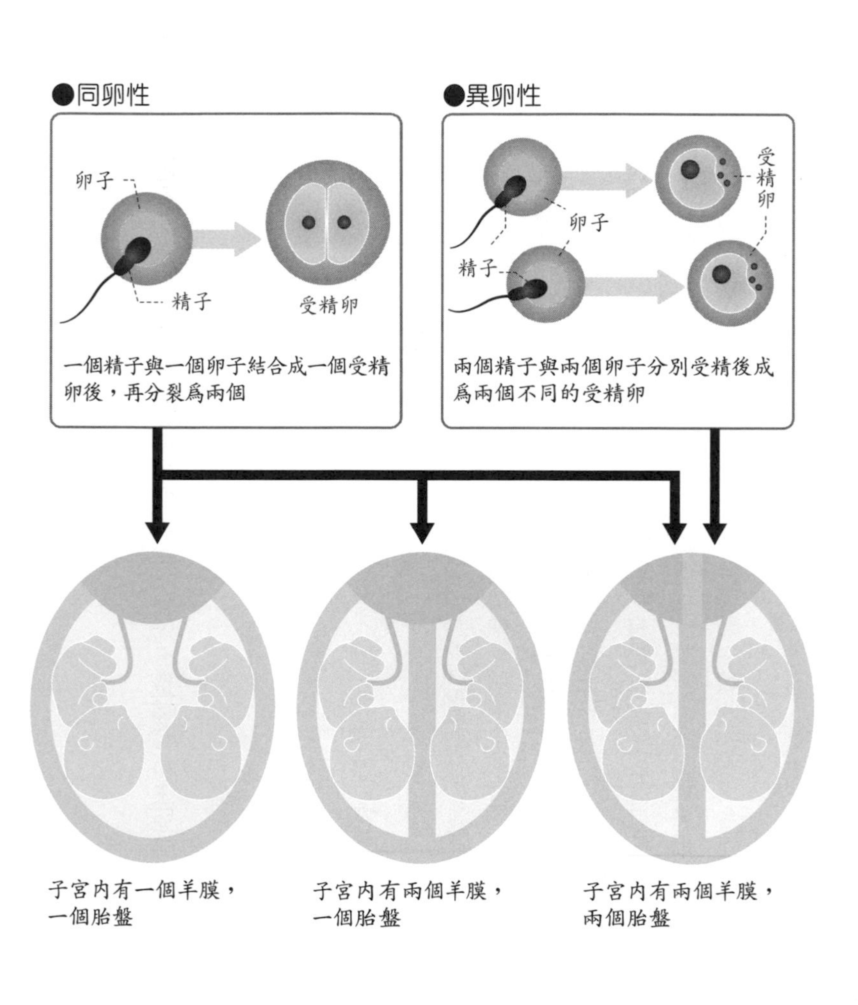

分娩後，母乳的運作機制

乳房是女性的第二性徵。此外，分娩後乳腺組織會分泌乳汁，是哺育新生兒的重要功能。

成人女性擁有左右成對，大部分為脂肪組織的豐滿乳房。男性或未成熟的女性則只有乳頭。像花苞一樣，青春期以後的女性會開始發育，變成女性的第二性徵，生產後會開始分泌乳汁，擁有哺育幼兒的重要功能。

貓狗等哺乳類動物的乳房與人類相比，數量上較多，這是由於哺乳類動物的身體前方擁有兩條縱向的乳腺堤，在乳腺堤上會發育出許多乳房。人類只保留從上往下數來的第四對乳房，其餘皆已退化，不過還是有部分女性會有未退化完全的副乳。

乳房內有乳腺，生產後由女性荷爾蒙產生母乳。

乳腺是由15～20個左右的乳腺葉組織而成。乳腺葉的構造像葡萄串，前方的顆粒為腺房，長管如莖的部分稱為乳管（腺管），複數的腺房集合起來即稱為乳腺小葉。

乳腺內部有無數個微血管、淋巴管遍布其中，乳腺細胞會使用由微血管滲出的血液成分製造乳汁，接著經由數個乳管集合乳汁後，最終到達乳房前端的乳頭。

▶乳房的位置與乳腺堤

哺乳動物的身體前方，有兩條縱向稱爲乳腺堤的乳腺組織，其上有許多乳房發育。而人類只擁有由上往下數的第四對乳房，其餘的皆已退化。

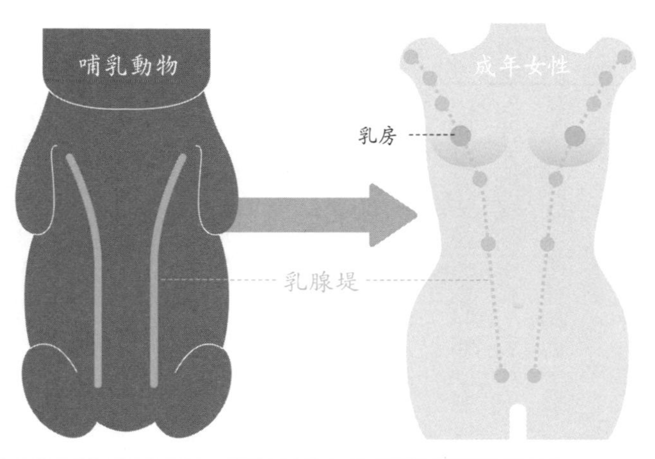

▶乳房的構造

已發育的女性乳房，主要是由脂肪與分泌乳汁的乳腺小葉組成的。從乳腺開始延伸出乳管，乳頭上有一開口，乳汁經由乳管洞至乳口。

乳管洞
乳口
乳頭
輸乳管
輸乳細管
大胸肌
脂肪組織

●哺乳期的乳腺

乳腺小葉
腺房

乳汁是怎麼產生的？

從青春期開始，乳腺會慢慢發育成熟。乳汁是由雌激素、黃體素、泌乳激素，以及催產素等荷爾蒙互相影響分泌而成。

在乳頭附近有一乳管，是個稱為乳管洞的小突起，這裡是用來蓄積由輸乳管運送過來的乳汁。乳頭上約有10－20個乳管口的開口，嬰兒會吸吮此處，然後吸出儲存在乳管洞的乳汁。乳管洞就像是迷你奶瓶功能一般。

剛出生的新生兒由於沒有牙齒可以咀嚼固體食物，因此必須吸吮乳汁才能得到營養。乳汁內含有嬰兒成長所需的均衡營養素，不僅如此，還含有許多對抗疾病的抗體。

▶產生乳汁的運作機制

從青春期開始，乳腺會慢慢發育成熟。乳汁是由雌激素、黃體素、泌乳激素，以及催產素等荷爾蒙互相影響分泌而成。

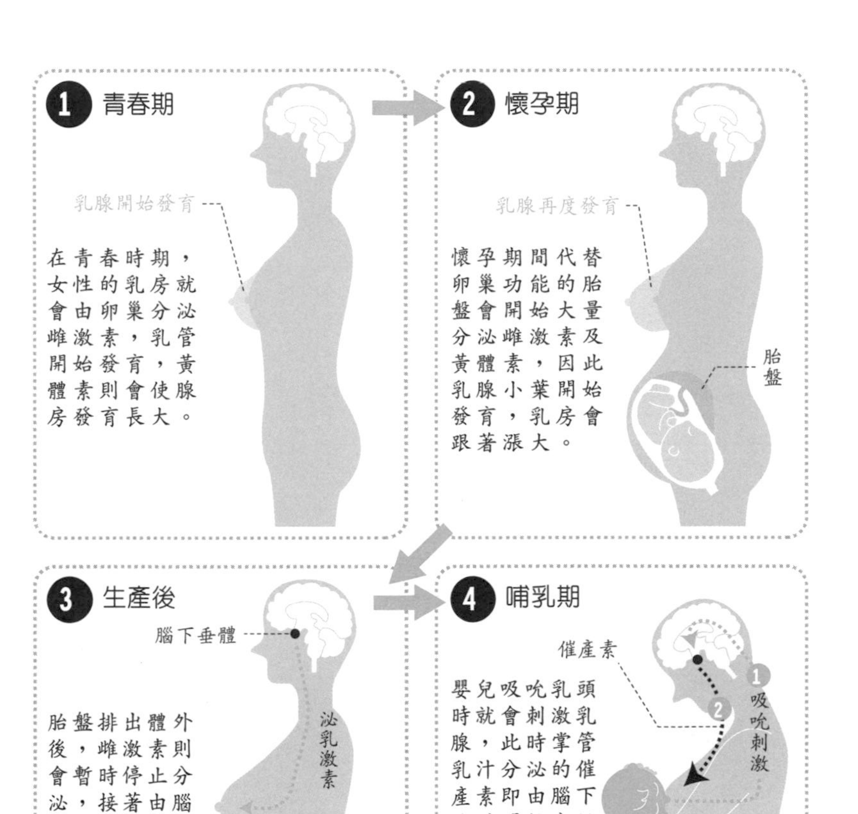

1 青春期
乳腺開始發育
在青春時期，女性的乳房就會由卵巢分泌雌激素，乳管開始發育，黃體素則會使腺房發育長大。
2 懷孕期
乳腺再度發育
懷孕期間代替卵巢功能的胎盤會開始大量分泌雌激素及黃體素，因此乳腺小葉開始發育，乳房會跟著漲大。
胎盤
3 生產後
腦下垂體
泌乳激素
胎盤排出體外後，雌激素則會暫時停止分泌，接著由腦下垂體繼續分泌黃體素，刺激乳腺使其大量製造乳汁。
開始大量生產乳汁
4 哺乳期
催產素
嬰兒吸吮乳頭時就會刺激乳腺，此時掌管乳汁分泌的催產素即由腦下垂體開始分泌釋出，藉由乳房肌肉收縮，將乳汁擠出。
1 吸吮刺激
2
3 乳汁流出

像爸爸？像媽媽？

身型與五官與父母相似的原因，在於我們繼承了父母的基因，由父母傳承到孩子身體的情報即為基因。

身型與五官與父母相似的原因，在於我們繼承了父母親的基因，即為由父母傳承到孩子的身體情報。

人體在發育後約擁有60兆顆細胞組成，細胞的中心有一細胞核。

基因情報是被刻劃在細胞核當中，稱為去氧核糖核酸（DNA）。被稱為染色體的23對構造體當中，包含許多DNA螺旋長條狀分子。

基本上，人類的染色體是由22對的常染色體加上一對性染色體組成的。22對的常染色體中，依大小排順序為1到22號。

性染色體中比較大的稱為X染色體，小的稱為Y染色體。性染色體是由父母各取其一後配成一對，如果性染色體為XY就是男性，XX即為女性。

我們各從父母親遺傳到精子與卵子的23對染色體。

母親的卵子全為X染色體，父親的精子則含有X與Y的染色體兩種。在這當中X染色體的精子與卵子受精則會生出女孩，Y染色體的精子與

▶遺傳基因的構造

精子與卵子受精後誕生出一個新的生命。從父母親繼承的基因特徵到底是什麼呢？

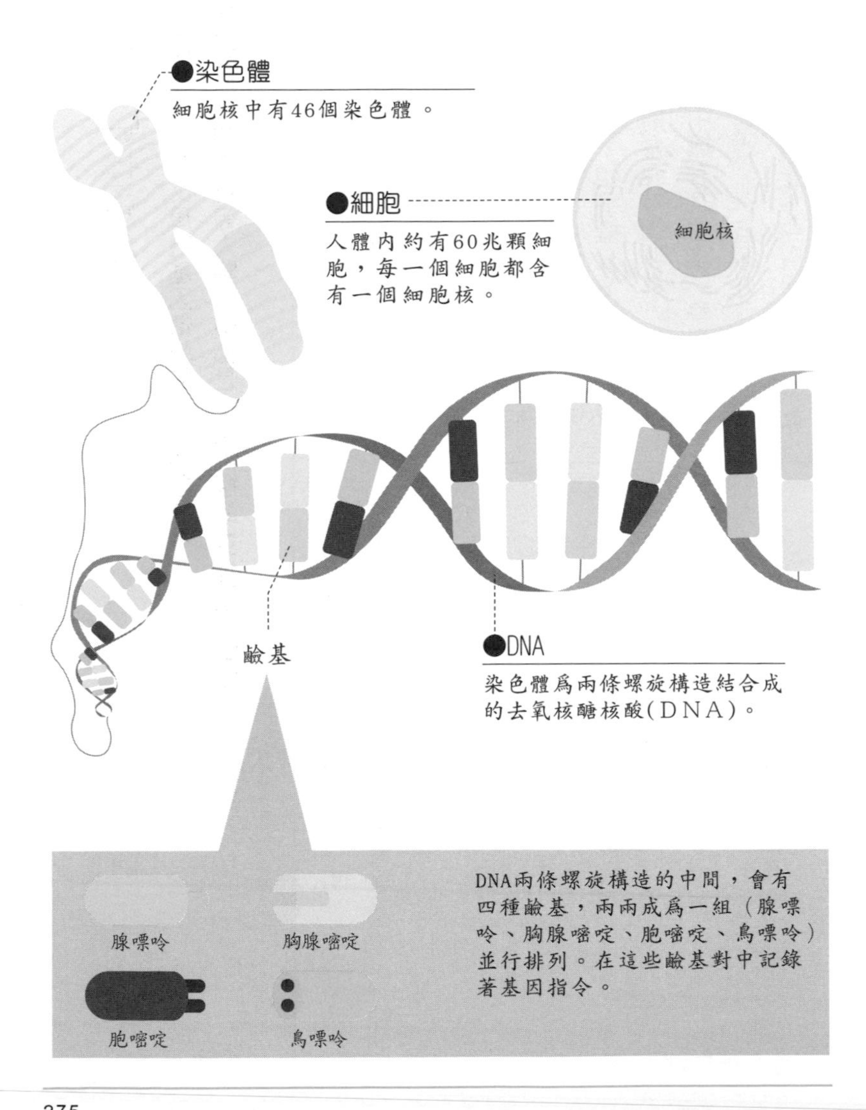

「男女」性別如何決定？

精子與卵子擁有父母親基因情報的染色體在其中。身體的發育和體質等人體特徵都是由染色體的 DNA 來決定。

卵子受精的話則會生出男孩。

也就是說，在受精的同時就已經決定性別了，不過性別的差異並非在此時產生。

男性生殖器與女性生殖器，看起來是完全不同的兩個器官，不過在胎兒初期卻很相似。懷孕初期就有的原始生殖腺，如果擁有Y染色體則會成為睪丸，沒有的話則會發展成卵巢。

同一時期，胚胎中擁有其中之一會發展成性器官的中腎管及副中腎管。一旦睪丸分泌男性荷爾蒙時，則副中腎管會退化，中腎管會成為輸精管。另外一方面，假使沒有分泌男性荷爾蒙時，則中腎管會退化，而副中腎管會成為子宮、輸卵管。

▶人類的染色體是怎麼排列的呢？

人類的染色體分成22對的常染色體以及1對性染色體。常染色體由大排列至小而編號順序爲1至22。若性染色體是女性則擁有兩個XX，男性則是擁有X與Y兩種染色體。下圖爲男性的染色體。

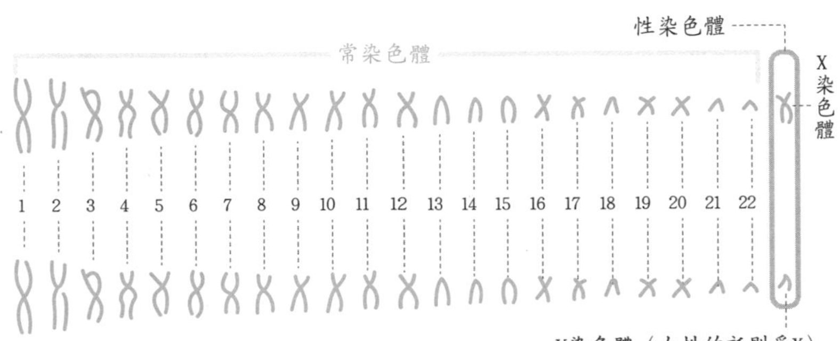

▶小孩的性別是誰決定？

卵子或精子爲生殖細胞，擁有一對性染色體。性染色體在卵子內部只有X染色體，精子則有X與Y兩種染色體。也就是說與卵子結合時由X染色體精子來受精的話，則會生出女孩，如果是Y染色體精子來受精的話則會生出男孩了。

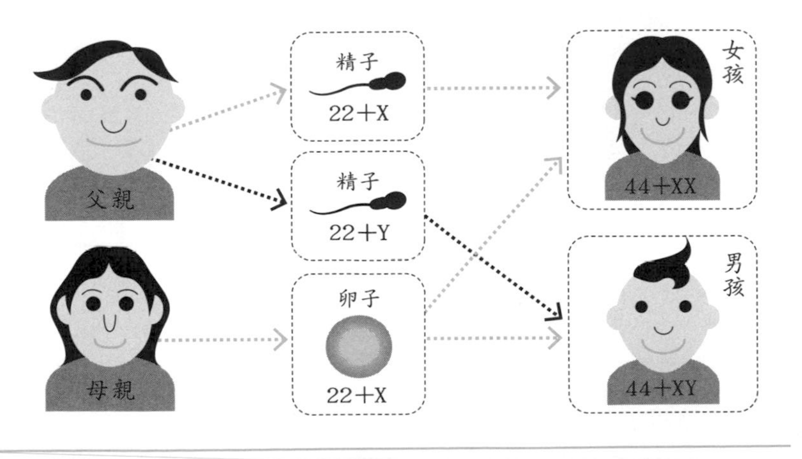

為什麼會變胖？

年齡增長的同時，身體的基礎代謝率會慢慢下降，這就是為什麼即使吃得比以前還少，卻還是會變胖的原因之一。

「最近小腹越來越大啦……」，有這類煩惱的人還真不少，日本的男性約在30歲左右開始，而女性則可以到更年期才會有腰圍變粗的傾向。

奇怪的是，即使食量差不多的兩個人，也會有容易變胖以及不容易變胖的兩種類型。「明明吃得比年輕時食量還小，卻還是變胖」，應該常常聽見這句話。

變胖的原因基本上因個人體質而異，另外還有一些其他因素，其中最基本的就是「基礎代謝」的不同。

什麼是基礎代謝？它是人生存所需要的基本能量。具體來說，如果平躺不動，生理與心理處於安靜的非睡眠狀態，在此狀態的24小時內身體消耗熱量的基準。此時，心臟與肌肉的活動還是持續進行的關係，身體還是會持續消耗熱量。

變胖的原因主要是因為基礎代謝量以及運動加起來的總消耗的熱量，小於攝取進來的熱量的關係。其中多出來的熱量就會成為脂肪細胞囤積起來，因此就變胖了。

年輕人尤其是男性的基礎代謝率通常比較

▶各年齡層基礎代謝率的變化

年輕男性的基礎代謝率比較高，隨著年齡增加其能代謝的熱量也會遞增，大約在20歲左右呈現最大值，之後會慢慢遞減。約在40歲左右急速下降，這是因爲隨年齡增長而肌肉呈現衰退，因此基礎代謝率也會隨之降低。

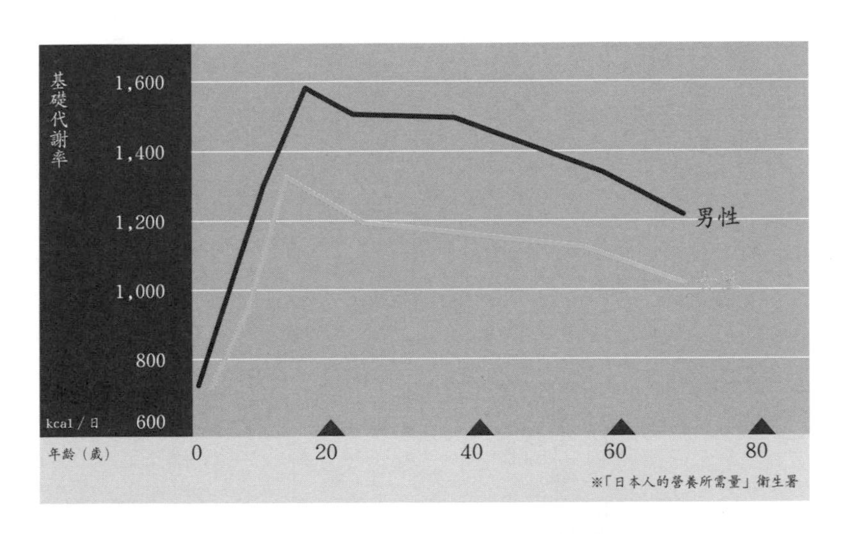

●基礎代謝率會使用到的部位？

基礎代謝率大部分都是由肌肉消耗掉。身體組織中，肌肉能消耗的熱量約占了38%。
肌肉越多則熱量消耗越大，因此只要鍛鍊肌肉就可以增加熱量消耗。

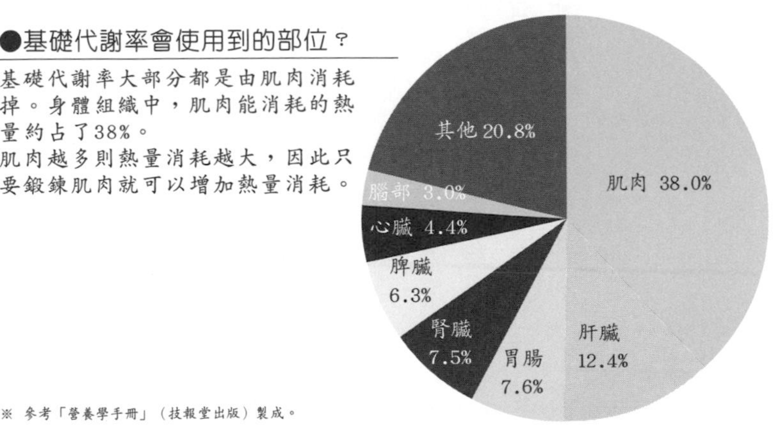

※ 參考「營養學手冊」（技報堂出版）製成。

減肥要靠肌肉

肌肉越多則熱量消耗越大，因此只要鍛鍊肌肉就可以增加熱量消耗。

高。出生後，隨著年齡成長會開始遞增，一直到20歲為高峰期，接著會逐漸遞減。雖然還是因人而異，不過大部分都會在40歲左右開始急速下降。隨年齡增長而基礎代謝下降容易導致肥胖，因此必須注意攝取的熱量才行。

標準體型的人，體重中約有20％為脂肪。多餘的熱量會由脂肪細胞囤積起來成為脂肪，這些脂肪一旦囤積太多後就會變胖。

那麼脂肪到底會堆積在哪裡？

可分為兩種，其一為囤積在內臟周圍的脂肪，稱為蘋果型肥胖，主要集中於下腹部或腰間。其二為囤積於大腿以及屁股皮下組織的部位，稱為西洋梨型肥胖。

前者大部分發生於中年男性，後者多為年輕女性，不過對健康比較有影響的為前者，容易造成血壓、血糖值、膽固醇和中性脂肪值等升高，導致新陳代謝症候群。

▶ 蘋果型與西洋梨型肥胖

皮膚底下有一脂肪層，稱爲皮下脂肪。適量的皮下脂肪能夠保護內臟，以及提供熱量。此外，內臟周圍也有一圈脂肪，稱爲內臟脂肪，如果過量的話則會分泌危險化學物質，增加動脈硬化的危險性。

● 蘋果型→內臟脂肪型肥胖

有鮪魚肚的中年男子，大部分就是所謂的內臟脂肪型肥胖。容易引發糖尿病及高血壓等生活不良病症。

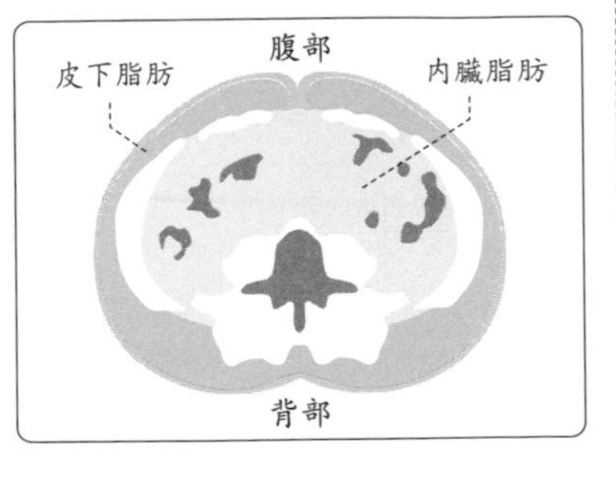

●西洋梨型→皮下脂肪型肥胖

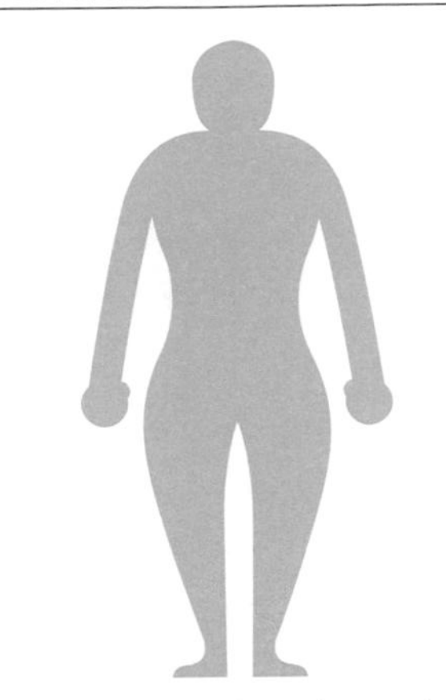

女性常見的下半身肥胖型。皮下脂肪肥胖的話造成生活不良病症的機率相對較低。

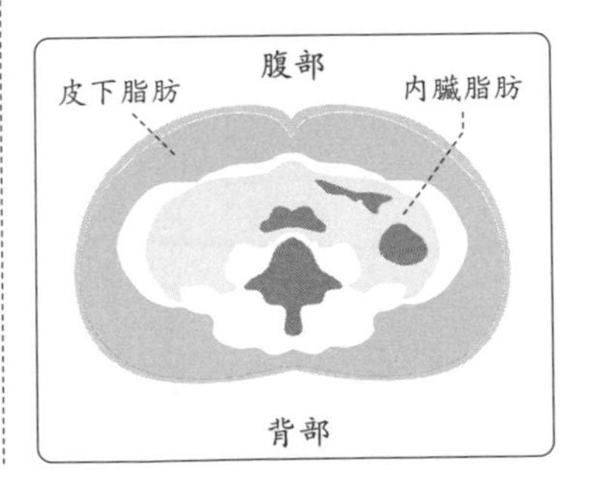

人最多可以活到幾歲？

人只要生存在世上一天也等於在老化，一步步邁向死亡。然而，什麼是老化？影響老化關鍵因素的自由基是什麼？

人會經歷幼兒期、少年期、青年期、成年期、老年期，最後死亡。幼兒期到青年期左右是成長發育階段，身體的內臟細胞數增加完備，成為一個完整的個體。到了青春期，由於性荷爾蒙的影響而發展出第二性徵，進入可繁衍後代的青年期。成年期後由於肌肉與骨質密度降低的關係，腦神經細胞也減少，心臟、腎臟、肝臟等重要的內臟器官的運作也慢慢地衰退。

日本社會福利局的資料顯示，二〇一二年女性的平均壽命為 86.41 歲，男性為 79.94 歲。男女的平均壽命都有增加的趨勢，百歲人瑞人數也有增加。金氏世界紀錄認定的世界最長壽則是一九九七年享年 122 歲的法國人女性。因此，被認為是現代人類壽命的最大值。

老化有許多不同的原因，但其中最受矚目的就是自由基了。人類生存必須仰賴氧氣，而體內的氧氣在消耗熱量的代謝過程中會轉化為自由基型態。自由基會對細胞生長的部分造成損害，過多的自由基會降低細胞的機能，造成器官與組織的機能衰退，就會導致老化。

▶各年齡層腦神經細胞的變化

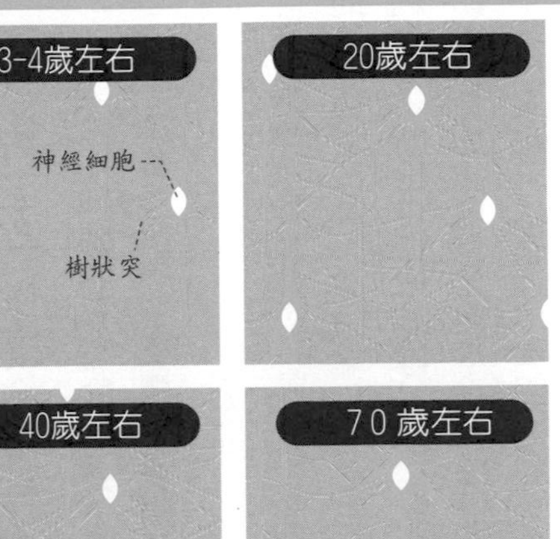

神經細胞在人的一生是不會增加的，但到20歲左右，樹狀突會增加而形成綿密的聯絡網。

成年到壯年期間，樹狀突的數量雖然增加但是細胞數量開始減少，到了老年期則樹狀突及細胞數量都開始減少，腦部也會逐漸變小。

▶各年齡層內臟重量的變化

老化後的肌肉量以及骨質密度都會降低，腦、心臟、腎臟與肝臟等重要器官也會因老化而開始萎縮。長年運送營養給身體細胞的血管也因堆積了老舊廢物，導致血管壁變厚，血液難以順暢流動。

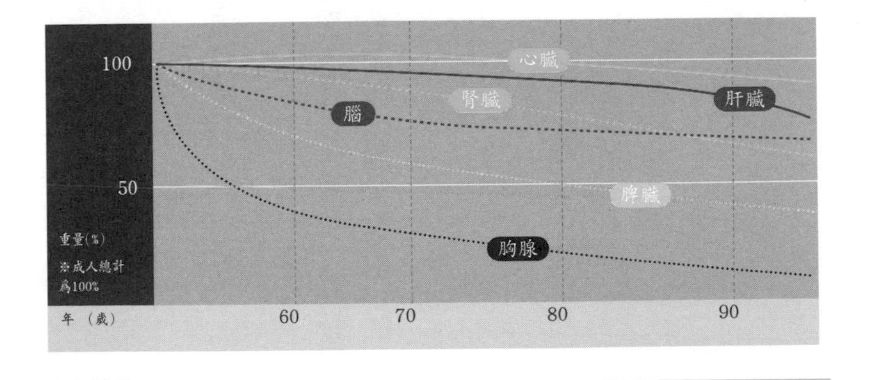

與老化、壽命息息相關的「端粒」

決定細胞分裂的次數的是位於染色體末端的「端粒」。

細胞每分裂一次端粒就會變短，到一定限度的長短後即會停止細胞分裂。

以細胞的活動來說明，與壽命、老化息息相關的是在於染色體末端的端粒（Telomere）了。在細胞老舊時則會造成細胞分裂與新的細胞進行交換，但是細胞分裂並非是永遠持續進行的。細胞正常最多約可以進行50次的細胞分裂，這些都是由端粒決定的。端粒具有每一次的細胞分裂即會變短的特性，因此長度變短到一定的程度後，細胞分裂就會停止運作。如果停止分裂的細胞一旦開始慢慢變多的話，就會呈現老化現象。

現在也有非常多關於壽命與老化的研究；防止生物老化、壽命延長等長壽基因的研究也越越多。這類型的基因如果大量活化的話，人有可能比現在更長壽，因此受到廣大矚目。

▶細胞分裂的次數與壽命的關係

將哺乳動物的體細胞分離後（生殖細胞以外的所有細胞），在試管內培養。從最初分裂接著會慢慢增加分裂次數，到了一定次數後，就再也不會進行分裂接著會慢慢死亡。

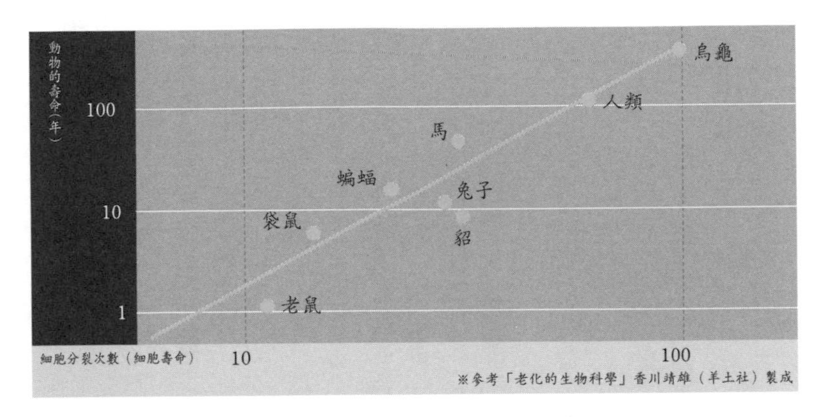

※參考「老化的生物科學」香川靖雄（羊土社）製成

▶與老化、壽命息息相關的「端粒」

決定細胞分裂次數的是位於染色體末端的「端粒」長度。

端粒在每次細胞分裂的時候都會變短，就像是「細胞分裂的回數券」一樣，到一定限度的長短後即會停止細胞分裂。

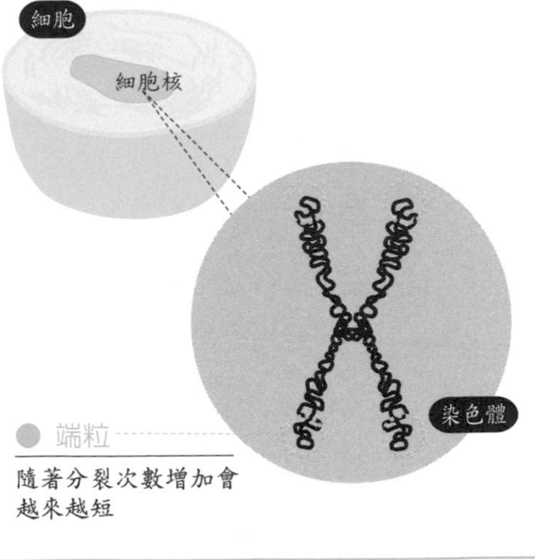

本書参考文献

『血液のふしぎ』奈良信雄
『図解でわかる からだの仕組みと働きの謎』竹内修二
『眠りと夢のメカニズム』堀忠雄
（以上、ソフトバンククリエイティブ）
『人体のしくみと病気がわかる事典』奈良信雄監修（西東社）
『Human Body ヒトのからだ』リンダ・カラブレシ著・桜井靖久監修（昭文社）
『からだと病気のしくみ図鑑』川上正舒・野田泰子・矢田俊彦監修（法研）
『図解 からだのしくみ大全』伊藤善也監修（永岡書店）
『しくみが見える体の図鑑』後藤昇・楊箸隆哉
『最高に美しい人体図鑑』奈良信雄監訳
（以上、エクスナレッジ）
『ヒューマン・ボディ〈からだと病気〉詳細図鑑』ドーリング・キンダースリー編・小橋隆一郎監訳（主婦の友社）
『ぜんぶわかる 人体解剖図』坂井建雄・橋本尚詞
『からだの事典』田沼久美子・益田律子・三枝英人監修
（以上、成美堂出版）

『面白くて眠れなくなる人体』坂井建雄（ＰＨＰ研究所）
『身体のからくり事典』杉崎紀子（朝倉書店）
『からだの地図帳』高橋長雄監修（講談社）
『原色ワイド図鑑 人体』（学習研究社）
『人体解剖カラーアトラス』佐藤達夫訳（南江堂）
『「からだのしくみ」なるほど講座』横山泉（ナツメ社）
『見て読んで調べるビジュアル＆アクセス大図鑑シリーズ③ 人体』リチャード・ウォーカー著・山口和克・深山正久・福嶋敬宜監修（ランダムハウス講談社）
『クイックマスターブックス 解剖生理学』竹内修二（医学芸術社）

〔作者介紹〕

奈良 信雄

1950年出生於日本香川縣，東京醫科齒科大學醫學部、放射線醫學綜合研究所、加拿大多倫多大學Ontario癌症研究所畢業。
現為東京醫科齒科大學齒學教育系統研究中心總長及教授，專攻臨床血液學（白血病的診斷與病狀分析）、基因診斷學、醫學教育等。

國家圖書館出版品預行編目(CIP)資料

圖解 人體解密 預防醫學解剖書
雜学科学読本 からだの不思議 /奈良信雄 著. -- 初版.

台北市：十力文化，2015.11

ISBN 978-986-91959-3-5（平裝）
1.人體生理學

397　　104021644

圖解 人體解密 預防醫學解剖書
雜学科学読本 からだの不思議

作　　者　奈良 信雄

責任編輯　吳玉雯
翻　　譯　吳秋瑩
封面設計　陳琦男

出 版 者　十力文化出版有限公司
發 行 人　劉叔宙
公司地址　116 台北市文山區萬隆街 45-2 號
通訊地址　11699 台北郵政 93-357 信箱
電　　話　02-2935-2758
網　　址　www.omnibooks.com.tw
電子郵件　omnibooks.co@gmail.com
統一編號　28164046
劃撥帳號　50073947

I S B N　978-986-91959-3-5
出版日期　2015 年 11 月
版　　次　第一版第一刷
書　　號　D509
定　　價　320 元